青岛理工大学学术著作出版基金资助

城市高层住居
老幼代际融合设计

黎晗 著

中国建筑工业出版社

前言

当今，我国人口年龄结构正呈现老龄化和少子化趋势，"一老一幼"的相关议题逐步受到关注。在建筑学领域内，对适老化、适幼化的空间环境设计研究亦在增多。而且，随着我国城市的快速发展，高层住居逐步在城市住居中占据主导地位，并承载着大量老年人和幼儿居民的日常生活。

然而，既有的城市高层住居空间环境多以商品及产品价值为导向，代际融合、代际互助等社会生活的深层次需求被忽视，相对固化的住居空间环境与老幼居民活化的居住生活产生了结构性冲突和矛盾，潜在的代际问题随居民人口年龄结构的变迁而加剧。加之，老幼居民对生活品质提升的期待逐步增强，亦需要通过高层住居空间环境的优化改善来促进代际融合。面对老幼代际融合对高层住居空间环境的客观需求，设计优化过程需要更新设计理念、创新设计思维，从理论和实践紧密结合的角度，为城市高层住居的老幼代际融合提供系统化的解决方案。

本书通过系统梳理和深入研究，按照理论思辨与建构、典型调查及系统分析、方法归纳与应用的学理逻辑，搭建高层住居老幼代际融合设计的多维框架，系统化地提出老幼代际融合设计思路及策略。其中，在理论思辨与建构阶段，围绕城市高层住居的老幼居民和空间环境，分析人口年龄结构演变及影响，解析城市高层住居的适老适幼需求，思辨空间环境对老幼人群的作用价值，并深入剖析城市高层住居和居民代际关系的相关理论。在典型调查及系统分析阶段，应用环境行为学相关研究方法，基于在哈尔滨地区开展的典型调研，分析高层住居空间环境现状及问题，以及老幼人群日常行为特征及需求。在方法归纳与应用阶段，从外部空间环境、配套服务空间、楼栋公共空间、居室空间环境等维度，结合相关研究成果和实际案例，分类介绍城市高层住居老幼融合设计的主要思路和方法策略。

总体来说，本书所开展的设计研究旨在为城市高层住居的空间环境设计提供新视角、新思路和新方法，以期积极引导代际关系、促进老幼代际融合，助力提升我国城市人居环境综合品质。本书的研究、撰写及出版过程，要感谢付本臣教授、陆诗亮教授给予的长期指导和毋婷娴编辑的倾力支持。

目录

第 1 章　城市高层住居的老幼居民和空间环境

　　住居是用作居住生活的空间场所，是不可或缺的人类聚居之所。伴随着城市快速发展和建筑技术进步，高层住居在我国如雨后春笋般建设，逐步成为城市住居的主体类型之一，并且已承载了大量的老幼居民。当下，在老龄化和少子化趋势下，高层住居中的老年人和儿童亟须更为精细化的居住空间环境、更为普适化的公共空间场所和更为体系化的配套服务设施，以增进老幼居民的生活品质和代际关系。因而，对于广大设计者和研究者来说，如何从建筑设计层面开展城市高层住居的老幼代际融合设计，已成为 21 世纪的前沿议题。

1.1　人口年龄结构的演变及影响

　　20 世纪后工业化社会最重要的成就之一就是人均预期寿命的延长，然而随着全球老龄化进程加速，人口结构持续变迁，较长的预期寿命和较低的出生率已经影响到家庭人口结构。如今，家庭人口结构已扩展到三代或四代人，创造了多代并存的"三明治代群"现象，使居民原有的代际关系面临较大挑战。与此同时，在当今的全球文化影响下，个人主义和代际自反性正在加强，原有的家庭结构和家族意识逐步被削弱，传统的代际互助亦逐步式微。相应地，对老幼代群的照料和抚育观念及模式也在转变之中。

　　聚焦国内，近年来，随着人口结构持续变迁，老年人和儿童的人口数量比例也在持续变化。在此背景下，我国的家庭居住模式和社会代际关系正在全面变迁。多代人的居住生活需要逐步与现有城市住居设计范式形成较大反差，因而引发了一系列住居空间环境中的代际居住矛盾，绝大多数都涉及老年人或儿童群体。

　　在上述过程中，人口年龄结构变迁是主导因素。进入 21 世纪以来，全球范围内的人口年龄结构都在持续变化，而老龄化和少子化已经逐渐成为世界各国所面临的共同挑战。其中，亚洲地区的老龄化进程发展尤为迅速。根据联合国的相关统计预测，到 2030 年亚洲将有 5.65 亿人年满或超过 65 岁，目前这部分人口总数已达到 3 亿人以上。与此同时，自 1999 年迈入老龄化社会以来，由于我国老龄人口基数庞大且增速较快，已成为目前世界上老年人口最多的国家，老年人口约占世界老年人口总数的 1/5。2020 年的第七次全国人口普查结果显示[1]，0~14 岁人口为 253383938 人，占 17.95%；15~59 岁人口为 894376020 人，占 63.35%；60 岁及以上人口为 264018766 人，占 18.70%。与 2010 年全国第六次人口普查相比，60 岁及以上人口的比重上升 5.44 个百分点，65 岁及以上人口的比重上升 4.63 个百分点（图 1-1）。此外，在人口的地域分布上，地处寒冷气候区的东北地区，总人口持续呈现出负增长态势，但老龄化居全国高位，老年人口比重高达 24%。相关人口学研究显示，2020—2050 年将是我国人口老龄化最快的阶段[2]，预计老年人的比重将从 17.17% 上升到 30.95%[3]。整体来说，老龄化将长期存在于我国社会。

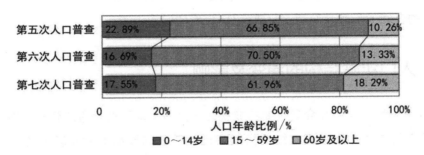

图 1-1　人口年龄比例演变趋势分析[1]

伴随老龄化进程的是少子化现象（图 1-2、图 1-3）。在生育政策逐步放开的政策导向下，2016—2018 年出生人口数量存在一定波动，整体优于"单独两孩"和"全面两孩"政策实施前的水平，其中 2018 年出生人口数量为 1523 万，新生二胎比例已超过一胎。第七次人口普查数据也显示，相比于第六次人口普查数据，儿童人口数量存在一定波动性，由第五次人口普查的 22.89% 至第六次人口普查的 16.69%，演变至第七次人口普查的 17.55%。但是儿童人口的地区分布较不均衡[4]。例如，北京、上海、黑龙江、辽宁等省市的儿童人口比例在 9% 至 12% 之间，相对偏低；而河北、安徽、广西、江西等省市的儿童人口比例较大，达到 20% 左右。整体来说，在少子化发展态势下，新的生育政策对减缓人口结构的"倒金字塔"态势起到了一定积极意义，也促使我国的主流家庭结构由"421"格局向"422""423"演进。

整体来看，相比于其他一些较早迈入老龄化社会的发达国家，我国的老龄化和少子化有着自身特点：首先，我国的老龄化和少子化具有地区发展不平衡、城乡倒置显著的特点；其次，我国的老龄化和少子化问题涉及的人口规模较大，老龄化发展迅速、少子化发展波动；另外，与发达国家相比，我国老龄化和少子化相对超前于现代化速度，面临"未富先老"的问题。

这些现存问题给我国社会发展的各个方面带来广泛而深刻的影响。一方面，我国人口老龄化的进程和特点会直接影响到民众养老模式和养老观念的转变。随着我国人口老龄化问题的日益严峻，普通家庭规模日益小型化，家庭养老资源减少，供养能力下降等一系列后续问题逐步浮现，这些问题对以前的养老模式和观念形成了新的挑战，同时加速了新的养老模式及适老居住环境的研究步伐。另一方面，我国的人口出生率已经连续两年低于 1%，整体的少子化态势逐渐凸显 [5]。与老龄化相对不同的是，少子化通常是生活压力加大和思想观念转变的结果。少子化现象的加重会导致新一代年轻人的数量减少，也加剧了年轻人的养老压力，对于现代家庭和养老育幼都存在巨大的冲击，亟须引起重视。

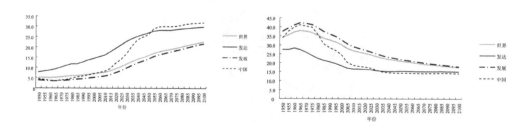

图 1-2　1950—2100 年世界及相关国家 65 岁　　图 1-3　1950—2100 年世界及相关国家 0~14 岁
　　　　 以上人口比重 [6]　　　　　　　　　　　　　　人口比重 [6]

因而，无论是对我国还是对全世界来说，应对老龄化、少子化都是一项具有全球性、综合性、复杂性的长期任务。近年来，围绕养老育幼的一系列新政策出台，党中央和社会各界均高度重视高龄少子化问题，致力于探索相关的应对策略。随着对于高龄少子化问题的深入探索，一种新的思维模式正在逐步推广，即用积极的态度和方式回应高龄少子化是解决问题的关键。相应地，一些新概念和新理论也开始在人口学、社会学、建筑学、管理学、经济学等领域推广开来。

1.2　积极老龄化与儿童友好导向

国际上，面对普遍的老龄化和少子化现象，已有一些先进的应对理念，其中的部分理念已经引入我国。其中，积极老龄化和儿童友好的相关理念及政策备受关注。

其一，积极老龄化的相关理念和政策。

20世纪末欧盟提出了"积极老龄化"的政策框架，主张老年人要有健康的生活方式并工作更长时间、保持活力并积极参与社会创造[7]。2002年，联合国第二届世界老龄大会所通过的《政治宣言》和《老龄问题国际行动计划》认可"积极老龄化"概念，并且阐述具体政策，进而在随后出台的《积极老龄化：一种政策框架》中提出"积极老龄化"的原则为"参与""健康"和"保障"，同时提出了具体的政策框架[8]（图1-4）。

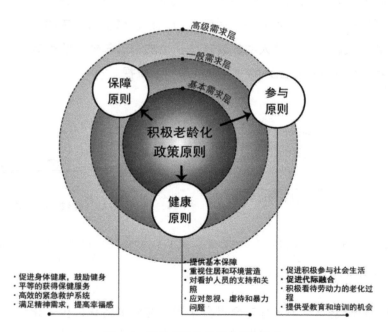

图1-4　积极老龄化的理念框架构成

在我国，积极老龄化已经成为一项国家战略。党的十八大以来，习近平总书记对积极应对人口老龄化作出了一系列重要指示，党中央作出了一系列部署安排，制定了国家积极应对人口老龄化的中长期规划，为实施积极应对人口老龄化国家战略提供了指导和依据。党的十九届五中全会通过的《中共中央关于制定国民经济和社会发展第十四个五年规划和二〇三五年远景目标的建议》，进一步提出"实施积极应对人口老龄化国家战略"[9]。

积极老龄化以"积极的老龄观"取代"消极的老龄观"，导致人类老龄观的两大变革[10]：一是人口老龄化是社会的重大成就，老年型社会象征着人类社会的成熟，在人口日趋老龄化的过程中，社会经济的发展也是日新月异，人口老龄化可以与社会经济协调发展，老龄化社会同样能够实现可持续发展。二是老年人是社会的宝贵财富，是社会经济发展的资源。老年群体绝不应该成为社会的问题和包袱，他们的经验、智慧和创造是整个社会的一笔宝贵财富，挖掘老年人潜能，是建设未来美好社会的重要组成部分。积极老龄化理念有利于消除老年歧视主义的不利影响，使老年人生活更加舒适、更有尊严、更有价值。

根据积极老龄化理念，较长的预期寿命应被视为增加社会整体价值的机会，有利于人类的所有个体及整个社会。为了实现积极老龄化，提升社会凝聚力将是未来几十年应对人口和经济变化的最重要任务之一。而代际融合作为提升社会凝聚力的重要途径，需要在新的时代背景下受到重视并被重新思考。社会各界都需要认识到，平等地对待不同代群，增进以老幼为主体，中青为纽带的代际融合，是承认人类自身价值的重要观念，也是推进社会和家庭代际关系可持续发展的重要途径。因而，在积极老龄化政策框架中，"代际融合"作为参与原则的主要部分，"住居与环境营造"作为保障原则的首要内容，均被重点强调。可见，在积极老龄化政策框架下，代际融合和住居环境系统均具有重要地位，二者需要协同互促。

其二，儿童友好的相关理念及政策。

1996年，联合国儿童基金会和联合国人居署首次提出"儿童友好城市"的理念，旨在推动全球各地更好地把儿童福祉融入社会发展和城市治理中[11]。2018年5月，联合国儿童基金会以儿童为重点发布了《儿童友好型城市规划手册》，强调城市规划首先应关注儿童所需要的相关概念、依据和技术策略[12]。在我国，党的十九大报告提出，要坚持在发展中保障和改善民生，在"幼有所育"上不断取得新进展。这是新时期我国推进儿童事业发展的重要标志，《中国儿童发展纲要（2021—2030 年）》[13]《儿童友好社区建设规范》[14]等一系列政策规范随之出台并展开。

儿童友好理念主要指保障和实现儿童的生存权、发展权、受保护权和参与权，为儿童的全面发展提供适宜的政策、空间、环境和服务。儿童友好的核心体现是把儿童的需求放在更为重要的位置。在社会经济层面，儿童友好理念具有深远意义。相关研究指出，把儿童友好的人本思维贯穿在经济和社会发展的全过程，构建以人为主体的发展格局，有助于科学解决老龄化加速、生育率低、家庭的社会依赖性强等社会问题，促进人口服务体系的完善，为社会治理开辟新的发展路径。

在城市空间范畴内，建设儿童友好城市所涉及的不仅仅是城市物理空间的友好场景，亦需要在政策、法律、福利、公共服务等方面系统配套，形成政府主导、社会共建、儿童参与的创建机制。目前，全球有 50 余个国家推行儿童友好城市倡议，参与的城市和社区达到 3000 多个。我国的儿童友好城市建设亦备受关注。中国社区发展协会儿童友好社区工作委员会于 2019 年 6 月发起了首个儿童友好社区试点项目。自此，全国多个城市开始探索儿童友好社区的多样化模式。目前，我国上海、深圳、青岛等城市都提出了建设儿童友好城市目标并付诸实践。而且，2020 年，"十四五"规划纲要进一步提出，开展 100 个儿童友好城市示范，健全儿童公共服务设施。

在住居空间范畴内，构建儿童友好社区，显著提升社区居住环境的儿童友好度和亲近度，正在成为中国城市更新与社区营造进程中的重要环节[15]。住居空间环境构建儿童友好场景主要有两方面意义。一方面，在儿童发展层面，该理念能够更好保障儿童居住安全和健康成长。住居环境对儿童身体素质、情绪机能、社会交往具有影响力。引入儿童友好理念，可以改变既有住居规划中单一的标准人视角，更好地从儿童视角维护其空间权益，满足其在成长中的动态生活需求[16]。例如，从儿童空间偏好角度设计室外公共空间，特别是儿童活动区域，能够更有效地激励儿童增进户外运动，化解儿童体力活动不足、体质下降、独立移动发育迟缓、抗压能力差等问题；另一方面，在代际关系层面，该理念能够对多代家庭和邻里代际关系产生积极影响。由于儿童的亲社会性可通过家庭成员、邻里居民之间的日常交往而逐步建立[17]。在住居中，为与儿童相关的交流互动提供媒介空间具有正向意义，能够增加住居内的"老一幼""中一幼"代际互动，甚至以儿童作为纽带，可以进一步增进"老一中"代群的互动交流。从而实现以儿童带动家庭、以家庭撬动社区，促进邻里互动与社区融合。

因而，在城市高层住居设计中，如何为儿童打造一个更有安全感、更具活力和认同感的亲近环境，显得至关重要。秉承儿童友好的理念精髓，理想的居住空间既要满足物质空间层面的儿童共享，也要实现精神文化层面的儿童关爱，这将是住居研究者和设计者面临的长期要务。

1.3　城市高层住居的适老适幼需求

随着我国社会经济的持续发展，人们的居住生活模式在不断变化、对于居住环境品质的要求也日趋增加。特别是近年来，在老龄化持续发展、生育政策发生变革的背景下，我国人口年龄结构持续变迁，城市住居内的代群比例显著变化。然而，在过去几十年间，伴随我国城市化进程，城市高层住居经历了快速建造与发展，高层住居的整体设计、建造和运行过程以市场经济导向为主。因而，城市高层住居已逐渐转化为住宅产品，住居空间环境的设计模式日趋固化。并且，设计过程中往往过度追求短期利益和视觉效果，普遍忽视多代居住者的居住品质、生活适宜性和代际关系，随之产生了诸多不利于代际融合的现实问题。

从城市住居整体发展的角度来说，住居空间环境存在代际居住问题的内在原因是，城市高层住居相对固化的空间环境，已无法适应持续演变的人口年龄结构和居住生活模式；相对粗放的设计模式，也无法满足居民持续增长的居住生活品质要求。随着时间推移，住居空间环境和多代居民的供需矛盾正在持续激化。其中，住居空间环境的老幼居住及代际融合问题是上述矛盾的直接结果与现实焦点，需要引起各方重视。

在家庭层面上，伴随人口结构演变，家庭居住模式和代际结构均呈现多元化发展。而目前的城市住居，特别是高层住居，在"自上而下"的设计和建造过程中，批量打造出千篇一律的居住空间，普遍表现出对家庭代际关系的重视不足，对老幼群体特殊居住需求的僵化应对。加之住居的区位、资源、价格和居住密度等多方面因素的匹配失衡，因而极易引发家庭代际居住矛盾，不利于代际融合与团结。

在社区层面上，随着人口结构变迁，社会代际关系重要性不断增强。面对不断增多的高龄老年人口，家庭代际支援已无法满足居家养老的生活需求和婴幼儿的照料需求。社会代际支援正在成为养老托幼的重要力量。相对地，目前的城市高层住居在邻里空间层次、配套设施数量和品质、公共空间环境人性营建等方面均存在较大不足，对社区代际融合存在一定的消极影响。

由此可见，城市住居的老幼居住和代际融合问题亟待解决。而且，相比于多层住居，高层住居的相关问题更为严峻。然而，随着城市高层住居建设量快速增长，越来越多的老年人和儿童居住在高层住居中。然而，相比于其他住宅类型，高层住居具有一定特殊性。从老幼适居的角度来看，高层住居空间环境是一把双刃剑，利弊并存。

高层住居的有利因素主要表现在用地模式和配套设施两方面。在用地模式方面，高层住居相对于多层住宅具有节约土地、增加住房和居住人口的优势，尤其是在人口密度和建筑密度较高的地区，动员人口外迁的工作难度很大，开发商多倾向于建设高层住宅以提高利润率来处理各方面的矛盾。因而，随着我国经济的快速发展，高层住居建设的比重日益加大；而且，由于多数高层住居建设年代较晚，其配套设施更为完备。相对于多层老旧住居来说，能为老年人和儿童提供更好的居住环境、更便利的垂直交通方式。

高层住居的不利因素主要表现在老幼人群的居住安全和心理感受方面。在居住安全方面，高楼层区域的消防疏散难度较大，对老年人和儿童形成的安全隐患高于其他年龄段人群。此外，在遇到电梯故障时，高层楼段的老幼人群上下楼通行十分不便。在心理感受方面，由于老年人和儿童的在宅时间较长，较其他年龄群体更愿意接触地面和自然环境。然而，住宅楼栋的高层区域离地面较高，封闭感较强、接地感较弱，加之楼内交往空间较为匮乏，此类因素不利于邻里交往和社会代际关系的稳定，致使老幼群体更易产生孤独感和封闭感，不利于心理健康。

随着高层住居内老年人和儿童数量日益增多，有关老幼人群的各类居住问题也逐渐凸显，多代居住者对高层住居进行适老化、适幼化设计的需求持续增加。既有高层住居在老幼适居性、地域适宜性层面均存在设计短板。

其一，高层住居的老幼适居性方面。应对高层住居的老幼适居问题，一些高层住居设计项目开始融入适老化、适幼化设计，以适老化设计为主，适幼化目前受到的关注仍较少。但既有高层住居的适老化设计亦存在诸多问题。具体来说，在我国"自上而下"住宅建设模式中，普通高层住居的适老化设计被长期忽视，高端定位的老年公寓及养老社区更受房地产企业重视，导致相关开发及设计经验的普遍匮乏。在开发商和设计师缺乏相关实践经验的情况下，设计中更易单纯地借鉴国外模式，对中国老年人的养老意愿和行为特点关注甚少 [18]。而且，更为显著的是，设计者对适老化设计的观念认识较为浅薄，对于住居适老化尚存在一定的认识误区，甚至将适老化设计等同于无障碍设计。

其二，高层住居的地域适宜性方面。由于老幼人群身体抵抗力相对更弱，特别是高龄和低幼人群，高层住居环境的适候性是营造适老宜幼微气候的基本前提。由于我国疆域辽阔，不同地区的气候、经济和生活习惯独具特色，因而，高层住居设计也应做到因地制宜。以我国的寒冷及严寒地区为例，对于此类地区的住居来说，建筑物应首先要满足冬季防寒、保温、防冻等要求 [19]，夏季部分地区应兼顾防热，这也是适宜老幼居住的条件。具体来说，老年人身体的各部位机能随着年龄增长开始出现不同程度的退化和减弱，对内外环境适应能力也逐渐出现不足，同时运动系统减弱，肢体灵活度降低，极易发生骨折。儿童的身体机能尚在发展之中，运动协调能力弱于成年人 [20]。因而，在寒冷地区的冬季，如何做好室内环境的温湿度适宜、室外环境的防寒防滑至关重要。而且，在高层住居设计中，寒冷地区物理环境和人文环境中的其他相关因素也应被精细考量。

因而，总的来说，在高层住居的研究与设计环节，均应提升对"年龄""代群"的关注度，重视老幼居民及其代际关系。从住居空间环境设计角度，积极应对现存矛盾问题，探索既能保障老幼群体的居住品质，亦能积极引导老幼代际关系的优化设计途径尤为重要。而且，鉴于高层住居的自身利弊，高层住居的适老适幼设计不应照搬多层或独立式住宅的设计模式，也不应盲目借鉴国外案例模式，而应结合国情地情，深刻理解高层住居的独特性，因地制宜地针对老幼人群开展设计研究。

1.4　高层住居空间环境的设计价值转译

从本质上来说，对于高层住居空间环境的老幼代际融合设计，其研究关键在于建筑学与社会学的相互影响与相互作用。

建筑学和社会学从来都是紧密相关的，而建筑与社会亦是兼容共存和互为影响的。建筑是社会存在的物质载体之一，而建筑的建造又依赖于社会生产力，建筑的风格标示着不同社会文化和制度特色，而建筑的空间环境亦服务于人类和社会发展需要。特别是在建筑空间环境中，社会和建筑存在显著的相互影响。由于人具有社会属性，建筑中人类的行为必然受制于相关社会条件，因而空间环境的层次也能够揭示出人类关系的层次，空间环境的功能也是社会功能的反映 [21]。

在建筑学和社会学的互为渗透影响下，逐步衍生出一个新的研究分支，即建筑社会学。在国内，陈志华先生曾在 1987 年以"窦武"为笔名，撰文阐释了建筑社会学理念，指出"建筑是为社会服务的，是为满足在某个历史发展时期的社会系统里的人的需要" [22]。并且，强调建筑社会学需要关注建筑和各种社会因素的相互关系。

该文中，建筑与社会问题、社会意识的相关性论述，对本书的研究具有重要启示作用。诚然，一方面，建筑和社会问题具有关联性，例如建筑与居住问题、人口问题、社会老龄化问题的关联等，而且，建筑的建成环境对社会问题可起到一定的积极或消极作用；而反过来，社会问题会影响建筑的使用情况和设计决策。另一方面，建筑和社会意识也有关联性。社会意识通常包含社会心理、代际关系、社会生活方式等。建筑能够对社会意识产生影响，塑造社会心理，引导社会关系和生活方式。而且，社会意识也会对建筑的设计和使用过程产生作用力。因而，从建筑和社会的关联性来看，本书的研究是基于高层住居与老幼居民及其代际关系的现实关联，即建筑与社会问题的关系。而且，本书重点关注的是高层住居空间环境对老幼代际融合的积极影响，即建筑与社会意识的关系。

近年来，国内外学者对于建筑社会学的相关议题，结合具体的研究对象和视角进行了多元化探索[23]~[25]，其中有两个显著趋势需要重点关注。研究视角方面，考虑到住宅的设计和使用过程涉及大量社会性问题，较多建筑社会学相关研究侧重于住宅建筑类型。研究方法方面，围绕建筑社会学相关研究多数以科学调查为主、质性研究和量化研究相结合的方式进行。

目前，在居住建筑领域，涉及建筑社会学的研究逐步成为热点，也与近年来城市住居发展所面临的设计瓶颈有关。在过去将近 20 年时间里，国内高层住居经历了快速建设的浪潮，大批量高层住居通过设计、销售、建造、竣工和精装修等产业化流程，走向商品住宅市场，承载了万千的多代家庭和老幼人群。然而，随着近年来城镇化进程逐步减缓，老龄化及少子化持续发展，建成高层住居中的代际关系疏离和代际冲突问题相继凸显[26]。过去粗放的高层住居产业模式正在引起行业内外的普遍反思，行业内外普遍呼吁从人本视角推进高层住居的多元、精细和优质发展[27]，提升高层住居的社会效用，例如应对代际矛盾、促进代际融合。

在本体层面，高层住居的集合属性与代际关系具备相对密切的关联性。高层住居属于集合住居，相比于独立住居，集合住居的主要特征体现其对居住安排的影响力。集合住居中的居民需要在一定程度上与其他居民共用一些公共设施，例如交通空间、楼栋入口、室外景观、配套服务设施，等等。因而，不同住户内的多代居民有了更多相互接触和互助支援的机会。在混龄居住的多代集合住宅中，集合住宅空间环境的建成品质直接影响到多代居民的日常生活和行为模式，从而影响代际关系的发展走向，相对优质的空间环境会促进代际融合，反之则会加剧代际疏离和冲突。

作为城市集合住居的主体构成，高层住宅的住居生活广泛存在交集。在合理设计的基础上，其具备促进代际融合方面的先天优势[28]，但设计不当也会引起更为突出的代际居住矛盾和关系疏离。在一般设计范式下，高层住宅需经过整体规划、楼栋强排、交通组织、套型提取及组合、公共空间及服务设施统筹配比等模式化设计过程。在保证居民私人居住空间的前提下，设计者着力于建构一系列相对均质化的居住生活空间。这种均质化设计虽然最大化了住宅的商品价值，但也牺牲了套型空间的多样性、楼栋形象的识别性和室外空间的场所活力。

　　总之，城市高层住居的可持续发展需要增进对居民代际融合的引导能力。基于建筑社会学原理，"住居环境—住生活行为—多代居民"之间的作用链条是其关键核心，其中的行为要素是纽带，住居环境是载体，多代居民及其代际关系是核心（图 1-5）。在这一链条下，"建筑优化设计"与"社会效益提存"在相互作用，物质环境和社会环境存在价值转换。进一步来说，通过优化高层住居空间环境，来构建适老宜幼、有益代际融合的空间环境，实现社会价值的转译与提升，具备必要性、可行性和前瞻性。

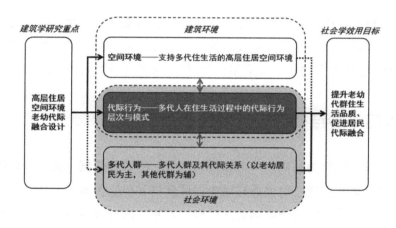

图 1-5　高层住居促进老幼代际融合的作用过程解析

　　综上所述，如何科学、合理地开展城市高层住居的老幼代际融合设计是本书的重点内容。本书主要以住居学作为研究基础和切入点，挖掘住生活所涉及的空间环境、老幼居民、日常居住行为之间的内在关联，进而结合环境行为学方法开展实证研究，从而提出高层住居的老幼代际融合设计理念及方法，自下而上地构建高层住居对老幼代际融合的价值转译途径。书中所提及的研究方法和设计策略，绝大多数能够普适化地用于各地城市高层住居，但也有少部分策略较为适用于寒地城市的高层住居。由于笔者曾长期致力于研究寒冷地区的居住建筑及老幼居民，书中适当地融入了高层住居适候设计的相关理念及手法，诸多案例也来源于笔者在寒地城市的实地调研。

第2章 老幼代际融合与住居环境研究的学理基础

建筑具有社会、技术、艺术等多重属性，其中，社会属性不可忽视。一项好的建筑设计往往建立在深刻理解建筑所处社会环境，以及准确回应空间使用者需求的基础上。在城市高层住居中做好老幼融合设计，需要对代际关系、住居空间环境的相关概念、理论、现状趋势具备一定的认知基础。因此，相关的学理知识不可或缺。本章将系统化地介绍代际关系的概念、层次和相关理论，并基于住居学理论，论述城市住居的研究维度和动态，解析高层住居的特质、发展瓶颈及趋势。

2.1 人口年龄结构变迁下的代际关系解析

以生命周期理论为基础，本节将阐释"代"的划分依据，提出代际关系的层次类型和组合模式，建立对住居环境内居民代群和代际关系的基本认知。在此基础上，对住居空间环境的代际融合展开深入剖析。本节内容将从社会学和建筑学的双维视角，为高层住居的老幼代际融合设计研究提供代际理论依据。

2.1.1 人口年龄结构与"代"

以年龄划分为出发点，突出代群的自然属性，能够顺应代际关系的基本社会意识，也适用于家庭代际关系。而且，以年龄作为代群划分，可为代际关系的多学科探索提供相对直接的划分方式和稳定的认同途径，也有利于对老幼代际融合的进一步研究。本书对于"代"的划分与组合主要基于年龄分层理论和生命周期理论。

年龄分层理论（age stratification theory）在20世纪60年代由美国学者马蒂尔达·赖利提出[29]。年龄分层理论具有生物学和社会学双重属性[30]，该理论认为：一个社会或者家庭个体成员，在其生命过程中会经历不同年龄阶段的身心状态变化，也会经历不同年龄阶段的社会角色变化。生命过程与社会变迁过程联系紧密，与每个社会成员的年龄阶层直接相关；而且，年龄分层理论的基础是年龄社会学。年龄社会学作为社会学分支理论，主张社会成员按照年龄划分成不同的年龄组，进而利用不同年龄组，结合社会理论和方法进行分析研究。

此外，基于相关研究，年龄分层理论包含以下 4 点基本内容[31]：①社会人口可以根据年龄层而被划分为不同代群体；②由于体力、社会、心理等因素，不同年龄层的社会成员具有不同的社会需求；③年龄层影响社会角色定性和职责分布；④社会成员履行自己的角色，自然地维系社会年龄体系。总之，根据年龄进行社会角色划分的模式，提供了一种稳定的社会秩序和价值导向，为居民代群提供基本的划分依据。

虽然年龄是居民代群的普遍性划分标准，然而，其并不是影响代群状态的唯一因素，还需要考虑身体状态、家庭情况等因素，继而判断其代际互助需求和居住安排意愿。因而，在确定年龄划分基础上，为了更为准确地判断各代人群实际居住状态，还需要引入生命周期理论（life cycle theory）[32]。

生命周期理论将人类在自然和社会生命进程的普遍过程进行综合抽象，将视角着眼于个体所处的文脉环境（the contextual environment）之中[33]。以年龄因素为主导，综合考虑身体状态、认知能力、家庭情况等方面因素（图 2-1）。相关研究显示，发展科学认识到人的行为和生活的某些变化存在必然的改变形式，这些紧随人的年龄变化而可以预料的变化被命名为"标准化龄级影响"（normative age-graded influences）[34]。当一个群体由同代出生的个体组构，"代"就产生了，通常为 20~40 年的时间跨度。这些由特定时期多种因素综合作用而产生的现象，通常被称为代群效应（cohort effects）。因而，对于代群效应以及各代群体的研究，有必要从发展科学的新范式入手，将社会学、心理学、生物行为学和建筑学的相关方法结合起来，从而建立"生理—心理—社会—环境"的多层面代群分析维度，从而构建人类生命周期的多层面研究模型。

整体来说，由于人类年龄是认知、记录和识别人类特征与其相应社会角色的基本标识，随着时光流转，人会呈现年龄递增、生理变化、社会意识演变和家庭结构变迁。年龄直接映照出人类自然属性和社会属性，以年龄进行代群类型划分是基于人类生理自然属性而建立的基本社会规范。代群年龄以个人生物特质出发，能够直接体现社会代群结构，亦反映出一般的家庭代群结构，是代群形成和划分的重要动因和依据。

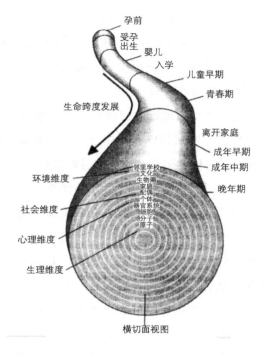

图 2-1　人类生命周期的轴向和断面解析 [35]

　　一方面，基于生命周期的轴向维度，以年龄分层为依据划分代群类别，是开展代际关系研究的起始点。在年龄划分的具体方式上，基于国情和地区差异，国内外不同领域对人类年龄的划分具有不同的标准 [36]。结合联合国卫生组织相关年龄划分方式，基于我国城市的高层住居研究现状，本书将人类年龄划分 3 个代群大类，包含为少儿代（0~18 岁）、中青年代（19~59 岁）和老年代（60 岁以上），详见图 2-2。

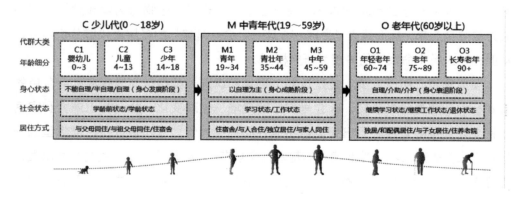

图 2-2　城市居民的代群年龄划分解析

　　另一方面，基于生命周期的断面维度，有必要综合考虑其他因素进一步划分代际亚类。代群亚类的精细划分需要综合考虑"代"的生理、心理、社会、家庭等多重属性[107]。由于个体在其生命过程中会经历不同年龄阶段的身心状态变化和社会角色变化。因而，个体的"生命过程"与"社会变迁"联系紧密，直接关系到每个社会成员的代群从属关系。具体来说，由于不同的体力、社会、心理因素，不同阶层特征的社会成员具有不同的社会需求。各种社会角色的定性和分布受到年龄层影响，且社会成员履行自己的角色从而完成社会年龄维系。此外，伴随家庭中的亲缘代际繁衍过程，加之人口平均寿命呈增加趋势，代群年龄划分能够反映出多数家庭的代群结构，以及社会层面对家庭代群的基本认识。但是，现实中也存在同代内的需求分异现状，需要结合具体情况而延伸讨论。总之，由于不同代群、不同个体存在差异性，年龄因素并不是代群属性唯一构成，还需要将其他因素纳入考虑范围，对高层住居的代际关系及各代行为进行综合分析。

　　整体来说，本书中的代群划分以宏观年龄划分的代群大类为主，并对其他因素影响下的部分代群亚类进行延伸讨论。在代群划分的基础上，代群大类的组合形式有 4 种类型，即老年代和少儿代组合、老年代和中青年代组合、中青年代与少儿代组合、三代共同组合。在代群大类内，也有亚类之间的代际组合，例如少年与幼儿组合、中年与青年组合、老年人之间的组合等（图 2-3）。在 9 个代群亚类中，相对弱势的代群为少儿代中的婴幼儿阶段、老年代中的普通和长寿老年阶段，因而，本着对住居环境中弱势群体的人文关怀，本书主要聚焦于城市高层住居的老幼代群及其关系，特别是其中的高龄老人和婴幼儿群体。

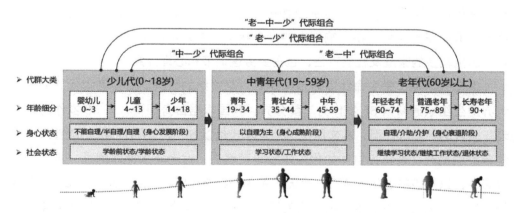

图 2-3　城市居民的代群年龄组合模式

2.1.2 不同代群的特征简析

在宏观的代群类型中，3个代群大类在其各自时期内均存在一定的自然和社会特质，并影响到其在住居环境内的居住需求与行为活动。

少儿代时期，是人类生命周期的早期阶段，对人类整个生命周期发展具有重要意义。由于人在这一时期将经历由新生儿至成年之前的整个生长发育阶段，发展变化速度快于其他时期。因而，对于少儿代的研究应细分为0~3岁婴幼儿阶段、4~13岁儿童阶段和14~18岁幼儿阶段，这样的细分模式与未成年人的年龄角色认同和身心发育阶段基本相符。在儿童的不同发展阶段之中，少年儿童的行为和心理将历经由量变到质变的持续发展过程，并具备相对定向性和顺序性，以及一定的差异性和不平衡性[37]。概括来说，少儿代的行为发展特征主要体现在4个主要方面：由未分化的泛化行为向分化的专门化行为发展，由被动行为向主动行为发展，认知机能从认识客体的直接外部现象向认识事物的内部本质发展，对周围事物的态度由不稳定性向稳定性发展。

中青年代时期，是一个人成年后的主要生命阶段，亦是承担家庭责任和创造社会价值的重要时期。中青年代的年龄跨度较长，多数的中青年人在这一阶段多在继续学习或工作状态。但是，在不同的文脉环境影响下，中青年人的身心变化和时空差异会促使代群内部产生分化。而且，在中青年阶段，社会和家庭方面都存在很多变化因素。例如，在工作层面，从青年参加工作、中年成为中坚力量到接近老年退休阶段，中青年人的社会角色在不断变化，加之社会、经济、文化方面的宏观环境影响，中青年代的代内分化存在必然性，且共性和差异性是并存的。在居住层面，从青年阶段脱离原生家庭组建小家庭、抚育下一代、反哺上一代，不同家庭组织阶段会直接影响到人的身心状态。中青年群体作为代群的中坚层，需要承担较多的家庭及社会责任，也需要劳逸调节和心理疗愈。

老年代时期，是生命体逐步走向衰老直至终结的阶段。对于老年代的划分，世界卫生组织通常以65岁作为年龄分界，我国根据自身国情，以60岁作为迈入老年阶段的标准。因而，本文所探讨的老年代也以60岁作为分界线。随着人口平均年龄的提高，老年人群体的代内年龄跨度增加，对老年人群体的进一步细分十分必要，以打破将老年人视为一个无差别单一群组（homogeneous group）[38]的统计惯例。依据世界卫生组织的相关研究，老年人年龄可细致划分为60~74岁的年轻老年人（younger elderly），75~89岁的普通老年人（ordinary elderly）和

90 岁以上的长寿老人（the oldest old）。此外，按照体能情况来划分，老年人可分为如下 3 类 [39]：自理老人（self-helping aged people），这类老人通常是指通过直接观察或者生活自理能力评估，属于"生活自理能力正常"，即日常生活无需他人照顾的老人；介助老人（device-helping aged people），这类老人相当于部分自理的老人，常借助扶手、拐杖、轮椅和升降设施等生活，属于"生活自理能力轻度 / 或中度依赖"，即日常活动需要他人部分具体帮助或指导的老人；介护老人（under nursing aged people），这类老人相当于完全不能自理的老人，属于"生活自理能力重度依赖"，即全部日常生活需要他人代为操持的老人。

随着我国老龄化趋势和少子化进程，建筑设计领域对老年代、少儿代的关注度也逐步增加。聚焦老幼代群的精细设计，需要明确年龄的基本分界、居住情境和发展变化等多方面内容，首要关注与老年人和儿童直接相关的日常居住空间环境。

2.1.3　社会与家庭的代际关系辨析

代际关系是一个相对复杂的概念。从生成角度，代际关系是一个基于人口学的自然事实，但当它构成一代人的相互关系、共同经验和文化价值时，则演变形成一个相对复杂和矛盾的社会现象。在个体亲情层面上，代际关系呈现为一种家庭结构或家族结构，在群体组织层面则表现为一种社会结构。城市住居内的代际关系也包含家庭和社会代际关系两个基本类别。

在当代城市住居环境中，代际关系的发展趋势可以概括如下：首先，家庭代际关系简单化，独立化，向社会代际关系拓展。随着"421"和"422"家庭小型化、人口迁移、空巢化等现象，家庭代际关系由黏着型发展到松弛型，直至形成独立型代际关系，并呈现"抚育—赡养"和"代际交换"两种代际关系并存互补，低龄老人赡养高龄老人的比例增加等特殊现象。其次，社会代际关系逐渐拓展，呈现复杂化。其中，代际关系社会化是主要原因，亦是社会结构发展与社会利益变化的主要趋势之一。由于社会层面对于代际关系的长期忽视，代际关系的社会化出现畸态发展，关系疏离、信任危机、不平等交换等问题累积形成了多重代际矛盾，对社会的多代共享和代际团结形成威胁。再次，老龄化加速了代际关系社会化，并不断提高代际关系社会化程度，使代际关系变得更加敏感和复杂。由于多年来形成的以子女为核心的代际关系倾斜状态，老年群体在家庭和社会代际关系中，呈现出弱势化、贫困化、边缘化等消极趋势。此外，老年人参与代际抚育现象较为普遍。根据老龄科研中心对中国城乡 20083 位老人的调查，照看孙辈的老人占了66.47%,隔代抚养孙辈的女性老人的比例在城市更是高达71.95%[40]。由此可见,在城市住居中,家庭和社会代际关系相互影响和制约,均不可忽视。因而,对家庭代际关系、社会代际关系进行深入分析具有必要性。

1)城市住居中的家庭代际关系

在城市住居中,家庭代际关系具有生物学和伦理学属性,通常体现出亲情主观的利他倾向。我国的人口结构变迁过程,与工业化、城市化、生育政策等因素交织,逐步改变了家庭规模,重构了家庭结构,再塑了家庭代际关系。

相关资料显示,家庭结构从大型联合家庭演变为小型核心家庭,是家庭现代化和家庭变迁的主要标志。在特定情境下,对于城市居民来说,家庭边界和家庭成员的范围具有多种类型。例如,由其中同住的家庭成员构成的"同住家庭",由被访者主观认定的家庭即"情感家庭",以及由经济上一体的家庭成员构成的"经济家庭"。在本书中,考虑到对住居老幼代际关系的研究需要,主要关注同住家庭、兼顾情感家庭。

在城市住居中,家庭规模、类型因素与家庭代际关系关联紧密。根据中国社科院曾在开展的广州、杭州、郑州、兰州和哈尔滨等五城市家庭结构与家庭关系调查,我国家庭总人口数的均值为3.22人,核心户为主比例达到了70.3%,主干家庭占比16.6%,单身家庭占比12.0%,联合家庭占比0.2%[41]。如图2-4所示,对比1982年、1992年、2008年的家庭调查数值可见,隔代家庭从无到有,比例持续增加,联合家庭已基本为零,主干家庭减少明显,核心家庭稳步增加,单身家庭有大幅增加。由此可见,城市家庭小型及核心化趋势明显。而且,家庭变迁同时衍生出了各种新的家庭形式,例如临时主干家庭、邻住家庭、轮住家庭、拆住家庭等。

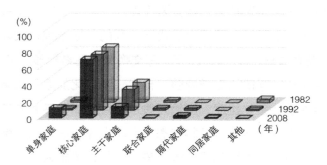

图2-4 五城市家庭居住模式数据对比[41]

家庭代际关系一直是家庭社会学的经典议题。尤其 20 世纪 80 年代以后，经济社会转型给中国家庭代际关系带来了显著变革。随着老龄化发展，中国的人口年龄结构也在持续改变，在中国养老模式中扮演重要角色的家庭代际关系正引起广泛关注。人口老龄化也逐步改变了代际结构。由于人平均寿命增长，现存的代际结构出现了代际扩张（intergenerational extension）；但由于出生率下降，每一代的代内成员数量收缩，呈现代际收缩（intergenerational constraction）。家庭代际关系在纵向上扩张、在横向上收缩[42]。

而且，伴随家庭小型化和分散化，现代家庭代际成员之间的距离增加了。但是，由于现代通信和交通技术进步，家庭成员之间仍然能保持密切联系和频繁互动，代际凝聚力得以维持。这种新的代际联系方式，也被称为"修正的扩大家庭"（modified extended family）。其最关键的作用在于其保障性和应急性，即在家庭成员需要帮助的时候会及时响应，从而形成亲属潜阵（latent kin matrix）[43]，即一种不断转移的、可随时激发和加深的家庭代际关系网络。

此外，在家庭代际关系中，围绕老幼群体的代际关系（即成年子女和父母、未成年子女和父母的代际关系）对整个家庭来说意义较大。根据本特森（Bengtson L）教授的相关研究[44]，现代家庭存在以下 4 种常见家庭结构类型: 紧密型(tight-knit)，和睦型（sociable），亲密有间型（intimate but distant），分离性（detached）。根据我国学者马春华的相关研究，我国家庭成年子女和父母的代际关系存在亲密互惠型、亲密有距型、实用主义型、感情型、疏离型等潜在类型（表 2-1）。由此可见，不同国家、学者对家庭代际关系的分类模式虽有差异，但整体上都是基于家庭成员在情感和功能上的代际互动，并对老幼代群予以特别关注。

中国城市家庭代际关系潜在类别定义及概率 [45]　　　　表 2-1

类型	个案	比例	定义
亲密互惠型	1273	60.01%	子女和父母感情密切，常常联系，同城而居，认同子女对于父母孝顺的责任和义务，互相照顾和提供力所能及的支持，子女给父母以经济上的支持，子女很少从父母那里寻求经济上的帮助。
亲密有距型	338	15.94%	子女和父母情感密切，经常往来，认同孝顺父母的责任和义务，和父母之间提供工具性的相互支持，成年子女还在经济上支持父母，但是他们往往不住在一个城市，成年子女也很少接受父母经济上的资助。

类型	个案	比例	定义
实用主义型	161	7.59%	子女和父母同城而居，相互也提供工具性支持，成年子女也给父母提供经济上的支持，但是情感上并不密切，也很少往来，也不认同子女对于父母孝顺的责任和义务。只有这个潜在类别中的成年子女从父母那里获取经济资助的可能性最大。
感情型	129	6.08%	子女和父母感情亲密，经常走动，同城而居，也认同对于父母孝顺的责任和义务，但是互相间很少提供工具性的和经济性的支持。
疏离型	220	10.37%	子女和父母感情不亲密，不经常走动，居住在不同的城市，相互间没有工具性的支持，但是认同对于父母孝顺的责任和义务，也为父母提供经济上的支持。

2）城市住居中的社会代际关系

社会代际关系是一个广泛的社会科学议题，"代"是生物学事实，而"代"问题和与之相关的代际关系则是社会学命题。相对于家庭代际关系，社会代际关系以利己倾向为主，并具有客观利他倾向。而且，社会代际关系更为复杂，既需要政策层面的合理安排、道德层面的积极引导，也需要对权利与义务、公平与扶助的多重权衡。

不论古代或当代，社会代际关系均体现出了一定的演进性和双面性，诸如付出与反哺、传承与反叛、延续与断裂、隔离与协作等。具体来说，社会科学中有关代际关系的讨论可以分为 2 个主要时期：其一，代际关系研究基础阶段。德国社会学家卡尔·曼海姆（Karl Mannheim）提出了社会代际划分的 3 个基本概念[46]，即代地位（generational status）、现实代（genetationa as actuality）和代单位（generational unit）。其中，"代地位"代表同样年龄层的一代人在社会结构中所处的位置，由特定经验和思维模式决定，"现实代"则指在特定的时间和地点达到成熟社会意识和观点的一代人。"代单位"指同一现时代的群体以不同方式利用共同经验，构成的不同单位。而且，社会变迁的速度直接影响到现实代的划分和代单位的数量。其二，代际关系研究发展阶段。玛格丽特·米德（Margaret Mead）将社会代际关系分为前喻文化（pretfigurative cultures）、中喻文化（cofigurative cultures）和后喻文化（poscofigurative cultures），其中，后喻文化着重用来描述当代的代际关系趋势，侧重于反映年轻一代向前辈知识文化的过程，即"文化反哺"现象[47]。

聚焦现代城市的社会代际关系，国内外的前沿学者较为重视如下特征[48]：①社会变迁性。共同经历某些社会变迁会使一些相同年龄层的人群具有一定精神共同性和连带性，更容易产生相关记忆的共鸣，如阿兰·斯丕泽（Alan Spitzer）所说："每一代人都会书写自己这一代人的历史。"[49] 这一理论方向主要涉及代际关系的时代背景层面。②社会趋势性。随着社会的发展，社会代际关系逐渐增强，家庭代际关系相对减弱。社会代际关系和家庭代际关系在保持一种此消彼长的动态平衡，而人的社会化与"代沟"现象也有着一定关联。这一理论方向与社会和家庭代际关系平衡协调、社会代际互助的内部矛盾有较大关联。③年龄关联性。越来越多的研究者开始强调代际关系研究要注重年龄群体和社会结构的关系[50]，例如少年、青年、中年、老年之间的代际关系，以及这些代际关系与社会的相互影响。这一理论方向与社会代际关系的互助组合模式关联密切。④年龄特殊性。老年代、少儿代等相对弱势的年龄群体逐步受到关注，这些代群内的自身特异性，以及与其他群体的代际关系问题备受关注。这一理论方向与本书所关注的老幼群体的代际关系密切相关。

整体来说，当代城市住居的家庭和社会代际关系呈现相互融合、渗透的关联趋势和协同作用关系：

一方面，城市住居中的家庭代际关系具有原生驱动性，但需要社会代际关系支持补充。家庭自古以来一直是代际融合的主要源泉。但是，由于社会变迁与家庭传统的矛盾逐步凸显，家庭中的代际融合面临新的挑战。伴随着代际关系的重构需要，家庭中的代际行为对于保障老幼人群的居住生活品质具有重要意义，但亦需要社会代际力量作为支持和补充。因而，在家庭层面，要重视发挥家庭代际融合的基础力量，并和社会代际力量紧密配合，使二者相辅相成、互为支撑。

另一方面，以家庭为基本单位，城市住居中的社区和邻里代际关系正在持续地蓬勃发展。人口结构和社会的变化对家庭传统代际关系提出挑战，社会代际力量正在发挥越来越大的作用，它可提升地方社区的凝聚力，并为代际融合提供家庭生活之外的社会舞台。因而，住居中的社会代际关系不可忽视，其持续推动着社区内的社会关系完善发展，并对家庭各代居民产生积极影响，有益于家庭代际关系的稳定发展。

总体来说，在城市住居内，家庭代际关系作为微观结构基础，对社会代际关系具有良性驱动作用。社会代际关系作为宏观发展背景，对家庭代际关系产生积极支持作用（图2-5）。

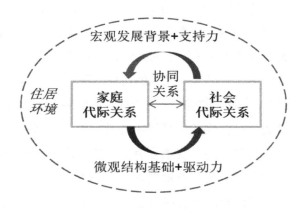

图 2-5　家庭和社会代际关系的协同作用关系

2.2　老幼代际融合的相关理论剖析

代际关系既是一种复杂的社会文化现象、一种人口学事实，也跟人类心理活动相关。因而，代际关系的研究是一个多学科融合的综合过程，涉及社会学、人口学、文化人类学、心理学等多个学科。本节梳理了代际关系的关键研究历程，并对代际团结与融合、代际互助与交流等相关理论进行重点剖析。

2.2.1　代际关系研究历程

国际上，对于正向代际关系的讨论和研究始于 20 世纪 70 年代。例如，斯塔尔雷斯（Starrels E）[51] 和穆勒（Moller V）[52] 分别结合管理学和社会学视角，对特定人群的代际融合问题加以讨论。1997 年，学者本特森（Bengtson V）及其团队正式提出了代际团结概念及其测量模型。他们认为团结和凝聚力是代际关系的核心，提出代际融合是代际团结的重要表现形式和关键内容，并分析对比了代际融合的 6 个基本要素。本特森教授提出的代际团结和融合概念因其全面性、有效性和客观性，逐步被各国学者运用到家庭和社会层面的代际关系研究中 [53]。

进入 21 世纪，随着全球老龄化加剧，对代际关系的学术讨论仍然如火如荼。2007 年《社会问题期刊》（*Journal of Social Issues*，JSI）以代际关系为主题进行了专栏讨论。安东努奇（Antonucci C）、杰克逊（Jackson S）等基于美国地区所面临的就业环境和居民代际问题，认为代际关系的研究有助于最大限度地利用现有的非正式和正式支持力量 [54]，并从代际融合、支持和冲突、文化背景因素等视角系统总结了此前的相关研究，构建了代际护航模型、代际融合和代际冲突模型。另外，斯坦巴赫（Steinbach A）基于德国老龄化调查和德国社会经济小组数据库，系统研究了家庭代际关系中的团结和冲突模式，认为代际融合是家庭成员的终生纽带，而代际冲突则不可避免，代际融合和冲突、正向及负向代际行为等对立观点共同描绘了相对完整的代际关系图景[55]。

与此同时，代际互助的相关研究更多与养老育儿相关联。在社会代际关系层面，普林岑（Prinzen K）基于对德国的一项社会调查，提出政策层面进行社会资源代际再分配存在两种驱动力：老龄化带来的长期自身利益问题，以及代际互助目标的规范互利互惠[56]。并且提出：随着人口老龄化加剧，代际再分配压力增加，代际互助现象将会更为显著。在家庭代际关系层面，赫勒贝克（Hlebec V）提出在老年人接受混合护理的家庭中，家庭内的互助照料和情感交流是代际互助的重要部分，且对于以家庭照料为主体的老龄化地区更具重要意义[57]。

近年来，国际社会对代际融合的相关政策支持力度也在持续增加。欧盟以代际融合为主题召开了多次会议，并设定每年的 4 月 29 日为"代际团结日"（EU Day of Solidarity between Generations），旨在加强各代之间的功能和情感联系，促进代际融合，从而建立一个不分年龄的社会共享格局。此外，欧盟与美国的退休人员协会近年来推出了多项代际融合促进计划。例如，欧盟代际学习互助计划、比利时的青老合居互惠计划、美国家庭之友计划、瑞典跨代聚会计划、荷兰鹿特丹的代际运动会等。代际团结与融合、代际互助与交流等正向代际关系正在渗透进入社区、邻里和家庭居室。

我国学者对代际关系的研究始于 20 世纪 80 年代。研究初期主要是对于西方各种主流代际理论的引入和讨论。其中，费孝通[58]、张永杰、程远忠[59] 等学者的相关研究对我国代际关系理论发展奠定了基础作用。20 世纪 90 年代，代际关系的研究进入稳定发展时期。在这一阶段，代际关系研究受到了人文社科学者的广泛关注。随着社会文化的变迁，代际关系的研究也由家庭拓展到社会层面。而且，也从理论层面拓展到实证研究层面。例如，葛道顺[60] 进行了代际特征研究，并从宏观角度提出了代际互动的基本特征。中国代际关系研究课题组，于 1999 年系统地分析了我国的青年人、中年人和老年人之间的代际关系现状和变化趋势[61]，并认为我国社会服务体系应更多地为老年人提供保障服务，提出中国未来的社会化养老将具备重要意义，这一结论也在二十余年后的当今社会中得以验证。

进入 21 世纪后，代际关系的研究正式跨入新时期，开始全面拓展，涉及代际融合、代际矛盾、代际正义、代际伦理等多方面主题。伴随我国家庭结构核心化、家庭规模小型化，对家庭代际关系的研究也逐步深入。王跃生将我国的家庭代际关系划分为黏着型代际关系、松弛型代际关系和独立型代际关系[62]；并且，提出代际互助是中国 20 世纪末期多代合居习俗得以延续的主要原因之一[63]。杨菊华、李路路[64] 提出家庭代际关系具有强大的适应性和抗逆性，并在当代社会仍具备深厚的观念认同和文化积淀。

　　2010 年之后，随着我国老龄化的深入发展，以及二孩政策的逐步放开，相关研究逐步将代际关系研究与老龄化问题及二孩政策相互结合，代际团结、代际融合、代际互助等相关理论及概念得到广泛认可。对居住安排和居住决策的相关研究愈加注重社会和家庭代际关系的多维度整合，并尝试对二者展开协同研究。甘满堂、娄晓晓[65] 提出互助养老理念，将老年人和中青年人之间的代际互助和老人之间的代内互助同时作为互助养老模式的重要环节，并提出城市社区的互助养老模式应依托政府和志愿组织，并建立时间储蓄的新型管理机制。杨晶晶、郑涌认为代际关系对老年人心理健康具有显著影响，积极正向的代际关系有助于提升老人自信、自尊和生活幸福感。宋亚君[66] 系统梳理了代际融合理论，并根据代际融合的 6 个结构要素开展问卷调查，在实证研究和统计分析的基础上，得出老年人满意度与代际融合的显著正相关结论。金文俊[67] 在论文《"孝"的生命力在于代际互助》中阐述了精神赡养对老年人的重要意义，老年人和青少年人之间的代际互助有利于缓解当下的人口与社会问题。

　　与此同时，对于代际关系的相关研究也逐步从社会学视角开始向居住安排、居住决策领域延伸。杨辰[68] 通过对城市多代居的个案深入研究，从居住轨迹和空间实践两个角度详细分析了代际关系和居住策略的深层关联，提出代际关系的真实联系是生活空间环境的"家庭事件"逐步累积形成的。随着代际关系相关研究的逐步拓展。在建筑学领域，也有越来越多的学者关注到代际关系问题，并从集合住宅、居住空间环境、户型组织、社区配套设施等多方面开展相关研究。例如，胡惠琴、闫红曦[69] 提出了"421"家庭结构下的社区老幼复合型福利设施营建策略[14]。姚栋、袁正[70] 等结合案例分析，提出了住区配套设施的代际融合促进途径[15]。温芳、王竹、裘知[71] 等基于实态调查，探讨并建构了保障型住居的代际互助模块及融入途径。

2.2.2　代际团结与融合

随着代际关系研究的理论化和系统化，自 20 世纪 70 年代，代际融合逐步成为代际关系研究的主体内容。90 年代之后，由于第二现代性引发的个性化趋势显著，以及家庭和社区代际关系的问题严峻化，代际团结、代际融合成为代际关系的研究焦点。进入 21 世纪后，随着老龄化的全球进程加速，在践行积极老龄化的进程中，代际关系的重要性愈加显著，代际团结与融合再次被政府和学术界普遍重视与强调，特别是在老龄化深度发展的北美、日本和欧盟地区。

在代际关系理论研究领域，具有代表意义的成果是本森特所创建的代际团结模型[72]。具体来说，代际融合和代际团结共同作为对理想代际关系的现实表征，代际融合侧重于表征代际关系的整体和谐，代际团结侧重于表征代际关系的内在凝聚。可以说，代际融合是代际团结的前提条件和外在状态。因而，代际团结的基本要素对于代际融合也具备适用性和解释力。如图 2-6 所示，代际融合主要涵盖结构（construction）、功能（function）、联系（association）、情感（affect）、共识（consensus）和规范（norms）等 8 个基本要素。其中，"结构""功能""联系"作为核心要素，是满足代际融合的先决条件，并与代际融合行为具有直接关联。"情感""共识""规范"作为拓展要素，对代际融合具有提升和维护作用。具体来说，代际融合的结构要素主要指多代居住距离、年龄混合程度等客观实体影响因素；功能要素主要指经济、物品和劳务的互助和交换[73]；联系要素主要指代际接触、互动共享的频率和效果；情感要素主要指代际的亲密感、肯定感、亲切感等积极情感因素；共识要素指代不同代人在生活方式、价值观等方面的一致性或理解力[74]；规范要素主要涵盖多代相处的规则、界限和责任。

在理论模型的基础上，结合对代际关系相关因素的综合考量，可从层次与演进两个维度进一步剖析代际融合概念：

在代际关系的层次维度上，代际融合的参与者可以是个人或群体、家庭或社会。随着代际自反性的发展，个体的情感体验和价值观念逐步超越既定规则和传统，成为代际融合的能动因素。但是，家庭的力量仍然不可忽视，家庭成员之间长期的、模式化的互动行为会对个体行为决策产生长期影响[75]。而且，随着各地的社区营建和邻里回归热潮，各类社会组织和团体越来越注重提升多代居民的参与性。因而，邻里和社区的代际关系对于代际融合的作用也不容忽视。

在代际关系的演进维度上，基于市场经济、多元文化和全球一体化所共同形成的新时代情境，代际关系的利益变化和观念冲突也在增加。从内在来看，代际融合与代际矛盾是相互制衡、此消彼长的关系[76]，而代际融合是促进代际关系良性发展的积极面，代际矛盾则是消极面。对于这种趋势，明确住居场所是代际关系的主要空间载体，着力维护住居内的代际关系动态平衡，鼓励各代人正视矛盾并寻求认同，有助于从不同层面稳固代际关系、促进代际融合。

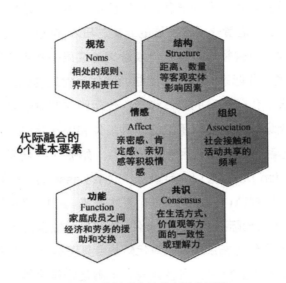

图 2-6 代际融合的基本要素解析

通过代际融合的相关理论研究和现实经验可知，住居环境对代际融合具有影响力。客观来说，广义上的住居既包含作为家庭成员栖居之所的单户住宅，也涵盖邻里沟通交流的公共空间，是链接家庭与社会代际关系的重要场所，对于居民代际融合具有长期影响力。国外研究显示，增进住居的代际融合需要关注三方面要素：其一，关注代际融合的一体化。代际融合需要涵盖居住生活的所有领域，包括居住环境、工作机会、社会参与、长期照护、地方管理机构和志愿组织。其二，关注代际融合的普适性。增进代际融合的途径应该是普遍而广泛的，使老、中、少多代人和谐相处、相互认同。其三，关注代际融合的公平性。增进住居内的代际融合需要转变观念，不应只为某一特定群体寻求利益，而应建立在多代人之间平等交互的基础上。

此外，还需要关注的是，从住居层面增进代际融合需要基于家庭和社区代际关系的均衡发展。

　　在家庭层面上，结合居住生活的新趋势，家庭代际关系是代际融合的基础力量，社会代际关系是代际融合的拓展力量。理想状态下，二者应互为促进、相辅相成，例如，近年来欧洲家庭组织联合会（European Confederation of Family Organization，COFACE）[77] 正持续发起一项公益活动，希望在欧洲范围内提升人们对住居代际融合与家庭代际关系的重视，并支援各类新形式家庭的居住需求和个性表达。

　　在社区层面上，应鼓励各个年龄段的居民通过各种方式对社区作出贡献，例如近宅就业、志愿服务和日常互动等。而且，尝试一些创新的措施也极具意义，有助于刺激各代人之间的互动及合作，例如通过代际住居项目鼓励年轻人和老年人毗邻而居，或设置所有年龄组通用的空间环境和配套设施，以支持老年人安全、独立生活，鼓励多代居民之间混龄居住和代际互助。以西班牙一社区的"老少同住"计划为例，该计划旨在促进少年学生和独居长者之间的交流。其通过持续多年的运作，已成为一项成功的跨代家庭分享计划，既满足了孤寡老人的陪伴需求，也满足了学生寻找学校周边宿舍的生活需求。

2.2.3　代际互助与交流

　　根据相关研究，代际互助、代际交流是代际融合的导向途径和增益渠道。从根本上来说，人类之间的互助行为是一种较为复杂而重要的行为类型。联合与合作是在人类社会中广泛存在的行为，亦是人类在自然界中变得更具优势的根本原因之一 [78]。当面对困境之时，这种合作和同理精神会得到增进，因而，互助行为被一些学者称之为"人类固有的困难回应机制"。在互助行为中，代际互助现象广泛存在，一直伴随着人类文明进程。下文将从概念、特征、趋势、差异等层面，对代际互助进行多角度剖析。

　　1）概念层面

　　代际互助（intergenerational assistance）指在社会和家庭范围内，不同代人之间在家庭或社会范围，通过同时或递进、直接或间接的途径，进行物质和精神层面的支援和交换 [79]。不同代人之间的交流互动和互利互惠，可提供更具多元弹性的代际保障，增进代际情感认同，维护家庭和社会的稳定秩序和持续活力，从而促进家庭代际团结。此外，代际护航作为代际互助的重要分支，更为关注老幼代为主体的弱势代群，侧重于老幼群体在家庭和社会中的照料问题。因而，本书中对于代际互助的探讨多聚焦于这一分支。

2）特征层面

代际互助包含交换联系、动态平衡和时序演变等主要特征。

（1）交换与联系是代际互助的基本特征

交换作为代际互助的基础属性，通常包含以下2种类型：其一，延时交换，主要特点是付出和获得行为具有时间差。延时交换具有一个比较显著的缺点就是先付出的一方收获回报具有不确定性，特别表现在家庭代际互助行为中，即使法律和道德对其具备一定约束，但回报效果也仍存在不确定性，例如成年子女不赡养老人的情况。其二，共时交换指相互之间的交换内容同时发生。社区集体活动或邻里间的随机互助行为均可能具备共时性。而且，在家庭聚会或仪式活动中，家庭成员通过共时交换，均从活动中获取精神和归属的支持感。与时序交换不同，共时性交换存在交换内容的确定性和交换事件的随机性，两者在交换活动中相互补充，共同促进代际互助的稳定性。此外，即便代际互助内容的帮助方具备一定的单向利他倾向，但从广义视角来看，其仍然具备一定的交换性。例如，社区层面的利他行为具有道德感染力，部分受益群体在利他行为带动之下会将这种行为模式复制和传承。家庭层面的利他行为具有家族熏陶效果，例如父辈为子女作出奉献，子女在其熏陶之下也可能对自己的下一代也作出相同的付出。

作为社会系统的人类群体，人与人之间的联系是形成集体情感的基础。一个社会集合体中，成员之间的联系越是活跃和密切，集合体越是统一和牢固。因而，日常联系和仪式互动在群体整合中的功能和作用亦不可小觑，其中，仪式感是常被忽略的联系途径。代际之间的仪式活动属于一种"关系—信仰"模型[80]，发挥着团结、稳定代际关系的作用。仪式形式根据地区风俗、社区文化和家庭习惯不同而呈现多样化，例如在各种节气举行集体的传统庆祝仪式，或在个体成员的生日及其他特殊纪念日举行庆祝活动等内容。

（2）家庭和社会动态平衡是代际互助的保障特征

家庭和社会代际互助一直处于此消彼长的动态平衡状态。其中，家庭代际互助是社会代际互助的基础构成，社会代际互助是家庭代际互助的拓展补充。随着社区系统不断发展、配套服务体系逐步健全，社会代际互助比重增加，一部分家庭互助被社会代际互助所替代。而当外界环境遇到意外状况时，社区部分职能可能无法运转或面临改变，家庭代际互助可作为有力支撑，协助社区实现弹性恢复。

此外，家庭和社会范围的代际互助过程，都面临不同程度的独立和依赖的平衡问题。在生活中，人们可从互助行为中获取帮助和便利，也可实现个人价值和付出意愿；相应地，互助行为也会对人的个体独立性产生影响，这在一些家庭互助行为中较为明显，例如隔代抚育过程中，父辈如果承担过多的抚育责任会使子代产生依赖性，同时两代人之间育儿观念的差异性也会妨碍子代抚育的独立性，出现依赖性和独立性的矛盾。代际矛盾的出现不可避免，也不完全是消极的，矛盾促使人们主动调整互助模式，防范一些潜在的不利因素，最终调整至独立和依赖的相互平衡状态，保证代际互助的正向性和可持续性。

（3）时序演变是代际互助的动态特征

从时间轴来看，由于"代"是随着人的成长而不断更迭和传递的，代际互助是动态的行为模式，具有时序演变特征。

在家庭代际互助的演变过程中，养老和育儿作为其主体内容，均具有时序演变的特征。养老方面，随着时间的变化，家庭内的老年人逐渐老化，对代际互助的需求内容与程度也将产生变化。而且，随着赡养人的年龄增长，对长者的赡养能力也会变化。因而，家庭代际互助的自身内容，以及对社会代际互助的依靠程度，都在动态的演变范围内。在育儿方面，随着未成年子代迈入不同成长阶段，其所需的代际互助内容也随之演变。例如，在 0~3 岁的幼儿期需要周密的安全看护，3~6 岁进入幼儿园之后需要提升自理能力，6 岁之后的学龄期则逐步需要更多情感式陪伴等。

在社会代际互助的演变过程中，住居范围内的代际互助会随着居民年龄结构变化而演变。例如，在目前的高龄化背景下，社区内的高龄老年人比例持续增加，相应的社区代际互助内容也更多地转向养老保障、健康恢复等方面。

3）趋势层面

现代住生活中的代际互助具备社会文化反哺、社会老幼护航、家庭养老支持、家庭儿童抚育等发展趋势。

（1）社会文化反哺趋势显著

在过去 30 年时间里，随着我国的经济发展和技术变迁，社会结构转型和互联网通信日益发达，促使原有传统的代际关系受到极大冲击和颠覆。随着"现象"代沟的产生、发展和应对，文化反哺作为社会代际互助的重要构成，逐渐成为重构社会代际关系的主要路径，能够促进多代人的共同成长，通过双向信息沟通模式，达成代际认同和理解。而且，文化反哺可使多代人之间意识到自身文化的相对性，以及对方文化的合理性，在生活态度、行为模式和价值观等层面相互进一步认同。从而，实现多代人在情感和功能层面的多维互动。

现实生活中，文化反哺可以发生在社会很多层面。例如在社区层面上，通过文化反哺，可以将青少年群体和中老年群体联系起来，通过知识文化的反向传输，使老年人对现代技术和文化增加认识，从而助力于提升老年人继续就业潜力，从而响应积极老龄化政策号召。

此外，需要补充的是，当代文化反哺与传统文化传承并不矛盾，反而相辅相成。文化反哺与代际传承共同构成了意识文化层面的社会代际互助，既能够相互补充，也有助于应对代际冲突；此外，社会代际互助也会受到其他相关的外部环境、技术手段影响。随着互联网技术的快速发展，青年人对老年人的科学技术反哺现象较为普遍，例如在新冠肺炎疫情期间，一些社区针对老年人使用健康码、进行网上买菜等事项，开展了代际互助式的培训活动。

（2）社会老幼护航需要场所支持

随着老龄化深入发展，我国城市老年人口日益增多，家庭结构也在日益收缩。其中，"421"家庭普遍存在，"422"家庭逐步增多，传统家庭或宗族主导的代际关系正在减弱和瓦解。相对应地，社会代际关系开始蓬勃发展，养老和育儿作为传统家庭代际互助中的主要功能内容，正在向社会代际互助转移。

代际关系社会化是一个社会进步的必然趋势，家庭和社会层面的代际互助一直是此消彼长、循序渐进。例如，在社区范围内，伴随养老服务体系的健全发展，老年服务中心、日托机构、助餐设施等服务设施正在逐步织补完善。与此同时，伴随生育政策的逐步放开，社区内的儿童抚育需求逐步增加，相应的社区学前设施体系和家庭育儿支援体系正在完善构建中。伴随养老和育儿的逐步社会化，在发达国家已有将社区养老和托幼设施结合起来的案例，老幼复合的新型福祉模式正在国际范围推广。

（3）家庭养老支持正在动态演进

随着我国老年人口比例的增加，社会养老压力急剧增加，居家养老成为基本的老龄工作政策。家庭养老和社会养老都属于对于老年代群的代际互助。其中，居家养老、社区养老和机构养老的配合模式与比例关系也一直备受关注和争议。在历经"9073"和"9064"等探索过程之后，目前3种养老模式的配合方式开始呈现地区化、精细化和多元化。

虽然，社会养老在健全发展，但我们仍不可否认家庭养老的核心地位，社会公共机构并不能完全取代家庭养老的重要作用。基于亲缘基础的家庭功能互惠和情感支撑仍然具有不可替代的作用，借助文化和情感构成了一个主动、灵活的非正式支持体系。因而，在制定相应政策或开展设计工作时，应当重视家庭价值，既需要考虑家庭养老的长期性和能动性，也应从社会视角给予成年子女相应的支持措施和适宜场所。

（4）家庭儿童抚育亟须社会支持

目前，在我国的城市住居中，隔代抚育现象普遍存在。在育儿层面，部分家庭代际互助的功能模式已经由传统的"亲代抚育—子代赡养"，转变为"隔代抚育—亲代抚育—子代赡养"。隔代抚育是成年子女与老年父母进行代际功能交换的主要途径，在我国极为普遍。特别在城市中，由于双职工家庭比例较高，加之目前儿童托育体系不健全、公共托幼设施不足等因素，隔代抚育比例持续增加。在城市范围内，隔代抚育情况也在持续分化之中，较为常见的是多代合居、多代近居、隔代留守等模式由于生活习惯、育儿理念等矛盾冲突，多代合居式育儿容易导致代际冲突和矛盾，也会对代际团结带来不利影响。隔代留守模式在村镇居多，存在诸多长期问题和安全隐患，已得到社会普遍重视。

伴随隔代抚育的另一个趋势是全职主妇育儿。在我国经济社会快速发展的同时，职业女性主妇化或暂时主妇化趋势逐步显现。在一些发达国家，女性全职抚育下一代将享有一定政策支持和配套设施辅助，一些社区则设有帮助女性重回职场的心理辅导和经济支援服务。总之，面对家庭层面的儿童抚育问题，通过社会力量向家庭给予支援和补充，已成为当下的发展所需。完善社区育儿配套设施、增强住居儿童友好性具有重要的时代意义。

4）差异层面

在东方传统的家庭代际互助模式中，家庭代际关系存在一定的依赖性。而且，功能型互助占主导内容，例如养老和育儿等。这种功能型互助已有一定的家庭情感作为基础，处于一种契约和交换的状态。功能型互助能够将家庭成员在空间结构上更多地拉近，但在部分情况下，缺乏合理安排的功能型互助可能影响到代际认同和情感交流。与此同时，西方国家的家庭代际互助模式多以情感互助为主，功能互助水平较弱，父母和子女着重于寻求独立和责任的平衡点。

根据相关研究，代际空间距离和功能互助频率成反比，但空间距离对情感互助影响较弱。整体来看，西方家庭代际关系更多表现为情感、互惠和低交换，例如，约50%以上的美国家庭都属于低功能交换的互助模式[81]。

随着家庭小型化和代际关系社会化，家庭功能互助内容更多地与社会代际互助结合，通过社会力量介入来支援和补充家庭代际互助，同时，适宜的居住空间环境，可为多代家庭提供充足的动态互助空间[82]。而且，由于缺乏一定的个人空间会破坏家庭成员之间的亲密关系，应为不同代居民提供更为多元、个性化的生活空间，以缓和相互依赖和个体独立的代际矛盾。

2.3 住居学视域下的城市住居研究概述

住居学知识是城市高层住居研究的理论基础，有助于拓展设计维度、关联社会需求。了解住居设计理论和国内外研究动态，有助于设计者从更深层次理解住居设计的重心和趋势。本节将系统地解析住居学及住居概念，并对城市集合型住居，特别是高层集合住居的研究历程和东西方差异进行论述。

2.3.1 住居学理论与研究维度

作为一种新型学科，住居学（Housing and living in science）研究最早在1935年出现于日本[83]。住居学是应对居住问题、解读居住生活机制、提出多领域应对途径的生活科学分支，可视为研究住空间与住生活行为之间关系的学问[84]。基于人本视角，住居学研究侧重于结合特定社会和历史脉络，认识和探索居住生活的内在规律[85]，以及住生活与住空间的结构关系[86]。可以说，相比于基本的功能需要，住居学研究更关注生活的意义[87]。作为多学科交叉的一门综合学问，住居学研究涉及建筑学、人居环境学、社会学、家政学、经济学及法律学等诸多学科的研究领域[88]（图2-7）。住居学对于建筑学、行为学和社会学的多领域拓展对代际关系研究具有积极意义。

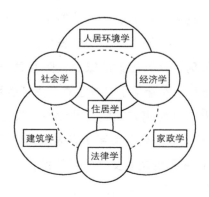

图2-7 住居学的多学科交叉关系[88]

　　在住居学中，"住居"处于核心位置。"住居"是源于住居学的一个广义概念，最初起源于日本，在日本的建筑学界和法律界都有广泛应用。广义的住居概念具有一定模糊性和广泛性，很难进行严格的界定。一般来说，以居住为目的的建筑及其空间环境，均可被称为住居。然而，住居并不仅仅指建筑物或建筑空间，还包括与住居相关的外部环境，以及以居住者为核心的住生活行为。从人类居住历史发展角度来说，住居并非一定是人造建筑物，洞穴等自然产物也曾被用作住居。因而，可以说，不管是否为人工建设，当人们将一定的空间场所用作居住生活环境时，该空间场所就可被称为"住居"。

　　作为住居研究的主体内容，"住生活"可以视作在住居空间环境范围内，以居住者为主体的各类常住人群的居住生活行为总和，包括家务、睡眠、入浴、饮食、娱乐、家庭交流及社区邻里交流等多元日常行为。以生活需求作为内在动力，住生活常呈现出一定的模式化特质，并易受到外界因素影响。一般来说，住居对于住生活的功能支持具有三个层面：其一为"遮蔽保护的功能"，作为千百年来最原始和重要的功能属性。其二为"居住生活的功能"，容纳人类各种基本日常活动，承载几乎全部家庭生活和部分社会生活行为。其三为"文化承续的功能"，随着人们生活需求的多元化和高品质化，住居的功能也随之迈向个性化和精细化，从而承载更为丰富的场所价值。

　　从社会环境视角来看，作为人类生活的基本条件之一，住居在人类生活中所起到的最基本功能是保护人类安全、防止外部侵扰。但随着人类文明进步、家庭和社会生活的演化发展，住居内的人类行为开始呈现多元化和复杂化，并在不同的社会和地区呈现不同住居形态和居住行为。因而，现代住居具有家庭和社会的双重意义。作为家庭生活的载体，住居是人类生存和生活的基础，是维护安全健康和基本尊严的庇护所。作为社会生活的基础单位，住居是城市的基础组成部分，是构筑城市空间场所和地缘文化氛围的重要元素。

　　从物质环境视角来看，住居更倾向一种由人类住生活所支配的空间环境场域。在空间范围上，住居不仅包含私人所属的居室空间环境，也包含与之关联的各种公共空间环境和服务设施。日本学者栗田博之认为，比起住房、住宅等概念，住居涵盖了更多维度，不仅涵盖传统的空间环境维度，亦向代际关系维度、住生活行为维度、时间维度和文化维度拓展。本书对城市高层住居老幼代际融合的研究着重于关注空间环境、多代居住者和住生活行为等维度，并在特定研究环节向时间、文化维度拓展（表2-2）。

对比内容	高层住宅研究视域	高层住居研究视域
研究视角	设计者视角，关注建筑本身	居住者视角，关注年龄构成和居住模式，涵盖多代居民的居住环境品质与代际关系。
空间范围	住宅建筑本体为主	与住生活相关的居住者、居住行为和室内外空间环境，包括居住空间环境和公共空间环境。
研究维度	住宅建筑与实体空间	实体空间环境，多代居民与代际关系，住生活行为，居住文化，居住时间等。
图解分析		

（1）关注多代居民和代际关系。传统的住宅设计主要从设计者的立场出发，但住居学更强调从居住者及其相互关系的视角来探讨居住空间环境的利益倾向和优化配置，并主张对居住者进行细分，针对不同年龄、性别、社会阶层进行精细设计。近年来，住居研究也在不断拓展，从对居住者的单一关注，拓展为以居住者为主，管理者、服务者和第三方组织为辅的住居各类常住人群。并且，在代群逐步分化、老龄比例倾斜的人口结构下，住居研究开始重点关注"代"的概念，相关研究和实践也力图适应多代人群、促进代际融合。因而，从住居学视角出发，以"代"为主线，研究适合多代居民、有益代际关系的合理设计途径具有较强可行性和适用性。

（2）关注住生活行为。相比之下，住居设计较为关注住生活行为。随着住生活的拓展和延伸，住生活行为的范围也相应拓展，并在各类居民参与之下形成不同的行为情境，涉及多种行为模式。当前，住居学的研究与设计已超越了以家庭为主的基础格局，更多地向近宅、街坊、社区范围延伸。根据特定社会现状，住居学研究将可能的家庭居住模式进行分类和演变归纳，确保对主要居住模式的承载力，对次要居住模式的适应力。

（3）关注居住时间推移。人的生活是从占据空间和时间开始的，承继代际文化，伴随居住过程的时间积累，形成螺旋型向上发展的住居观。这种住居观进一步决定了人们对住居空间的使用和评价，并在住居优化过程中实现对住居空间环境的优化完善，进而促进住居设计水平的提高（图 2-8）。住居设计需要协同地考虑时间、空间和住居观，关注住居全生命周的适用性与可变性。

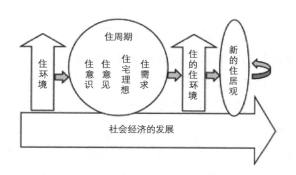

图 2-8　住居的发展周期[88]

（4）关注居住文化传承。住居不仅是生活的容器，还是人们得以安居的家园。长期居住于此的人们会对其产生眷恋，并演绎出丰富的精神活动。事实证明，对住居形态的简单环境决定论是无法成立的，住居问题也是文化问题。住居文化经由人们长期居住生活而得以显现，涵盖价值观念系统、生活方式、基本行为规范等，对家庭安定、邻里交往、人格塑造、社会风尚有着显著影响。从整体视角看来，当居住者、建设者、管理者和相关社会环境等多重元素和谐共存时，住居才能真正成为居住文化的结晶，并具备相应的可持续性。

整体来说，伴随观念、科技和经济社会的进步发展，作为人类聚居的客观载体，住居从原始蒙昧到人工建造，经由工业革命洗礼的"机器时代"，行至关注人文社会、连接前沿科技的多元发展状态。其间历经了无数人类的代际传承与跨越、智慧结晶的凝练与升华。住居研究的发展进程可以说一直是"站在巨人的肩膀上"。在未来，为应对老龄化、少子化发展，住居仍然将是人类赖以居住生活的基本场所。随着住居研究及设计更多关注到多代居民和代际关系，城市高层住居将呈现更为深层的和谐氛围，逐步实现物质空间和社会空间的平衡互促与价值转译，从而长效地促进家庭和社会层面的代际融合。

2.3.2 城市集合住居的国际研究议题

国际上，在不同国家和地区，集合住居都是城市住居的主体形式之一。近年来，在城市集合住居研究中，社会住宅、社区、邻里、老龄化、代际支持、低收入、可持续性、新城市主义等关键词的出现频率较高。

日本、欧美等国家对于集合住居的理论研究和设计实践起步较早。自"二战"以后，伴随集合住居的批量建设，相关研究开始大量涌现。在设计理论及方法方面，集合住居相关研究逐步由关注建造技术，转向关注人的需求、文化传承和家庭本体。与此同时，日本在"二战"后快速建设了大量集合住居。相比于西方学界，日本学者更多结合东方社会的家庭居住模式开展集合住居设计研究，其研究成果也与集合住居更为贴近。其中，《共同居住的形态》[89]《新居住方式与社区》[90]《创造参加与共生的居住方式》[91]等著作均涉及了集合住居的居住方式和人本需求。另外，日本彰国社编制的《集合住宅使用设计指南》[92]一书中系统地归纳了此类居住建筑的设计思路和方法，结合大量的研究成果和实例，对集合住居的设计要点进行了分类剖析，对于集合住居的设计实践具有直接指导意义。

近年来，国外学者对于集合住居的研究呈现多元化发展，涉及弱势群体关怀，邻里交流促进，社区公众参与、使用后评价，存量再设计、低收入保障、代际支持、社区文化重构和社区韧性保障等方面。与本书相关的部分研究分支及代表性研究如下：

其一，在弱势保障方面，老年人、儿童、残疾人、孕妇等弱势群体的居住权益和特殊需求受到关注。塞曼（Zeenman H）[93]研究了弱势代群和残疾人士适用的包容性住居。研究人员对多利益相关者进行德尔菲法（Delphi）调查，生成 9个设计原则来指导未来的包容性住居，并在 10 项宅内空间设计中应用同一组设计指标（$n = 247$）进行测试验证。格兰博姆（Granbom M）[94]通过研究了对社区中独居老人搬迁至适老化住居后的居住状态，并认为迁移至经过适老化设计的居室环境是一个积极的过程，能够减少老年人的行动障碍。

其二，在邻里交往促进方面，研究者致力于改善现代集合住居的公共空间交往问题。一些学者对综合体式集合住居的公共空间（communal spaces）进行重点研究，反思现代主义设计在公共空间营建方面的单一性、脆弱性和低效率等问题[95]。并基于居民的日常行为分析，提出了住居公共空间的优化设计策略。博南博格（Bonenberg W）[96]结合波兹南市辖区的住宅改造项目，提出了一种适用于集合住居的社会空间分析方法。该方法旨在建筑策划过程充分考虑与公共空间有关的居民需求和社会决定因素，并制定适宜策略来提高公共空间品质。

其三，在公众参与方面，居民参与社区共建共治已逐步被纳入集合住居设计体系。戴维森（Davison H）和杰克逊（Johnson C）[97] 通过研究表明，多代居民参与前期决策过程能够为公共住房项目带来积极效应，例如在项目设计和规划阶段，适当地引导居民参与当地住居共建计划，有助于改善公共住房的建设过程和建成使用效果。瓦尔克（Walker A）[98] 认为居民参与当地社区组织，加入地区的住房再开发计划（TOMIR），对邻里凝聚力、组织集体效能均有助力。麦克·塔维什（MacTavish T）、玛索（Marceau O）[99] 结合加拿大基塔马特保护区项目，探索多代居民的共同治理模式，提倡发展文化适应、环境适宜和能效合理的新型集合住居。

其四，在社区文化重构方面，现代集合住居如何与原有地域居住文化衔接的议题备受学术界关注。阿提亚（Attia M）[100] 通过分析中东地区集合住居的社区环境和城市格局的差异性，通过可视化文档、测量、绘图和访谈等研究途径提出住宅的现代化设计需要与传统文化相互平衡，应理解并尊重当地的传统住居文化，并将其融入现代集合住居设计中。奥古斯特（August M）[101] 针对加拿大Rivertowne 地区集合住居，研究其社会混合与重建改造过程，发现许多居民（特别是老年居民）较为担忧住居搬迁和重建过程会破坏原有社区纽带，而一些提升安全感和包容性的常用设计手法并没有从居民体验出发，无法起到积极作用。这项研究犀利地揭示了集合住居设计与更新需要从人本角度出发，制定合宜的设计策略，切实增进多代居民的体验性和社区纽带的延续性。

在代际关系方面，多代住居在发达国家被广泛倡导。克里斯汀（Christine Stacy）在《多代住宅》[102]（Housing for People at All Ages）一书中集成梳理了欧洲不同类型的多代集合住居建成案例，对于全龄通用设计理念进行了详细阐述和技术解读。该书认为"未来的居住理念必须能够满足所有人的要求，包容多代人居住、社会居住、无障碍居住、家庭居住和家庭工作室等日益复杂的社会需求"。相关理论和案例对于集合住居研究具有指导意义。康斯坦丁（Konstantin K）[103] 对德国 8 个多代住宅进行实证研究，分析其空间环境对于居民多代居住和代际交流的影响。调查结果显示，多代住居对于居民的健康状况具有改善作用，有助于提升住居安全感、认可度和社区凝聚力，有助于实现了更广泛的非正式团体和社区之间的互动联系。罗伯特（Robert V）[104] 针对多代居民的居住需求和生活模式，以英国、比利时、芬兰、新加坡、美国等国家的多代住居为研究对象，提出促进代际交流、减少代际隔离的社区公共空间设计策略。此外，威廉姆斯（Williams J）[105]对合作住宅（cohousing）开展深入研究，认为"多代合住"是一种社会互动条件最优的居住形式，在集合住居内的建立合住模式有助于加强多代居民的日常联系。并且合作住宅的设计模式和社区结构有助于鼓励邻里互动，基于非正式社会因素和个人特征而更容易促进家庭和谐和邻里交往。

2.3.3 城市住居的国内研究议题

在我国城市中，集合住居已成为当代居住建筑的主导形式。集合住居在我国的发展由来已久，相关研究也具有坚实的实践基础，但对于各种不同集合形式的住居缺乏统一叫法。自 20 世纪 80 代开始，我国学者将其称为"集合住宅"，并将之作为一种独立的住宅类型开展系统化研究。早期研究主要对日韩、欧美等国家的集合住宅进行分析和国内外对比研究[106]，赵冠谦、马韵玉[107]、罗劲[108]、张菁[109]等系统地研究了日本集合住宅的设计模式和发展趋势。周燕珉、杨洁[110]对中、日、韩三国的集合住宅设计发展进行了综合对比。周磊[111]系统地梳理了西方现代集合住宅的产生和发展过程。但结合住居学理论，将"集合住宅"进一步延伸为"集合住居"的相关研究仍相对较少。

近年来，对集合住居的系统构建和整体思考也在不断深入。胡慧琴[112]对集合住居的特征和制约进行了解析，并梳理了集合住居的先驱性理论和思潮动向。曹海婴、黎志涛[113]等分析了市场经济主导下集合住居规划结构、公共空间、套型设计，进而提倡不同年龄和不同阶层居民混合居住，以减少空间隔离。熊燕[114]以北京集合住居为例，系统化梳理研究了中国城市集合住居的类型学，并反思城市居住空间的分异现象，倡导平等居住与可持续发展。周静敏、薛思雯[115]基于建成集合住居案例，剖析建筑师的设计理念对集合住居演变和发展的影响。

而且，随着商品化住居大规模建造，越来越多的学者开始反思集合住居的批量式生产、小区封闭发展、邻里关系疏离和配套设施不全等问题。"集合住居"概念开始进入学者们的研究视域内。对集合住居空间视域的研究也开始拓展，由单一维度居住空间开始向多维度住生活空间拓展，并逐步聚焦于集合住居的形制反思、精细设计、邻里交往、老幼支援、代际关系等议题。

其一，反思现存居住小区的空间形制方向。提倡集合住居社区化和开放街区化的研究逐步增加，杨军[116]提出建构起集合居住社区的概念，并结合多层次公共空间网络促进社区整合和邻里关系重构。袁野[117]对城市集合住居的空间边界问题进行专门研究，整体反思了住区空间结构封闭、尺度失衡和服务资源浪费等问题，并从开发管理、规划设计、空间环境营建等多层面提出解决途径。于莹、王筠然[118]提出社区化集合住居设计理念，强调居住功能完善和共享服务齐全的社区化发展将是未来趋势。王长鹏[119]借鉴山本里显的地域社会圈理念，探讨了我国集合住居的公共空间、生活模式、社区人际关系的协调发展问题。

其二，居室空间环境的精细适应方向。随着集合住居研究的系统化与科学化，对多代居住者的重视程度逐步提升。周燕珉教授对集合住居精细设计开展了长期研究[120]，并在《老年住宅》一书中提出了适用于集合住居的适老化设计方法体系[121]，周教授的一系列相关研究对本书具有重要的启示意义。王鲁民、许俊萍[122]通过梳理我国集合住居变迁历程，着重研究了套型空间格局和居住行为模式。贾倍思、王微琼[123]结合大量案例，系统地提出了居住空间适应性设计方法。王德海[124]研究了居家养老模式下的集合住居适应性体系与支撑体系。

其三，邻里空间环境的互动交流方向。顺应住居空间品质的提升需要，集合住居的空间环境研究逐步从居住空间范围，向楼栋公共空间和楼栋组团空间拓展，并且较为关注居民在公共空间的互动交流。马静、施维克、李志民[125]等认为现有集合住居的"人际互动契机减少"是影响邻里交往的共性因素。杜宏武、郭谦[126]通过实证研究提出邻里交往的模式、频度和强度等因素与住居环境密切相关。严育林、李文驹[127]反思既有单元式住宅的邻居交往困境，构建了楼栋入户过渡空间原型，并提出了促进邻居交往的细部设计方法。郭萌[128]探索了楼栋"廊空间"的邻里交往行为，对廊空间形态与交往行为模式进行了关联解析。

其四，社区空间环境的老幼支援方向。在社区空间层面，对居家养老支援和儿童托育支援的研究近年来持续增长。其中，居家养老支援层面，周典、徐怡珊[129]基于老年人居住需要，从面积指标、设施配置和用地结构等层面提出集合型住区的规划设计建议。周颖、沈秀梅[130]以老幼设施复合设计为切入点，探讨共享住居的营建途径。胡惠琴、胡志鹏[131]通过老年人需求调查，提出了住区内居家养老支援体系的优化配置建议。儿童托育层面，沈瑶、刘晓艳[132]强调社区街道空间的儿童包容性设计具有重要意义，提出了"安全—连续—共生"的游戏空间网络，并在社区空间体系内构建了"政策＋服务＋空间"的儿童支援体系架构。刘子粲[133]基于对儿童群体的环境行为分析，提出了住居空间环境的儿童参与式设计法、儿童行为研究设计法和自然设计法。

其五，住居空间环境与代际关系方向。随着代际关系研究的持续拓展，在建筑学领域，越来越多的学者开始关注住居环境内的代际关系，从不同空间层面、不同空间类型开展设计研究，其中，多代居的相关研究居多。胡慧琴、孙颖、赵越[134]结合两代家庭的代际关系和居住需求，对北京高层集合住居"两代居"设计策略进行实证研究。温芳、王竹、裘知[135]等对家庭多代居模式开展深入探讨，并提出了"共居""邻居""近居"三种多代居住类型，提出了以"颐老"为导向的多代居适用类型。项亦舒、朱瑾[136]结合实例调查，分析了有助于"代际互助养老"的多代居模式。关诗翔[137]基于多代居类型对比，提出了有助代际关系的保障型多代居设计方法。随着家庭代际关系主导的多代居研究逐步成熟，一些学者开始关注多代居中的社会代际关系。司马蕾[95]研究了日本老年人和青年人的多代合住现象，并归纳提出了非血缘的多代人共同居住模式及设计策略。

2.3.4 城市住居的国内外研究对比

基于前述的国内外城市住居研究动态，对国内外城市住居，特别是集合住居的差异性和共通性概括如下：

首先，差异性方面，国内外城市住居在研究重心、发展阶段和关注维度上有显著差异。

在欧美、日本、新加坡等国家和地区，集合住居发展建设始于 20 世纪 20 年代，相关的设计研究成果也更为全面深入。但是，由于地区政策和居住模式的差异性，一些国家的城市集合住居多为社会保障住房（social housing）、公共住房（public housing）和社区住房（community housing）。因而，相关研究也较多地涉及低收入人群公平性、安全保障性、避免邻避主义（nimby）等议题。并且，国外的集合住居建设年代较早，目前以存量为主，大批量住宅已经面临废弃、拆除或更新改造的局面。因而，围绕住宅再设计、居民共治共建的政策探讨和建筑策划研究备受关注。

与此同时，我国的集合住居研究起步较晚，始于 20 世纪 80 年代。不过，随着集合住居的大批量建设，我国相关设计研究的拓展速度相对较快。相比于早期的集合住居研究偏向于引入和借鉴国外形式，近年来的相关研究则以面向本土为主，注重住居设计的系统性、适应性和精细化。而且，我国的集合住居建设量大且类型丰富，涵盖了各类商品住宅和保障型住宅，也有早期的福利型住宅。并且，伴随近年来的城镇化建设，越来越多的高层住居开始涌现。因而，围绕城市集合住居的相关研究开始关注高层住居的适居性、适候性、老幼适宜性等议题。

其次，共通性方面，国内外城市住居在设计观念、老龄化应对、邻里重构、多代包容等方面存在一定的相近趋向。

（1）设计观念的人本价值回归。近年来，国内外城市住居设计显著地呈现出了人本主义思潮回归的特点，表现为更为关注居住者本身，特别是年龄、健康或经济等方面的相对弱势群体，并倡导集合住居的居住年龄、空间功能、建设形制的混合性，在同质和异质性协调方面呈现多元包容性。

（2）应对老龄化的适老化设计。面对全球范围的老龄化趋势，国内外的城市住居设计研究对老年人群体的关注度显著提升。随着各类相关研究的深入拓展，老年人无障碍设计的相关研究逐步完善，目前更多此类研究侧重于探讨老年人在宅养老（ageing in place）的社区支援途径，以及如何提升老年人居住品质、代际交流、身心健康等议题。

（3）社区营建和邻里重构。国内外城市集合住居的发展时间和形制虽有所差异，但大多经历了邻里单元主导的现代化阶段，以及对传统邻里街区的系统反思和文化重构过程。并且，伴随着新城市主义、都市生活圈等规划理论的多元发展，东方和西方国家的集合住居研究在重构中逐步分化，但具有一致性的是，东西方均较为关注社区营建、邻里重构和公众参与等问题。国内建筑设计领域刚刚经历了对居住小区传统规划体系的客观反思。随着相关规范的更新，以及社会生活圈理念的广泛引入，社会各界对于社区营建、邻里重构、文化延续的关注度也逐步增加。

（4）年龄包容和代际融合设计。随着全球人口年龄结构的持续演变，代际融合相关理论在社会学、人口学等领域受到普遍关注和认同。国内外建筑学者对代际问题的重视程度也逐步增加，开始探讨城市住居对于代际关系的正向激励作用。整体来说，住居空间环境的代际融合设计研究呈现出一定的综合性和时代性。目前，国外在这方面的理论研究和应用实践均较为领先，部分国家已经开始对建成项目开展实证研究。而我国相关研究还在发展阶段，对城市集合住居，特别是高层住居的设计研究主要集中在局限于合理性、适居性、经济性等层面，围绕适老化、适幼化和老幼代际融合的设计研究仍较为不足。

2.4　城市高层住居概念及现状解析

高层住居是城市集合住居的主要构成，也是近年来我国城市建设的主体建筑类型。在普通高层住居中，老、中、幼代群混合居住，且老年人群体逐年增加。在高层住居中，多代居民有着相对较高的居住密度、相对频繁的见面机会、较为优越的居住条件，但很多人认为邻里之间、代群之间的沟通反而减少了。为了厘清高层住居对代际关系和老幼代群的影响机理，我们需要明确什么是高层住居，其具备哪些特质、瓶颈和趋势，这是进一步研究高层住居老幼代际融合的先决条件。

2.4.1　集合住居的层数划分

根据相关规范，在层数划分方式上，集合住居可以分为 3 种类型[138]：第一类是低层集合住居，层数在 1~3 层之间。第二类是多层集合住居，层数一般在 4~6 层（多层Ⅰ类）和 7~9 层（多层Ⅱ类）之间。第三类是高层集合住居，根据层数和高度差异亦可细分为 10~18 层（高层Ⅰ类），19~26 层（高层Ⅱ类）和总高度高于 100m 的超高层集合住居（表 2-3）。

集合住居的层数分类对比　　　　　　　　表 2-3

对比项	低层集合型	多层集合型		高层集合型		
		多层Ⅰ类	多层Ⅱ类	高层Ⅰ类	高层Ⅱ类	超高层
层数范围	1~3 层	4~6 层	7~9 层	10~18 层	19~26 层	高度在 100m 以上
公摊系数	0~5%	7~13%	15~20%	20~25%		
举例						

其中，多层集合住居和高层集合住居是我国城市大量存在的两种集合住居模式。相比于高层集合住居，多层集合住居具有如下优势：造价较低，经常性维护费用低；施工相对简单，技术要求较低；住居尺度相对宜人，易于塑造适宜的街区尺度且接地性较好，居民户外活动频次较高；住居平面系数较高，公摊面积小；套型组合较为自由，朝向、通风等方面均好性高。同时，多层集合住居也有诸多劣势，如占地面积较大，节地潜力有限；容积率和套密度低于高层；未设置电梯的住居不适于无障碍通行，偏高楼层不适合老年人居住，在现有的集合住居中，此类问题尤为突出。

相比于多层集合住居，高层集合住居亦是优缺点并存。高层集合住居的优势突出体现在节约土地方面，这与我国城市化进程和城市人口密度关系较大，同时也有利于支持城市紧缩，提高交通效率。而且，高层集合住居还具有与城市其他功能属性整合度高、室外公共绿地面积较大、垂直交通适合无障碍使用等优势。高层集合住居的劣势突出体现在：建设投资大，使用和维护费用高；公摊面积大，平面系数低；平面布局制约因素多，塔式住居部分户型采光差；建筑体量高大，接地性较差，易出现居民心理认同问题；火灾消防难度较大，不利于行为弱势群体逃生。

2.4.2　高层住居的特质解析

作为一种需要较高建造技术且广泛应用的集合住居形式，高层住居具有相对显著的建筑学特征和社会学属性。在与代际关系的关联视角上，高层住居的特征主要表现在高容积率、积层协同、紧凑复合、共享交互等 4 个方面[139]。

其一，高层住居具有高容积率特质。我国属于人口高密度的国家，城市居住密度较高。在我国城市中，高层住居是目前主要的普适化住居形式。同理，在人口同样稠密的其他亚洲国家，例如韩国、新加坡、马来西亚等国家的城市区域内，高层住居亦占有较大比例。这主要是因为相比于低层和多层住居，高层住居在节省土地方面表现优异。高层住居往往可以实现较高的容积率，并确保套型相对均好。例如，联排住居的容积率一般在 0.4~0.7 之间，多层住居为 0.8~1.2，而不超过 30 层以上的高层住居容积率 1.5~4.5。但是，这一特质对于代际关系具有双面性，较高的容积率提升了单位面积上的常住居民人数，在一定程度上增加了代群比例的均质概率和混合程度，但过高的居住密度也容易造成居民之间的居住生活相互干扰，反而会加剧代际矛盾、降低人们的亲社会意愿。

其二，高层住居具有积层协同特质。在通常情况下，板式高层住居套型空间是通过纵向重叠与横向排列而组合起来的，并由交通空间建立纵向联系。套型空间、楼栋公用空间的立体排布模式构成了高层住居的积层分布特征，（图 2-9）。同时，高层住居上下楼层的套内空间在功能类型上常具有一致性，这是由于结构承重体和竖向管线布置所导致的，从而形成集约高效的功能积层分布状态。这种特质使得住在上下楼层的多代居民均处于被动协同状态，虽然有助于降低功能上的相互干扰，但也会造成套型模式僵化、空间灵活性差、外部形态单调、楼体识别性降低等负面效果。因而，一些高层住居设计开始打破积层分布的僵化模式，在标准层排布过程中，加入阳台、露台等变量因素，引入同层排水、潜伏构件等新技术，从而衍生出了更为多元的套型组合模式和丰富的外部形态。

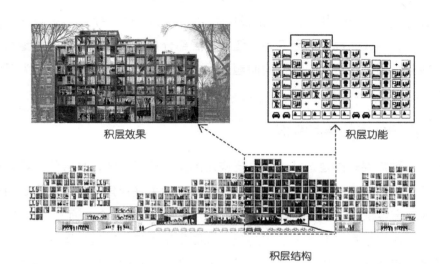

图 2-9 高层住居的积层协同特质解析

其三，高层住居具有紧凑复合特质。基于高楼层、楼栋组群布局、套型积层排布等因素，高层住居提供了一种相对紧凑的居住模式（Compact Habitation），能够利用较少的城市土地提供更多的居住空间，从而承载更多居民。紧凑和省地是相辅相成的，在不降低居住空间品质前提下，适当提高单位住居用地上的套密度，实现土地的紧凑优化利用，有助于节约土地资源。并且，随着紧缩城市理念的发展，高层住居的功能复合程度也在增加。异质功能的引入对高层住居内的代际关系具有积极影响，既有助于丰富不同时段的代群结构，又有益于拓展代际行为内容。

其四，高层住居具有设施共享特质。作为一种集合型住宅，高层住居的设施共用比例同样较高，因而必然存在诸多的公共空间，特别是交通空间和相关服务设施，例如小区入口空间道路空间、楼栋入口空间和楼电梯空间等，因此多代居民之间的偶遇概率较高。但是，用于居民交流互动的公共空间则相对稀缺，难以为居民提供稳定、长时间的共享交流场所，对代际关系具有一定的不利影响。由于住居规模和设计定位的差异性，高层住居的公共空间形式和规模亦有所差别。

近年来，一些高层住居设计中引入了空中村落、共同住居（Co-housing）等前沿理念（图 2-10、图 2-11）。例如，将高层住户划分为若干垂直组团，植入开放使用的公共空间用于拓展居民日常交流，此类举措取得了良好成效，有助于重构居民的邻里关系网络。

图 2-10　外廊空间的代际交流情境举例 [140]　　　　图 2-11　中庭空间的多代共享情境举例 [140]

2.4.3　高层住居的现状瓶颈

随着高层住居的广泛建设及投入使用，人们逐渐发现了一些高层住居的"专属问题"。涉及代际关系方面，高层住居空间环境目前在设计及使用上常存在空间忽视个性、层数盲目加高、居民关系疏离、潜在安全隐患等瓶颈问题。

（1）高层住居千篇一律、忽视个性的问题。在近 20 年间，高层住居经历了大批量、快速建设的时期，住居空间被视为居住的机器，高层住居完全被商品化地设计、建设和交付。与此同时，高层住居的面积产出和建设速度被过度重视，而居住空间品质、使用者居住体验和长期适居性却常被忽视。这种开发理念的偏差、设计范式的僵化导致了高层住居建设存在一定的盲目性、均质性和粗犷性（图 2-12）。例如，一些高层住居的设计之初即将所有居住者泛化成某类目标人群，套型设计亦固定选择几种主流的"热销"平面，由此建成空间环境着实难以满足多代居住者的多元化需要，对家庭动态的居住模式缺乏应变能力。因而，居住者的住生活"被设计"和"被泛化"，这种长期的被动状态，对居民代际关系显然是缺乏积极作用的，对老幼居民及其多代家庭则具有显著的负面影响。

a）北京市首创爱这城小区　　　b）哈尔滨市富达蓝山小区　　　c）成都市城南晶座小区
　　高层楼栋　　　　　　　　　　　高层楼栋　　　　　　　　　　高层楼栋

图2-12　一组不同地区的高层住居实拍照片

（2）高层住居楼栋层数盲目加高的问题。目前，在房地产经济模式主导下，城市内的土地价值日益攀升，土地成本相对高于建造成本。因而，高层住居开始被"越建越高"，这虽体现了高层住居的紧凑特征（图2-13），但是，过高的楼层对适居性带来一定消极影响。例如，楼栋层数过高会使居住在高层区域的老年人缺乏安全感，老幼人群上下楼乘坐电梯时间也会加长，容易带来一些不利的心理影响，遇到灾害时的疏散难度也会大为增加。此外，楼栋层数过高还会降低高层楼栋附近的外部公共空间品质。在心理感知上，伴随楼栋层数增高，人们在其周边外部空间活动时的心理舒适感会相对降低，特别是老幼人群。在物理环境上，过高的楼栋底部空间的高层风影响会加剧，人们在其附近活动时的身体舒适度也会受到影响。

a）苏州市天域小区的　　　b）武汉市天地·御江璟城小区　　c）武汉市天地盛荟小区的
　超高层楼栋　　　　　　　　的超高层楼栋　　　　　　　　超高层楼栋

图2-13　一组超高层住居的楼栋实拍照片

（3）高层住居代际关系相对疏离的问题。相比于独立型住居，高层住居作为一种集合住居类型，居民的共用空间更多，因此，其本身具备促进居民交流互助的潜力。然而，由于现代高层住居设计理念的偏离，相对注重住区封闭性和居民私密性，但预设的开放共享空间却极为不足，较为忽视居民之间的公共活动和邻里交流。具体来说，目前城市高层住居多封闭管理，从小区到楼栋，甚至到楼层都需要刷卡进入，从安全性角度来说这样的设计及管理方式存在一定益处，但对同楼栋、同小区、同社区的邻里交流带来一定阻碍。因而，现实中常出现的情况是高层住居内部的公共空间利用率较低、交流氛围不足，但一墙之隔的周边街道或空地上，却有很多周边住居的老幼人群在相对拥挤的公共空间中活动。随着智能化安保技术、门禁设施的发展，灵活式的住区空间界面将逐步替代目前完全封闭的模式。对高层住居公共空间进行韧性设计具有意义，可促使其在平时便于开放共享；在特殊时期，又能够适于临时封闭管理。

（4）潜在隐患问题。相比于传统独立型住居营造的邻里街区氛围，高层住居的封闭模式易导致居民相互之间关系淡漠，甚至同一楼层的邻居之间完全不认识，遇到灾害或意外情况，居民之间难以相互提醒和帮助。同时，一些高层住居的消防、抗震、防疫设计及设施配置不达标，使用中缺乏定期维护检修，多重综合因素综合起来，极大地增加了高层住居的安全隐患，降低了应对紧急事件的防御力。例如，2017 年英国伦敦市敦格伦费尔公寓大楼发生火灾，造成巨大的人员伤亡和财产损失。火灾原因与外墙保温耐燃性不达标、消防逃生设施不合格等因素有直接关系。此外，目前部分高层住居的质量监测和施工流程尚不够完善，为意外事故埋下了安全隐患。

2.4.4　城市住居的前沿设计趋势

总结近年来国内外高层集合住居的优秀案例，从代际融合的关联视角，归纳提炼出以下几方面设计趋势：

1）住居开放空间与代际交流

整合立体化设计手法在高层住居中设置多代共享的社区开放空间，有益于居民休闲活动、老幼参与治理和日常代际交流。以新加坡的高层住居为例，作为当地典型的住居模式，组屋及所在社区中心具有一定代表性，其开放共享、多元聚合的空间模式为不同年龄群体提供交流机会。新加坡组屋是一种集合型公共住房，由政府机构建屋发展局（HDB）进行规划管理，以优惠价格出售给市民。新加坡组屋经过几十年的发展历程，目前有超过 100 万个单位，构成了大大租赁小小的组屋区。组屋区具有丰富的社区配套设施，居住生活非常便利。

例如，Heartbeat 是新加坡组屋社区中心的优秀案例，该中心已经逐渐完善形成一个生动、富有活力的社区中心[141]。其位于新加坡 Bedok 社区，为一栋开放式的 7 层建筑，外形极具识别性（图 2-14）。作为一个社区综合体，融合了社区俱乐部、体育和娱乐中心、公共图书馆、综合诊所和高级护理中心等公共设施，并为周边居民提供多元服务，特别为老年人和儿童提供个性化服务和交流空间。社区中心整体采用开放式空间布局，中心大厅为供居民进行集会活动的开放场所，利用率较高。

a）共享大厅内部　　　　　　　　　　　　　b）儿童玩耍空间

图 2-14　新加坡 Heartbeat 社区中心[143]

再如，Skyvill 是一处典型的组屋案例，于 2015 年建成，总高度达 47 层，容积率为 3.8。作为高密度的集合住居，Skyvill 组屋在设计力求通过簇群式组织和立体廊道营建丰富的共享空间[142]（图 2-15）。该项目通过模块化分段设计，在每 11 层设置一个空中村落，平均 80 户居民共享一处有自然通风的空中花园；并且，所有标准层户型均通过外廊连接，可拓展为近邻交往空间。

2）住居多代屋与代际护航

近年来，发达国家诸多社区大力推行多代屋模式。在城市住居中，多代屋通过集成老幼支援设施，有助于促进老幼代际交流、鼓励多代交流。在国际上，"多代屋"一般指不同代人群提供开放会面场所的公共服务设施（德语为 Mehrgenerationshäuser，英文为 Multi-generational Centres）。德国自 2006 年

a）楼栋外观

b）共享廊道

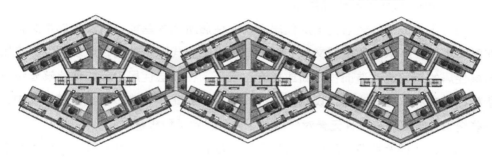

c）标准层的共享空间平面示意图

图 2-15　新加坡 Skyvill 高层住居[144]

开始启动多代屋项目，在 2006—2011 年期间进行第一期建设，2012 年进行第二期建设，目前德国境内的多代屋接近 500 个。在已建成的多代屋中，有相当一部分位于高层住居中[145]。随着多代屋影响力的扩展，多代屋项目在美国、加拿大和澳大利亚等地也陆续得以推广和建设。

　　例如，位于美国拉斯韦加斯内华达州南部的汉德森多代屋（Henderson Multigenerational Center）[146]属于典型的活动型多代屋。该多代屋于 2002 年建成（图 2-16），设施容纳了一系列丰富的活动项目，例如篮球运动体育馆、室内和室外运动设施、美术工作室、社区食堂、多代教学空间、儿童游戏区等。建筑内部的街道式布局，强化了不同代际活动空间的视线联系。为应对当地气候特点，整体空间结构较为开放。经过十多年的运营和维护，汉德森多代屋在当地社区取得较好的口碑和较高的利用率，有力促进了当地社区的社会代际互助和家庭代际融合。

a）多代健身空间　　　　　　b）多代戏水池　　　　　　c）代际学习空间

图 2-16　汉德森多代屋项目[147]

3）传统邻里场所与代际共情

相对于建成年代较短的高层住居来说，住居所处的基地场所及其邻里文化存在时间更久，所承载的地域文脉和场所精神也随着代际更迭而传承发展，不应因高层住居的新建或改造而被打断或抛弃。因而，在高层住居中，如何能够延续场所精神和文脉记忆成为热点议题。国内外建筑界对此亦有诸多积极尝试，其中，一些纪念性空间和符号性元素对代际文化传承起到了积极意义。

例如，在俄罗斯莫斯科的一项高层住居项目中，考虑到基地原本为俄罗斯前伞兵机场，建筑师斯蒂芬·霍尔（Steven Holl）结合现象学设计手法，提出"降落伞混合"理念。结合住居内的共享空间，塑造出较为独特的记忆场所。而且，部分的降落伞空间设置了可开合式玻璃，随气候变化而持续为居民提供丰富的空间体验。再如，万汇楼项目作为针对低收入人群的混合型居住社区，将"新土楼"植入了当代城市的典型地段。作为古代移民的建筑传统形制，土楼的空间模式同样适合构筑现代移民的聚居之所，其圆形放射式布局模式的向心性较强，并且圆心内的公共空间具有较强的凝聚力。因而，设计师通过对土楼空间形式进行再创作，实现了居住者和管理者的双赢效果，既传承和发扬了客家经典的建筑形式，也强化了住居空间的代际融合氛围。

4）多代套型组合与代际互助

在国际上，近年来的高层住居设计开始广泛引入多代居模式。多代居以满足多代家庭的多样化、个性化居住需求为目标，有益于家庭代际互助与融合。受家庭文化和居住模式影响，亚洲国家对于多代居的探索较为领先。在日本，基于节约开支、在宅养老、家务分担等基本诉求，多代居是日本较为常见的居住模式。在高层住居设计中，多代居一直备受设计者关注。基于生活模式和居住距离的差异性，多代居可分为完全同居型、半同居型、完全分离型等类型，不同类型的具体特征将在后面章节中进行详述[124]。

　　伴随家庭少子化和小型化，多代家庭类型多彩纷呈，多代住宅设计也呈现定制化、精细化发展。例如，在"4G"多代居中，一家 4 代人，也是 4 个女性共同生活在一起。建筑师根据 4 代人生活模式来进行定制化设计（图 2-17）。祖母卧室设置为适老化居室，邻近室外露台，具有较好景观和通风，而母亲卧室进行了潜伏适老设计，未来可以直接连通卫生间。在户型布局方面，起居室的核心是一张别具匠心的木质餐桌，通过对餐桌的多用，在有限空间内实现了丰富的家庭互动模式。此外，起居室一侧为家庭文化展示墙，承载了家庭成员的共同记忆。总之在住宅精细化和户型个性化基础上，"4G"住居是一个别具温情的多代住居。

a）多代起居空间　　　　　　　　　　　　b）多代餐厨空间

图 2-17　日本"4G"多代居[148]

5）共建共治机制与代际合作

　　在高层住居中，协作共建模式对代际合作具有积极促进作用。近年来的一些高层住居项目开始引入共同住宅理念。20 世纪 60 年代，共同住宅（cohousing），作为一种新兴居住模式在丹麦出现[149]，在北欧地区推广和扩散。20 世纪 90 年代后，传播至欧美、澳大利亚和东亚等国家和地区。共同住宅的开发设计进程提倡协作共建，强调参与、合作、共享的价值观，鼓励居民直接参与社区的规划设计、建设运营和日常维护[123]。

　　例如，位于英国汉诺威市 New Ground 集合住居是较为典型的共同住宅，由一个老年女性慈善组织（OWCH）策划推进（图 2-18）。该项目历时近 3 年时间，于 2016 年建成。其设计过程采用了协作共建模式，由 OWCH 会员及其家人、建筑师组成的工作坊共同协作完成。设计中，目标居民分成若干小组，探讨住居的公共空间和套型组合模式，建筑师负责将小组建议展示在平面图和效果图上，经过反复讨论和多次修改确定备选建设方案，然后由工作坊与当地规划部门进一步展开方案筛选。再如，哥本哈根的 Capitol Hill 共同住宅为多代居住者设置了楼栋共享中庭和共享厨房，并定期举行聚餐等活动，将邻里交往融入日常生活（图2-19）。

图 2-18 New Ground 共同住宅的参与式设计场景[150]

a）多代共享餐厅空间   b）多代共享厨房空间

图 2-19 Capitol Hill 共同住宅[140]

6）适老适幼设计与代际关怀

随着弱势群体越来越受到设计者关注，高层住居的适老、适幼设计开始被广泛倡导。适老、适幼化设计有助于老年人在原有住居进行居家养老、少年儿童实现健康成长。近年来，融入适老适幼理念的集合住居开始增加。

其中，住居的适老化侧重于鼓励老年家庭长期定居，并提供持续性的支援服务。例如，位于挪威霍尔莫斯特兰（Holmestrand）的适老化集合住居，与当地养老院相互结合，设有混龄多代住宅、自理及护理型公寓、适老活动空间和日间照料中心（图 2-20）。

与此同时，住居的适幼化设计较为注重安全性设计，着重于营造更为温馨、童趣的儿童活动空间和托幼保障设施。在此方面的一些先进案例，多是顺应了儿童发展需求，配置有多元化的儿童游戏空间和亲子活动空间，并与社区儿童托育设施紧密合作。例如，位于挪威博德的比斯佩维恩（Bispeveien）集合住居，进行了较为全面的适幼化儿童友好设计，集合住居设置有室内亲子活动空间，室外配建了幼儿园、早教设施和运动场地（图 2-21）。

a）内廊空间细部　　　　　　b）楼梯空间细部　　　　　　c）电梯空间细部

图 2-20　霍尔莫斯特兰适老化住居实景

a）楼栋外部空间　　　　　　b）托幼设施　　　　　　c）运动场地

图 2-21　比斯佩维恩适幼化住居实景

第 3 章　老幼住生活现状的典型调研
——以哈尔滨地区为例

在建筑学研究领域，发现问题、分析问题、解决问题是基本的学理思路。其中，分析问题是解决问题的关键。在第 2 章，我们已从理论层面剖析了老幼代际融合和住居空间环境的相关概念和发展趋势，本章将以笔者在哈尔滨地区开展的一系列典型调研为基础，应用环境行为学相关方法，剖析老幼人群的住生活现状及行为特征，为老幼代际融合设计研究奠定现实基础和实证依据。

3.1　城市高层住居的实证研究

面向设计应用的实证研究能够从相对客观的视角，发掘现实需求、揭示现状问题、探寻本质规律，为构建更为科学合理的设计体系奠定基础。因而，本节着重论述笔者及其研究团队所开展的实证研究情况，涵盖相关的方法论基础、研究思路、住居实态调查、访谈及问卷调查等关键内容。

3.1.1　环境行为研究基础

本书所开展的实证研究以环境行为学理论为基础，相关方法论为路径。在概念层面，环境行为学（Environment–behavior studies，EBS）是研究人类与环境之间相互关系的科学。环境行为学着眼于环境系统与人类行为心理系统之间的相互依存关系[151]，力图运用心理学的一些基本理论与方法来研究环境因素和使用者因素两方面内容。其重要目的是厘清环境对使用者所产生的影响，探求决定物质环境的关键要素，并且通过政策、规划、建筑设计和教育培训等手段将相关知识应用到改善人居环境品质之中[152]，实现设计理论系统的人本回归。在这一过程中，人与环境的相互关系尤为关键，设计者需要关注人在城市与建筑中的行为模式以及人对空间环境的感知反应。

在研究领域层面，环境行为学研究是一个内涵宽广、多学科交叉的综合领域，涵盖建筑学、景观学、城市规划学、环境心理学、环境社会学、社会地理学、人体工学、城市和应用人类学等诸多学科内容[153]（图3-1）。近年来，环境行为学相关研究较为关注环境对个人的内在心理影响。此外，环境行为学亦关注文化观念、社会价值、组群行为等与环境有关的广泛问题[154]。其中，环境行为学的主要分析尺度涵盖空间（space）、使用者（user groups）、事件（phenomena）时间（time）等4个方面，以及人和环境两大子系统（图3-2）。

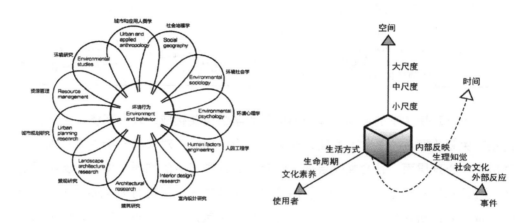

图3-1　环境行为学的多学科知识框架[155]　　　　图3-2　环境行为学的主要分析尺度[155]

在研究视角层面，环境行为学的研究视角目前有两种主流方向，即工具性观点（instrumental view）和精神性观点（spiritual view）[156]。其中，工具性观点认为环境行为学研究是发现知识并从技术角度解决环境问题的客观过程，将环境主要视作承载行为、实现社会经济运转的手段，较为重视量化方法（表3-1）。相比来说，精神性观点将环境视作社会和物质的集合体，认为其具有培养人的价值观念、丰富人的精神世界的方法途径，重视环境的综合居住品质，关注特定使用者人群的多元需求和个性展现。总的来说，目前从建筑和规划领域，对于环境行为学研究有以下4种主要趋势[157]：对人与环境关系的理论研究，对环境作用下行为模式的研究，对个体和群体的感知、认识和偏好的研究，对空间环境的设计研究。

人与环境关系的工具性观点和精神性观点的差异[155]　　　　　　　　表3-1

类型	工具性观点	精神性观点
侧重点	环境是实现行为、经济目标的手段。强调环境的物质性特征。	"工具"环境是培养人的价值的脉络之目标。强调环境的象征性、情感性特征。
空间品质	环境的品质主要以行为、舒适和健康标准来定义。	环境的品质以心理、社会文化意义上的丰富性来衡量，也包含环境的舒适、健康和行为支持。
设计方法论	强调与一般的使用者群体类型的活动需求相一致的设计标准和环境原型的开发（依赖于外在的设计指南）。	强调与特定个人和群体的特殊需求相一致的定制化设计（适合特定脉络的固有设计指南的开发）。
领域性	强调与公共、私密生活领域相关的主要功能的差异和分离。	强调公共、私密生活领域的结合以及环境场景越来越多功能性的特质。
研究过程	研究是普遍化知识的发现和应用；研究活动是价值中立的，与社会动力的观察、特定场景的记录相分离；强调量化方法胜于质性方法。	研究是增强环境使用者认识、参与和凝聚力的交流过程，是参加者价值明确化强化的过程；量化和质性方法都强调。

在人与环境关系的层面，作为环境行为学的重要构成，人和环境是循环作用的动态关系（图3-3）。一方面，在环境行为学领域，对人的分析主要从人的生理层面、心理层面、社会文化层面，涵盖从统计学意义的均质个体，以及不同的生活经验和认知类型的特性个体。除了作为个体的人，环境行为学亦关注人的群体特征，涵盖居住模式、社会文化和意识形态等层面内容。另一方面，环境行为学研究中，对环境的理解是综合而动态的，既包含物质环境层面，注重空间结构和功能布局，亦关注随时间而变化的空间环境品质，包含社会文化、地缘特征等文脉环境。

而且，在环境行为研究中，要充分理解人与环境的均衡关系。具体来说，空间好比是一条小河，潺潺流水好比是人们的活动，枯竭的河流是没有生命的；没有河岸形成的河床空间，水也不会循此而流。因此两者是合而为一、相互依赖的整体[158]。人与环境的关系保持着动态性、复杂性和关联性，呈现感知、选择、使用、适应和解释等行为心理表征，从而形成一个相互渗透的环境行为系统。在环境行为学中，相互渗透论（Transactionalism）[159]主张人和环境作为一个系统的不同方面，能够相互定义和相互依存，进而决定整个事件的意义和性质。相互渗透论认为，人对于环境具有较高的能动作用，包含物质功能的作用，以及价值赋予和再解释的作用。人可能完全改变环境的性质和意义，甚至修正和调整物质环境，从而改变社会环境。

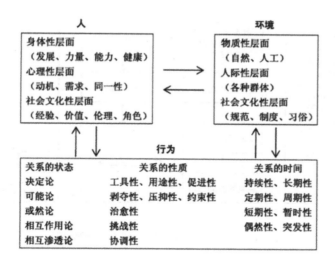

图 3-3 人与环境的关系图解 [160]

在领域相关性层面，广义的建筑学研究是一个面向应用的开放体系，环境行为学则通过研究外部环境和内心价值对使用者行为的影响，来评判和探求环境的真实意义。因而，环境行为学研究能够为建筑设计提供理论依据和策划目标（图 3-4）。例如，凯文·林奇（Kevin Lynch）在《城市意象》一书中，将环境行为学引入城市规划范畴，进而成为城市设计研究的范本著作 [161]。吴良镛在《人居环境科学导论》一书中也提倡从聚居视角，综合融贯地对规划和建筑范畴的相关问题进行再思考 [162]，对我国建筑设计研究具有重要指导意义。基于前人的诸多探索，将环境行为学引入建筑设计研究具有积极意义。

通常来说，环境行为学和建筑设计的结合点有两方面：一方面为既有建筑的用后评价（Post occupancy evaluation，POE），通过用后评价了解使用者的居住生活需求、满意度和空间环境评价，从而检测和评价建成环境的实际效果，为集合住居设计与改造提供实证依据。另一方面为建筑计划（Architecture Progamming），包括用系统化的调研和分析方法来了解使用者的需求和意愿，并确定建筑设计的具体目标和绩效标准。建筑计划书是把环境行为学研究成果进行设计转化的有效途径，并将社会、经济、文化、形态、结构和行为心理等影响因素纳入考虑范围，进而将一系列成果转化成为具体的设计原则、策略和方法。

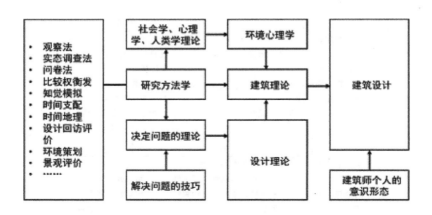

图 3-4 环境行为学和建筑设计的结合机制 [163]

在常用研究方法层面,环境行为学的研究过程包含被调查者取样、调查地点选择、调查方法选择和结果归纳分析。目前,国内外建筑和规划领域常用的环境行为学方法有直接观察、系统观察、效能观察、访谈提问、标准化问卷、间接法和认知地图等(表 3-2)。

环境行为学研究中常用的方法和特点 [154]　　　　　　　　表 3-2

研究方法	环境中的行为和行为模式	对环境的认知	对环境的局部看法	对环境的整体评价	环境对行为的细微影响	环境对行为的显著影响
直接观察法	√				√	
系统观察法	√				√	
效能观察法					√	
访谈提问法	√	√	√			√
标准化问卷	√	√	√	√		√
间接法		√	√			
认知地图法	√	√		√		

总的来说,以环境行为学为基础,针对以老幼人群为主体的多代居民行为及相关住居环境的实证研究,是构建城市高层住居老幼代际融合设计体系的重要基础。

3.1.2 实证研究思路及方法

本章的主体研究过程以实证研究的方法论思想为基础，结合具体的定性和定量研究方法展开，进而实现环境行为的定性建构和定量分析，逐步构建具有针对性的综合设计方法论。

整体来说，设计作为一个解决问题的过程，可以依据实证理论（positive theory）和常规理论（normative theory）两种途径（图3-5）。在寻找解决方案时，设计者必须从其脑海中的资料积累和主观想法中形成一个模型体系。在这一过程中，实证理论试图发现变量间可预测的联系。而常规理论是根据设计理念或风格确定切入点，无法避免有主观因素掺杂其中，影响设计成果的客观作用效果。实证研究方法可以概括为通过对研究对象大量的观察、实验和调查，获取客观材料，从个别到一般，归纳出事物的本质属性和发展规律的一种研究方法（图3-6）。

通过前述文献研究，我们相信：基于人与环境系统的相互渗透关系，通过所营造适宜的物质及社会环境，将有助于培养人的基本价值、丰富人的精神脉络。因而，对建筑空间环境的价值判断，应基于人与环境交织的系统综合性，以及历史发展的动态持续性。

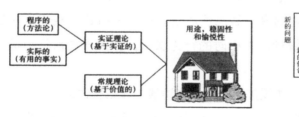
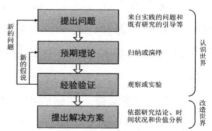

图3-5 不同理论对设计的影响 [35]　　　　图3-6 实证理论的研究过程 [35]

因而，本章基于建筑的社会环境效用假设，应用环境行为学相关方法，开展实证研究，主要采用资料搜集、实态调查、系统观察、访谈调查和问卷调查等研究方法：

（1）资料搜集。资料收集过程直接关系到实证研究的深度和广度，对整个研究的准确性影响较大。以指导设计应用为导向，相关资料的收集范围主要包含理论文献和现实资料两方面，理论文献主要涉及高层建筑、住居学、老年建筑和高层建筑等方面，现实资料以国内外的相关案例资料为主。笔者通过整理国内外相关文献和案例资料，已归纳了当前国内外高层住居的发展趋势和现存问题，初步总结了多代居民的代际关系特点，以及老幼人群的身心特殊性。上述内容在前文中均有涉及，并对本阶段的实证研究工作起到重要的指引作用。

（2）实态调查。在实证研究过程中，实态调研是搜集直接信息、发现现状问题、拓展研究思路的关键步骤。实态调查的通常步骤是：选定适当的调研地点，制定合理的调研方案，组织调查人群制定时间表，赴现场开展实地调研。在本章的实态调查阶段，根据开展调查的可操作性、可重复性和典型性，将哈尔滨市作为主要的调研城市。选取哈尔滨地区内具有典型性的高层住居作为实态调查样本，开展实地调查，并同步开展访谈和问卷调查，旨在充分了解既有高层住居的使用情况和老幼人群的行为需求。

（3）系统观察。在实态调查中，应用系统观察法有助于更为系统化地观察了解住居环境内多代居民行为，及其与空间环境的关联途径，有助于更为系统化地采集相关信息。研究中所采用的系统观察法主要包含整体观察和定点观察等方式。其中，整体观察需要结合前期资料信息，对高层住居进行整体实地走访和观察记录，并初步选定具有代表性的空间环境作为重点观测点（key observing point）。此外，定点观察主要包含现场测绘和多代住居生活行为观察记录。在实施过程中，对每个观察地点进行场地平面测绘和环境设施记录，绘制定点观察记录表用于后续行为分析。进而，对观测点内的多代居民住居生活行为进行连续观察，并随时记录行为内容和地点，整点统计前1小时的行为次数，并对于重点行为进行标注。

（4）访谈调查。在研究中，主要应用了半结构访谈、非结构访谈和入户访谈等方式开展访谈调查。其中，半结构访谈具有访谈提纲，但访谈者可以根据访谈情况进行灵活调整，在语言表述、提问方式、回答方式和内容顺序上具有一定弹性。本章所开展的半结构访谈主要针对高层住居的多代居民和管理服务人员。非结构访谈可免去结构访谈的固定顺序和标准化程序，以自由对话的方式进行，围绕访谈者所关心的研究问题，与受访者进行灵活的交流互动，鼓励受访者对个人想法的自然表述和经验世界的主观解释。本章开展的非结构访谈主要针对高层住居的设计者和专家学者。入户访谈指研究人员到居民家中进行实地调查和访谈，通过直接与被访者接触而进行面对面沟通的调研方法。本章在实态调研过程中同步开展了入户访谈。

（5）问卷调查。问卷调查是指通过制定详细周密的问卷，要求被调查者据此进行回答以收集资料的方法。"问卷"是一组与研究目标有关的问题，或者说是一份为进行调查而编制的问题表格，又称调查表。问卷调查是人们在调研活动中用来收集资料的常用方法[164]。调研人员借助这一工具对所研究问题进行准确而具体的测定，并应用统计方法进行定量描述及分析，获取所需要的调查资料。一般来说，按照问卷填答者的不同，问卷调查可分为自填式和代填式，根据载体的不同，亦分为纸质问卷调查和网络问卷调查。考虑到住居样本和目标人群的实际情况，本章所实施的问卷调查主要以调研现场发放纸质问卷为主。

3.1.3　高层住居实态调查情况

根据开展调查的可操作性、可重复性和典型性，选取哈尔滨市作为主要的调研城市。由于哈尔滨市区内高层住居存量项目较多，综合考虑研究时限和人员成本限制，在市区范围内通过多轮筛选，确定了 12 个较为典型的高层住居作为实态调查样本。所选样本的规模定位、居民群体、功能类型具备一定差异性，以保证调研结果的普适性和客观性，相关基础信息详见表 3-3。

<table>
<tr><td colspan="4" align="center">高层住居样本基本情况</td><td align="right">表 3-3</td></tr>
<tr><td align="center">N1</td><td colspan="4" align="center">群力民生尚都一期项目</td></tr>
<tr><td align="center">建成时间：</td><td align="center">2012 年</td><td colspan="3" rowspan="4"></td></tr>
<tr><td align="center">总套数：</td><td align="center">3041 套</td></tr>
<tr><td align="center">建筑面积：</td><td align="center">2383100m²</td></tr>
<tr><td align="center">建筑类型：</td><td align="center">保障住宅（板楼高层和多层）</td></tr>
<tr><td align="center">N2</td><td colspan="4" align="center">远大都市明珠项目</td></tr>
<tr><td align="center">建成时间：</td><td align="center">2011 年</td><td colspan="3" rowspan="4"></td></tr>
<tr><td align="center">总套数：</td><td align="center">508 套</td></tr>
<tr><td align="center">建筑面积：</td><td align="center">700004m²</td></tr>
<tr><td align="center">建筑类型：</td><td align="center">商品住宅（板式高层）</td></tr>
</table>

N3	金色莱茵项目		
建成时间：	2006 年		
总套数：	966 套		
建筑面积：	180000m²		
建筑类型：	商品住宅（板式和塔式高层）		
N4	富达蓝山项目		
建成时间：	2011 年		
总套数：	1417 套		
建筑面积：	179000m²		
建筑类型：	商品住宅（板式高层住宅）		
N5	紫金城项目		
建成时间：	2009 年		
总套数：	2202 套		
建筑面积：	368000m²		
建筑类型：	商品住宅（板式和塔式高层）		
N6	悦山国际项目		
建成时间：	2010 年		
总套数：	2672 套		
建筑面积：	440000m²		
建筑类型：	商品住宅（塔式和板式高层）		

N7		欧洲新城项目	
建成时间：	2012 年		
总套数：	1035 套		
建筑面积：	650000m²		
建筑类型：	商品住宅 （塔式和板式 高层、多层）		
N8		南郡·香醍雅诺项目	
建成时间：	2011 年		
总套数：	1500 套		
建筑面积：	500000m²		
建筑类型：	商品住宅 （板楼高层和 多层）		
N9		爱建润园三期项目	
建成时间：	2006 年		
总套数：	862 套		
建筑面积：	245000m²		
建筑类型：	商品住宅 （板式高层）		
N10		中植方舟苑项目	
建成时间：	2001 年		
总套数：	1200 套		
建筑面积：	110000m²		
建筑类型：	商品住宅 （板式高层、 多层）		

N11	香榭丽苑项目	
建成时间：	2002 年	
总套数：	848 套	
建筑面积：	56000m²	
建筑类型：	商品住宅（板式高层）	
N12	红星嘉园项目	
建成时间：	2011 年	
总套数：	1100 套	
建筑面积：	58664m²	
建筑类型：	职工住宅（板式高层）	

　　基于一定的前期资料准备，笔者及研究团队成员对高层住居样本开展了实地调研，主要观察住居样本的外部空间环境、楼栋空间环境和周边社区环境。在外部空间环境中，重点观察空间尺度、路径组织、景观环境等方面；在楼栋空间环境中，重点观察功能分区、空间流线、细部设计等方面；在周边社区环境中，重点观察社区配套设施和周边交通联系等内容。

　　调查中，研究人员根据事先制定的实地调研表进行观察和记录，并拍摄照片。并且，着重关注研究范围内的老幼人群行为活动。为了能够增加与老幼居民的碰面机会，调查时间通常选取在上午 8 点至 10 点和下午 3 点到 7 点，并同步开展访谈调查工作。

3.1.4　居民访谈及问卷调查情况

结合实态调研过程，同步开展访谈调查。具体采用半结构访谈、非结构访谈和入户访谈等不同方式。其中，笔者所开展的半结构访谈主要针对高层住居的多代居民和管理服务人员。访谈内容根据受访者情况而有所侧重，涉及日常行为活动、空间利用模式、现有居住问题、代际关系情况等多方面内容。所开展的非结构访谈主要针对高层住居的设计者和专家学者。选取具有高层住居项目经验的建筑设计人员和从事相关研究的青年教师开展非结构访谈。访谈过程中，以高层住居中的适老适幼问题作为切入点，访谈内容以住居空间环境为主体。累计访谈相关设计者 10 人、专家学者 8 人。所开展的入户访谈过程主要针对老年人家庭或幼儿家庭的居室空间环境。在入户访谈之前，研究人员首先在住居样本公共空间内寻找适合的老幼家庭，对符合调研条件的居民具体说明入户调研内容和步骤，并征得对方的同意，进而与被调研者约定时间进行入户调研。

基于访谈结果，归纳提取关键要素，进而开展问卷设计及调查分析。问卷调查的核心目的是了解高层住居中多代居民的行为需求和代际关系，并重点掌握老幼人群的日常行为规律、住生活需求和居住现状问题。

问卷设计的客观性和适用性将直接关系到问卷调查的信度和效度，影响分析结果的客观性。因而，在问卷调查前期，对问卷进行精细设计，制定可行的调查计划至关重要。

其一，在问卷调查计划方面，由于问卷调查阶段既需要从多代居民角度发掘既有高层住居的现状问题，亦需要重点关注老幼人群及其家人的意见和态度，深入了解老年人居家养老、儿童家庭托育的实际需求。因而调查问卷包含问卷Ⅰ：高层住居使用现状调查、问卷Ⅱ：老幼居住生活行为需求调查等两组问卷。并且，问卷Ⅱ分为 A（老年人版）和 B（儿童版）两个不同版本。其中，问卷Ⅰ发放给包含老幼人群在内的多代居民。问卷Ⅱ-A 主要面向 60 岁以上老年居民及其家人发放。问卷Ⅱ-B 主要面向 0~14 岁儿童居民及其家人发放。问卷发放过程中，对于老年人群体，根据其身体情况，将问卷发放给老年人本人或其家属。对于 0~10 岁儿童群体，将问卷发放给儿童监护人，对于 10~14 岁儿童群体，则视情况尽量发放给儿童本人。

其二，在问卷问题设定方面，基于研究目标和访谈结果，问题的设定主要基于两个主要方面：一方面，基于对高层住居相关文献研究，确定问卷基本架构、问题类型和问卷制式；另一方面，从访谈调研结果呈现出的关键词出发，确定问题内容、提问角度和预设选项。将这两方面思路相互融合，即可确定问卷的基本结构和具体问题。其中，问卷 I 重点关注高层住居的多代使用现状，主要涉及高层住居的外部空间环境（包含外部空间布局、交通组织、活动空间、景观细部等方面）、内部空间环境（包含配套服务空间、楼栋公共空间、套内居室空间等方面），以及不同年龄居民的日常出行方式及活动内容。问卷 II，主要涉及老幼居民的日常行为需求、活动规律、高频使用的空间环境及现存问题等方面。问卷的提问方式尽量平实化，避免出现专业术语，保持措辞严谨，并且充分尊重被调查者。

　　问卷调研过程中，按照预先设计的问卷总量，计划在每个实地调研项目内，面向目标居民群体发放调查问卷，每处调研样本共计发放 30~40 份问卷。问卷调研时间通常选择在上午 8 点到 10 点和下午 3 点到 7 点，地点通常选择在小区公共绿地、主要出入口、主要道路等老幼居民较多的地方。由于问卷调研工作多数在户外进行，且调查对象情况不一，因而问卷发放主要为"口头问答 + 研究人员记录"的形式。对话过程尽量以一问一答为主，结合实际情况对问题相关内容进行扩展，以了解更多的相关信息。

　　由于研究时间安排和人力限制等因素，问卷发放历经了近两年时间，发放过程包含了两个阶段。第一阶段侧重于高层住居的适老化，主要面向老年人及中青年人开展。第一阶段累计收回有效问卷共计 312 份，其中包含 206 份问卷 I 和 106 份问卷 II –A。第二阶段侧重于高层住居的适幼化，主要面向儿童及其家人开展，累计收回有效问卷共计 102 份，均为问卷 II –B。对问卷调研结果进行归纳整理和统计分析，最终形成具有针对性的分析图表，详见于本章的后续小结。

问卷Ⅰ：高层住居的使用现状调查

填表说明：针对下列问题，请根据您所了解的实际情况逐一作答（可多选），表内涉及的个人信息仅作为课题研究之用，谢谢您的配合。

性别	年龄	职业	家庭人口构成	
男（ ）女（ ）	（岁）		人数　（个）	类型

1. 您倾向于以下哪种住宅楼栋布局方式（ ）
A 整齐划一的行列式　　　　B 有围合感的院落式
C 以上两者兼具的布局方式　D 无所谓
2. 您觉得高层小区中哪些空间过于压抑（ ）
哪些空间过于空旷（ ）
A 小区主入口　　　　　　　B 集中绿地
C 宅前绿地　　　　　　　　D 楼侧空间
E 单元门口　　　　　　　　F 其他部位_____
3. 您觉得小区内的室外活动空间能够满足居民使用吗（ ）
A 能满足　　　　　　　　　B 勉强满足
C 不能满足　　　　　　　　D 不了解
4. 您对小区的整体景观环境满意吗（ ）
A 不满意　　　　　　　　　B 勉强接受
C 基本满意　　　　　　　　D 很满意
5. 您对冬季小区的室外日照环境满意吗（ ），对室外风环境满意吗（ ），对室外声环境满意吗（ ）
A 不满意　　　　　　　　　B 勉强接受
C 基本满意　　　　　　　　D 很满意
6. 您认为冬季室外活动空间存在以下哪些问题（ ）
A 缺乏光照　　　　　　　　B 冷风严重
C 积雪过多　　　　　　　　D 地面易滑倒
E 室外设施不能使用　　　　F 其他_____
7. 您平时的出行目的主要为以下哪几类_____
A 购物　　　　　　　　　　B 上学、上班
C 休闲健身　　　　　　　　D 看病就医
E 探亲访友　　　　　　　　F 接送人
G 其他_____
8. 您平时从周一到周五每天的出门时间和回家时间（勾选）

5:00　6:00　7:00　8:00　9:00　10:00　11:00　12:00　13:00

13:00　14:00　15:00　16:00　17:00　18:00　19:00　20:00　21:00

9. 您平时的出行距离区间（单位：km）

0　　1　　2　　3　　4　　5　　6

7　　8　　9　　10　　11　　12　　13　　14

10. 您认为以下哪些位置的车辆行驶会给步行者带来安全隐患（ ）
A 小区主入口　　　　　　　B 地下停车库出入口
C 小区周边的道路　　　　　D 小区内主路
E 小区内支路　　　　　　　F 没有

11. 您平时出行目的顺序通常为以下哪几种（ ）
A 家—购物—家　　　　　　B 家—休闲娱乐—家
C 家—娱乐—购物—家　　　D 家—医疗保健—家
E 家—购物—子女家—家　　F 家—接送子女—家
G 其他_____
12. 您通常出于哪些目的而使用小区步行道（ ）
A 上下班通行　　　　　　　B 出门办事
C 休闲散步　　　　　　　　D 跑步锻炼
E 遛狗遛鸟　　　　　　　　F 与人聊天
G 其他_____
13. 您对地下停车库的空间环境满意吗（ ）
A 不满意　　　　　　　　　B 勉强接受
C 基本满意　　　　　　　　D 很满意
14. 您认为地下车库的哪些方面有待改进（ ）
A 人车流线　　　　　　　　B 标识导向
C 光线照度　　　　　　　　D 空气质量
E 其他_____
15. 您平时乘坐电梯时有哪些不便之处（ ）
A 候梯时间较长，缺乏座椅休息
B 候梯厅空间狭窄，容易发生碰撞
C 轿厢内缺乏扶手等辅助设施
D 电梯缺乏检修，电梯门不够灵敏
E 很方便，没有改进意见
F 其他_____
16. 您认为目前的入口空间有哪些改进之处（ ）
A 入口空间应拓宽，增加面积
B 入口空间应设置座椅，增加休息区
C 入口空间应分区明确，减少干扰
D 入口空间应加强采光和保暖
E 很方便，没有改进意见
F 其他_____
17. 您认为楼栋内哪些部位需要设置邻里交往空间（ ）
A 入口门厅　　　　　　　　B 候梯厅
C 楼梯间　　　　　　　　　D 公共走廊
E 入户空间　　　　　　　　F 屋顶空间
G 避难层　　　　　　　　　H 立体中庭
18. 您家里哪些房间需要改进（ ）
A 厨房　　　　　　　　　　B 储藏室
C 卫生间　　　　　　　　　D 入口门厅
E 起居室　　　　　　　　　F 卧室
您建议应如何改进_____
19. 您的其他宝贵意见：_____

问卷 II -A：高层住居的老年人居家养老需求调查

填表说明：针对下列问题，请根据您所了解的自身（或自家老人）的实际情况逐一作答（可多选），表内涉及的个人信息仅作为课题研究之用，谢谢您的配合。

性别	年龄	职业	家庭人口构成	
男（ ）女（ ）	（岁）		人数 （个）	是否与子女同住：是（ ）否（ ）

1. 您平时进行哪些体育锻炼（ ）
A 拳操   B 慢跑
C 广场舞   D 球类
E 散步   F 器械运动
G 很少参与体育运动

2. 您平时在户外进行哪些休闲娱乐活动（ ）
A 棋牌   B 戏曲弹唱
C 品茗酌酒   D 遛狗遛鸟
E 与人聊天   F 晒太阳
G 带孩子   H 其他

3. 您平时经常在小区内与哪些人交流（ ）
A 家人   B 社团好友
C 邻居   D 陌生人
E 管理服务人员 F 很少与人交流
G 其他

4. 您平时有哪些必要的出行活动（ ）
A 出门购物   B 接送孩子
C 办理事务   D 社区义工
E 出门就医   F 家务活动
G 其他

5. 您希望小区内的老年服务设施具备哪些功能（ ）
A 休闲娱乐   B 体育锻炼
C 医疗养生   D 老年护理
E 餐饮茶歇   F 日常购物
G 其他

6. 您认为小区内的室外环境应进行哪些改进（ ）
A 增加植被绿化 B 增加冬天防寒设施
C 提高设施质量 D 加大广场面积
E 增加凉亭座椅 F 避免被道路交通干扰
G 减少形象设施 H 其他

7. 您在冬季室外行走时是否摔倒过（是／否）曾导致您摔倒的原因有哪些（ ）
A 冬季路面冰雪 B 对人车避让不及
C 室外地面不平整 D 光线刺眼或过暗
E 其他

8. 您认为住房中哪些部位需要为老人特殊设计？
A 门厅   B 起居室
C 卧室   D 卫生间
E 厨房   F 阳台

9. 您希望住宅楼栋附近设置哪种老年人服务设施？
A 棋牌室   B 日光室
C 医疗室   D 健身室
E 阅览室   F 其他

10. 您平时在家经常做哪些休闲活动（ ）
A 与人聊天   B 阅读看报
C 下棋打牌   D 刺绣针织
E 书法绘画   F 看电视
G 上网   H 其他

11. 您通常在起居室内进行哪些活动（ ）
A 看电视   B 做家务
C 品茶休憩   D 接待客人
E 与家人团聚   F 兴趣活动
G 其他

12. 您认为老人卧室最应满足以下哪点（ ）
A 朝南向，阳光充足
B 通风好，空气质量高
C 防噪声，环境安宁
D 功能全面，临近洗手间
E 其他

13. 您家的阳台存在以下哪些问题（ ）
A 冬季寒冷   B 有眩晕感
C 噪声较大   D 缺乏私密感
E 空间狭窄   F 采光不足
G 位置不合理   H 其他

14. 您家卫生间存在以下哪些问题（ ）
A 空间面积小   B 缺乏辅助设施
C 分区不合理   D 地面易滑倒
E 通风较差   F 其他

15. 您家是否有闲置并且多用的房间（是／否）这个房间经常作为哪些功能使用（ ）
A 书画阅读   B 体育锻炼
C 打牌下棋   D 家务活动
E 品茗聊天   F 临时卧室
G 其他功能

16. 您对目前的家庭居住方式满意吗（ ）
A 不满意   B 勉强接受
C 基本满意   D 很满意

17. 在家庭居住中您遇到过以下哪些问题
1）独自居住的情况（ ）
A 感到孤独   B 有安全隐患
C 行动缺乏照应 D 思念家人
E 渴望与外界接触 F 其他

2）和子女共同居住的情况（ ）
A 家人生活习惯不同而引发矛盾
B 个人生活缺乏独立空间
C 承担子女事务较为劳累
D 对待下一代教育观念差异大
E 失去原有家庭地位和话语权
F 其他

18. 您认为哪种住房更适合老年人居家养老？
A 市内的高层住宅 B 市内的多层住宅
C 市郊的多层住宅 D 市郊的独立住宅

19. 您在高层住宅中的居住问题有哪些？
A 居室使用面积过小
B 居室缺乏与室外的联系
C 住房楼层高，造成心理不适
D 高层电梯不方便使用
E 住宅楼外风大，不便停留
F 火灾时的逃生疏散问题
G 其他

20. 您的其他宝贵意见：_____

问卷Ⅱ-B：高层住居的儿童家庭托育需求问卷调查

填表说明：针对下列问题，请根据您所了解的自身（或自家儿童）的实际情况逐一作答，表内涉及的个人信息仅作为课题研究之用，谢谢您的配合。

性别	年龄	家庭人口数量	是否与祖父母同住
男（ ）女（ ）	（岁）	人数 （个）	是（ ）否（ ）

1. 您（或您的子女，下同）平时进行哪些锻炼
（ ）
A 体操　　　　　　　　B 球类
C 跑步　　　　　　　　D 散步
E 器械运动　　　　　　F 玩耍
G 很少参与体育运动　　H 其他＿＿＿＿

2. 您平时在户外参与哪些休闲活动（ ）
A 与朋友玩耍　　　　　B 团队集体活动
C 小坐休息　　　　　　D 晒太阳
E 独自玩耍　　　　　　F 其他＿＿＿＿

3. 您平时经常在小区内与哪些人交流（ ）
A 父母　　　　　　　　B 祖父母
C 邻居　　　　　　　　D 管理服务人员
E 陌生人　　　　　　　F 很少与人交流

4. 您平时有哪些必要的出行活动（ ）
A 上下学　　　　　　　B 出门玩耍
C 上兴趣班　　　　　　D 参与志愿服务
E 出门就医　　　　　　F 出门探亲访友
G 其他＿＿＿＿

5. 您希望小区内的儿童服务设施具有哪些功能
（ ）
A 临时托管　　　　　　B 兴趣培育
C 医疗保健　　　　　　D 体育活动
E 餐饮服务　　　　　　F 便民购物
G 其他＿＿＿＿

6. 您认为小区内的室外环境应进行哪些改进（ ）
A 增加植被绿化　　　　B 增加冬天防寒设施
C 提高设施质量　　　　D 加大广场面积
E 增加凉亭座椅　　　　F 避免被道路交通干扰
G 减少形象设施　　　　H 其他＿＿＿＿

7. 您在冬季室外行走时是否摔倒过（是／否）
曾导致您摔倒的原因有哪些（ ）
A 冬季路面冰雪　　　　B 对人车避让不及
C 室外地面不平整　　　D 光线刺眼或过暗
E 其他＿＿＿＿

8. 您认为住房中哪些部位需要为儿童特殊设计？
A 门厅　　　　　　　　B 起居室
C 卧室　　　　　　　　D 卫生间
E 厨房　　　　　　　　F 阳台
G 其他＿＿＿＿

9. 您希望住宅楼栋内部或附近设置哪种儿童服务的
设施？
A 公共活动室　　　　　B 亲子园艺区
C 医疗室　　　　　　　D 儿童游戏屋
E 阅览室　　　　　　　F 其他＿＿＿＿＿＿

10. 您平时在家经常做以下哪些休闲活动（ ）
A 玩耍　　　　　　　　B 阅读
C 聊天　　　　　　　　D 看电视或其他电子产品
E 音乐弹唱　　　　　　F 手工绘画
G 很少进行休闲活动　　H 其他＿＿＿＿

11. 您认为儿童卧室最应满足以下哪点（ ）
A 朝南向，阳光充足
B 通风好，空气质量高
C 防噪声，环境安宁
D 功能全面，临近洗手间
E 其他＿＿＿＿

12. 您家的阳台存在以下哪些问题（ ）
A 冬季寒冷　　　　　　B 有眩晕感
C 噪声较大　　　　　　D 缺乏私密感
E 空间狭窄　　　　　　F 采光不足
G 位置不合理　　　　　H 其他＿＿＿＿

13. 您家卫生间存在以下哪些问题（ ）
A 空间面积小　　　　　B 缺乏辅助设施
C 分区不合理　　　　　D 地面易滑倒
E 通风较差　　　　　　F 其他＿＿＿＿

14. 您家是否有闲置并且多用的房间（是／否）
这个房间经常作为哪些功能使用（ ）
A 书画阅读　　　　　　B 体育锻炼
C 打牌下棋　　　　　　D 家务活动
E 品茗聊天　　　　　　F 临时卧室
G 其他功能＿＿＿＿

15. 您对目前的居住空间满意吗（ ）
A 不满意　　　　　　　B 勉强接受
C 基本满意　　　　　　D 很满意

16. 您认为哪种住房更适合家庭育儿？
A 市内的高层住宅　　　B 市内的多层住宅
C 市郊的多层住宅　　　D 市郊独立住宅

17. 您在高层住宅中的居住问题有哪些？
A 居室使用面积过小
B 居室缺乏与室外的联系
C 住房楼层高，造成心理不适
D 高层电梯不方便使用
E 住宅楼外风大，不便停留
F 火灾时的逃生疏散问题
G 其他＿＿＿＿

18. 您的其他宝贵意见：＿＿＿＿＿＿＿＿

069

3.2 高层住居的空间环境现状分析

基于实地调查、访谈及问卷调查所取得的数据信息，归纳分析城市高层住居空间环境的现状及问题，特别是与老幼人群相关度较高的问题。本节将结合调研结果，从室外与室内两个层面对外部公共空间、配套服务空间、楼栋及居室空间等多方面情况进行具体解析。

3.2.1 室外空间环境现状及问题分析

调研显示，在室外空间环境中，城市高层住居的整体空间组织、外部活动空间和交通出行空间均存在不同程度的设计问题，与理想的居住空间环境存在一定差距，对多代居民，特别是老幼居民的日常生活造成了一定不利影响。对相关调查现状及问题简述如下。

1）住居整体空间

城市高层住居面向的往往是全龄居民，不仅涵盖各年龄阶段的老幼人群，同时也适用于其他年龄群体。因而，高层住居应具备包容性和普适性。在实证研究过程中，问卷Ⅰ是面向各年龄居民随机发放的，旨在更为广泛地从老、中、少不同代群视角，全面了解城市高层住居的全龄适居性，并着重关注与老幼居民相关的设计问题。

从整体角度来看，受城市区位、通行方式、设施品质、综合性价比等多重因素影响，包括老年人在内的多代居民对高层住居的接受度正在增加。并且，对于有儿童的家庭来说，高层住居则更受青睐。但调研发现，基于实际居住体验，居民普遍对现有高层住居的室内外空间品质、高楼层离地感和消防疏散效率存在较多忧虑。在被调研老年人中，18% 的老年人认为高层住居楼层高，存在心理不适；21% 的老年人担忧火灾时的逃生疏散问题；23%老年人认为目前套型内的适老化空间及设施不足。

鉴于调研城市主要为哈尔滨市，其高层住居受寒冷气候因素影响较大，对住居整体的空间组织形成较大制约。根据笔者观察，在我国寒地城市中，高层住居的整体布局多被局限于固定的设计范式，极为强调均质性和高密度开发，过于关注得房率，但忽视多代居民的空间感受，导致外部空间普遍存在适居性差、领域感低和适候设计不足等问题，详述如下。

其一，不同外部空间组织模式存在适居性差异。所调研的高层住居主要有3

种布局方式：行列式布局、集中式布局和混合式布局（图3-7）。行列式模式相对均质化，高层住宅楼栋按日照间距并排布局，形成带状的外部空间（图3-8-a）。调研中的多数居民反映行列式布局的高层住区外部空间缺乏变化，围合感和识别性较差。而集中式布局方式主要是由高层住宅楼栋共同围合成一组较大的组团绿地（图3-8-b）。部分居民认为此类空间存在一些设计问题，例如空间缺乏合理划分和层次过渡，场地较大而空旷，致使老幼人群缺乏安定感，且儿童看护难度加大。相比之下，作为行列式和集中式的整合形式，混合式布局既保留了行列式的日照均好性，同时通过部分集中布局，形成组团绿地，层次感较好。而且，问卷数据显示有35%的居民较为认可这种兼具行列式和围合式优点的布局方式。

a）行列式布局

b）集中式布局

c）综合式布局

图3-7 不同类型的布局方式图解

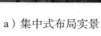
a）集中式布局实景

b）行列式布局实景

图3-8 不同类型的布局方式实景举例

其二，局部空间尺度失调、领域感较差。调研中发现住居的外部空间存在尺度过大、可达性差、缺乏休息设施等问题。数据显示，34%的老年人表示高层组团空间尺度过于空旷，不够亲切。由于开发商对土地效益的追求，越来越多的高层住宅达到近百米的高度，但其组团空间却依然沿用固有范式，采用行列间或围合成大空间的方式。虽然客观上满足了活动空间的面积要求，但是给人的心理感受往往相对不佳。而且，空间尺度过大加之大面积简单绿化，增加了老幼居民的通行距离，但却未设置适宜的休息座椅（图3-9-a、b）。此外，调研发现，部分空间尺度还存在过于局促压抑的问题，例如，山墙面楼间空间间距不足，宅前空间舒适感较低等（图3-9-c），较多居民表示高层住居的这类空间具有压抑感。

a）广场空间略显空旷

b）中心花坛面积过大

c）侧向楼间空间较为局促

d）楼栋北向空间缺乏光照

图3-9　部分住居样本的外部公共空间现状

其三，室外空间适候设计不足。分析显示，居民对于住居外部空间的物理环境舒适度的总体评价较低，对于外部空间的日照环境、风环境的舒适度评价较低。以寒地城市为例，通过实地观察和现场体验，目前的高层住居外部空间设计并未充分关注到其日照问题，致使一些主要活动空间常年处在建筑阴影之中。此类空间因其舒适性较差，老幼人群使用率较低。而且，一些主要道路甚至也长期处于建筑遮挡之中，致使道路在冬季积雪较多，初春冰面持久不化，对老幼人群的日常出行形成安全隐患。而且，易造成街道积雪严重的"一堵墙"现象（图3-9-d）。此外，住居规划中对风环境的考虑也不够深入。一些建筑楼栋入口和主要道路走向仍朝向冬季不利风向。部分老幼活动空间的局部风环境问题严峻，且缺乏相应的挡风措施。

2）外部活动空间

调研中发现，高层住居的室外活动空间存在问题较多，受设计理念和气候因素制约较大，普遍存在共享空间不足、通用设计缺失和适候设计欠缺等问题。而且，多代居民的评价亦褒贬不一，51%的居民对室外活动空间持负面评价，62%的居民对景观环境持负面评价。具体现状问题如下。

其一，绿地空间有效使用面积不足，居民参与度较低。通过调研发现，居民对小区整体景观环境的满意度评价偏低，普遍反映景观绿化有效面积少，设施不合理。所调研高层住居内的绿地空间配置多数以日照为主导因素，往往仅在指标层面满足了面积要求，而忽视实际的空间感受和利用效率。调研中诸多居民表示室外实际用于活动的空间较为不足，而且，一些居民反映住居内的绿地面积并不小，但是仅仅采用树池、水池、形象广场等非参与型景观模式，虽然提升了整体景观效果，但是实际的使用空间较少（图3-10）。此外，调研还发现此类形式化的景观空间由于缺乏维护，实际观赏效果也未达到预设效果，白白浪费了场地资源。例如，在一处高层住居样本内，宅间绿地内设置了带形水景。由于维护成本较高，水景设施一直闲置干涸状态，不但有碍美观，而且为旁边步道上的老幼人群带来安全隐患。

其二，室外活动空间缺乏适老、适幼设计。调研中发现，现有高层住居的室外活动空间普遍缺乏适老化设计。老年人普遍希望室外空间设施质量能够提高，冬季有相应防寒设施，夏天有遮阳设施；而且，儿童和家长群体普遍希望增加玩耍区域和座椅设施，减少其他不利因素干扰。但现有住居的室外活动空间设计过于粗放，普遍缺乏对细部空间的精细设计且无障碍设计缺失的问题普遍存在。例

a）公共绿地中设置大面积水景　　　　　b）宅间绿地的景观水池长期空置

图3-10　部分住居样本的绿地空间现状

a）广场内的排水沟渠存在高差　　　　　b）健身活动空间缺乏休息座椅

c）水景空置且缺乏防护措施　　　　　　d）部分公共设施有无障碍设计

图3-11　部分住居样本的室外活动空间现状

如，存在高差的位置没有设置坡道，休息空间没有轮椅停放空间，标识系统不够清晰易懂。同时，室外活动空间普遍缺乏适老和适幼设计，部分住居所规划的儿童活动空间存在诸多安全隐患，全龄居民混合使用的活动空间也存在诸多问题（图3-11），例如，不同类型的活动空间缺乏合理的功能分区、缺乏休息座椅和相应服务设施等，此类问题累加在一起，致使老幼人群在室外活动过程中常面临诸多不便。

其三，室外活动空间在冬季使用不便。在寒冷地区，室外活动空间的使用问题较为突出。问卷调查结果显示，居民认为应增加植被绿化（占比17%）、提高设施耐用度（占比22%）、增加冬天防寒设施（占比19%）、增加凉亭座椅（占比15%）、避免被道路交通干扰（占比12%）。由于设计中未充分考虑气候制约因素，一些高层住居的室外活动空间在冬季常存在冷风明显或日照不足等问题，而缺乏相应的防寒缓冲措施，致使这些空间在冬季使用率较低。同时，由于管理不善，室外活动场地的冬季积雪常不能及时清除，加之场地排水施工不到位，春季化雪期常存在大量冰雪路面，为老幼人群出行带来了较大的安全隐患。调查结果显示，多代居民对冬季室外活动空间的现存问题评价为：地面易滑倒（占比33%）、冷风严重（占比16%）、缺乏光照（占比14%）、积雪过多（占比24%）、室外设施不宜使用（占比13%）。此外，室外活动空间的地面铺装材质也缺乏精细考虑，一些形象较好、反光较高的铺装材料在冬季却非常不防滑，调研过程中常观察到有居民在这些地方不慎滑倒（图3-12）。

a）活动器械无法正常使用　　　　　　　　b）景观廊道被堆满积雪

图3-12　部分住居样本的冬季外部空间现状

3）交通出行空间

所调研高层住居的室外交通空间在整体规划和细部设计层面存在诸多问题，突出体现在动态交通组织、静态交通模式和室外步行空间环境等方面。

其一，动态交通空间的人车矛盾显著，安全隐患较大。目前随着我国私家车持有量的增加，城市住居内的人车矛盾日益突出。调研发现，目前的城市高层住居虽然多数进行了人车分行规划，但在出入口等部分人车混行的节点仍存在一些设计问题。在早晚进出高峰时段，部分出入口缺乏必要的速度限制措施，一些私家车在出入中行驶较快。特别是在地下停车场的出入口部位，高差减弱了司机和地面行人的可视性，且车行出入口和小区道路交接处的缓冲不足，给行人和车辆相互观察和避让的时间不足。在这种情况下，对于反应速度相对较慢的老年人和儿童，更易出现安全事故。此外，调研发现，住居内的交通空间存在的细部设计问题较多，例如人行道缺乏无障碍设施，也鲜有配置座椅设施，且小区的道路交叉口缺乏安全提示和导向设施。但是，值得一提的是，相对于其他样本，远大都市明珠小区的内部交通空间设计较为合理（图3-13-a）。具体来说，该处住居在入口处设置有详细的标识系统，宅间小路亦对人行路和车行路有所区分。总体来说，现有高层住居的交通空间设计需要明确人车矛盾的根源，建立安全通用且有序组织的动态交通系统。

其二，静态交通模式单一，停车空间缺乏精细设计。调研结果显示，静态交通模式存在的问题较为突出，矛盾主要聚焦在地下停车库方面。居民普遍认为地下车库有待改进的要素为人车流线（占比22%）、标识导向（占比42%）、光线照度（占比46%），以及存在人车矛盾的空间部位有地下停车库出入口（占比22%）、小区出入口（占比32%）。由于目前高层住居的开发模式较为注重车位数量和相关经济效益，在设计中也尽量增加车位；但是大多数停车位要依赖地下停车系统解决，致使高层住居的地面掏空率持续增加。在调研中发现较为常见的高掏空率做法为：在住宅组群中规划出集中大面积绿地，绿地的地下空间几乎全部挖空作为地下停车场。如此高的地面掏空率对基地内原有的土壤植被破坏极大，取而代之的是大面积的人工覆土。参照相关规定，目前多数高层住区采用的0.7~2.2m人工覆土深度并不能满足一些乔木的长期生长，因而间接导致住居环境的植被种类较为单一，植物生长过度依赖人工维护；同时，地下停车库内的空间环境缺乏精细设计，例如无障碍停车位缺失、导向系统不够明晰，空间光环境和通风效果较差等。居住者对于地下车库的评价褒贬不一，且普遍认为地下车库应在光照、导向系统、通风和人车流线等方面有待改进。此外，由于许多老年人选择非机动车作为短距离交通工具，但现有住居普遍缺乏相应的路径规划和专用停车位，导致一些老年人将非机动车停在楼栋公共空间内，日常使用不便，并且阻碍其他人通行（图3-13-b、c）。但值得一提的是，在所调研的悦山国际小区中，部分楼栋的单元入口处预留了非机动车停车位，日常利用率较高，有效地缓解了机动车随地停放问题（图3-13-d）。

a）部分住居内部道路有人车分离设施

b）电梯厅内放置杂物

c）部分住居的楼栋门口设有非机动车停车位

d）首层电梯厅内随处停放非机动车

图3-13　部分住居样本的交通空间现状

其三，步行空间缺乏精细化设计。步行空间是高层住居交通空间的重要构成，步行是老年人和儿童居民最常选择的出行方式，在调研中发现，现有住居的步行空间存在不适老、不适幼、不适候的多重问题。步行路径缺乏整体规划，调查样本的部分步行道设置不当，甚至被其他地面设施生硬打断。而且，步行空间缺乏必要的休息设施和多样性的景观空间，致使老年人在步行途中无处休息。此外，调研显示，64%的老年人和42%的儿童有过因冬季路滑而摔倒的经历。而且，导致老幼居民摔倒的原因主要为路面湿滑（占比30%）、地面不平整（占比38%）、对人车避让不及（占比27%）、光线刺眼或过暗（占比5%）。上述现象暴露出了步行空间存在的较多设计问题（图3-14）：其一，人车混行道路的步行空间缺乏必要的安全防护措施。例如，在一些道路交叉口或转弯路段存在视线遮挡，人车混行路段未划定步行区域。其二，日常使用存在显著的异用问题。以寒地城市为例，在冬季许多步行空间不能及时清雪，或本身成为存雪场地，致使景观绿地内的一些健身步道在冬季无法使用，而春季化雪期间又缺乏及时整理，导致一些步行路段长达数月处于无人荒废状态，造成了外部空间资源浪费。

a）步行路径破损严重

b）局部地面材质不防滑

c）路面障碍物缺乏提示

d）冬季步行道路面极易滑倒

图3-14 部分住居样本的步行空间现状

3.2.2 室内空间环境现状及问题分析

在室内空间环境层面，城市高层住居的养老托育设施、楼栋公共空间、套内居住空间亦存在一些设计和管理问题，无法满足多代居民，特别是老幼居民的日常行为需求，亟待优化改进。

1）养老托育设施

通过调研发现，现有高层住居的居家养老和儿童托育支援体系不够完善。在居家养老设施方面，高层住居内的养老服务设施存在较多问题，如服务设施类型单一、设施配置不全、服务半径过长等问题。通过调研发现，高层住居建设年代较晚，相对于周边老旧多层住宅来说，配套设施较新，但老年人的日常服务设施却十分匮乏，多数未按照相关标准进行配置或被异用。例如，现有高层住居中的老年人活动室常被住居管理方异用出租，或被单纯用作棋牌室，完全体现不出老年人设施的专业性。通过调研了解到，老年人日常行为需求包括休闲娱乐、体育锻炼、日常购物、医疗保健等多方面。此外，值得一提的是，在所调研的高层住居中，紫金城小区的配套设施相对完善，利用裙房和首层商服设置超市、药房、幼儿园、社区食堂和干洗店等（图3-15）。其中，社区食堂设有老年人专座，用餐时段居民有序排队（图3-16）。

a）高层住居底部的商业街　　　　　　　b）小区内部的商服设施

图3-15 部分住居样本的商业配套设施现状

在儿童托育设施方面，被调研的高层住居设置的儿童相关服务机构，普遍以幼儿园、早教机构和课余辅导机构为主，未见面向低龄婴幼儿的托儿所或保育机构。并且，在对幼儿园孩子家长的访谈中发现，目前多数此类机构内的代际行为主要以教师、家长和学生为主体，很少与社区内的其他代群进行互动，部分受访者表

a）食堂入口　　　　　　　　　　　　b）老年人专座

图 3-16　部分住居样本的社区食堂现状

示愿意接受一定安全范围内的老幼代际互动，认为能够有助于孩子们学习传统文化。此外，调研中发现，部分住居样本内的幼儿园设置有面朝小区的户外活动空间，日间孩子们在教师看护下进行户外活动，引得许多老年人和家长围观，在一定程度上也提升了小区公共绿地的空间活力（图 3-17）。

a）小区内部幼儿园的日常户外活动　　　b）小区内部幼儿园的室外集体活动

图 3-17　部分住居样本的幼儿室外活动场景

2）楼栋公共空间

通过实证研究发现，高层住居公共空间在交通流线、功能分区和环境品质等方面存在较多问题。

其一，楼栋交通空间缺乏无障碍设计。交通空间作为高层住居公共空间的主要构成，关系到多代居民的出行安全性和便捷度。在调研中发现，现有高层住居的交通空间虽然满足规范要求，但在无障碍设计方面欠缺很多，给老幼人群的日常通行带来不便。举例来说，一些单元入口未设置坡道（图3-18-a、b）。而另一些入口处的坡道形同虚设，通常没有设置扶手。而且，坡道被楼栋门口停放的机动车或自行车遮挡的现象也较多。垂直交通方面，很多电梯未进行无障碍设计，不便于轮椅老人使用，亦不能满足担架使用要求。此外，大部分的疏散楼梯也缺乏精细设计，存在扶手不连贯、踏步尺寸不合理、楼梯间被居民异用等现象（图3-18-c、d）。问卷调查显示，多代居民认为候梯厅和电梯的主要现存问题为：候梯时缺乏休息座椅（占比18%），候梯厅空间狭窄（27%）、轿厢内缺乏扶手等辅助设施（34%）。居民认为楼栋入口空间的通用改善途径有：入口空间应拓宽，增加面积（占比21%）、入口空间应设置座椅，增加休息设施（占比19%）、入口空间应分区明确，减少干扰（占比33%）、入口空间应增加采光和保暖（占比16%）。

a）楼栋入口未设置坡道

b）楼栋入口未设置坡道

c）楼梯间被异用堆放杂物

d）被异用堆放杂物

图3-18　部分住居样本的楼栋交通空间现状

其二，入口流线混杂且功能相互干扰。在高层住居设计过程中，为节约公摊面积，公共空间功能分区混乱、交通流线混杂的现象普遍存在。在调研中，问题较为突出的空间为入口空间。通常意义上，入口空间不仅是居民进出的重要交通节点，还承载着较多的其他功能，例如收发物品、暂时停留、随机交流、信息通告、安保服务等。调研中发现，很多高层住居的入口空间仅为通道形式，墙壁侧设置信报箱、消息栏等，空间十分拥挤，往来人流和停驻人群形成矛盾，甚至无法满足轮椅和行人并行。此外，还存在楼栋入口形象不明显、识别性差，甚至与首层商业设施存在入口混淆现象（图3-19）。

a）楼栋入口的内部空间较为狭窄　　　　　b）楼栋入口的外部形象易混淆

图3-19　部分入口空间的现状问题举例

其三，公共空间缺乏交流拓展，场所环境缺乏亲切感。在对老年人的调研中，部分老年人反映，高层住居人际关系的疏离问题较为突出。然而，高层住居的人口居住密度增大了，但邻里关系却更为冷漠了，一些住户甚至在邻里居住多年而互不认识。事实上，多方面因素逐步累加，造就了这一系列突出的邻里关系和代际关系问题，其中高层住居的公共空间设计问题较为突出。设计过程中为节省公共空间面积，提高得房率，高层住居的公共空间过度压缩，并且普遍忽视交往空间的营造。对于老幼居民，特别是对寒冷地区的居民来说，冬季室外活动普遍较少，而室内又缺乏适当的公共空间，致使老年人和儿童的代际互动和对外沟通进一步缩减，老年人极易产生孤独感，身心健康受到影响。

3）套内居住空间

在分析高层住居样本的套型平面基础上，结合问卷调查和入户访谈结果，发现套内空间存在较多的老年人和儿童居住问题，突出表现在空间尺寸、布局方式、灵活性和舒适度等方面。

其一，面积不足、尺度狭窄。在调研中发现，高层住居中 90m² 以下的中小套型所占比重越来越大，尤其是一些保障回迁住房，套型面积多数在 40m² 左右。在远大都市明珠的回迁楼和群力民生尚都保障住宅的调研中发现，居住在保障房、廉租房或回迁住宅中的老年人的比重非常大，多代家庭居多，套型面积较为局促。结合现场观察以及对设计者的访谈发现，设计者一般认为 90m² 以下的中小套型多为中青年人设计，而忽视适老化与适幼化设计。而对于 40m² 左右的回迁、保障或廉租型套型设计，则将节约面积作为设计的首要任务，同样忽视老幼人群的使用问题。如图 3-20 所示为群力民生尚都小区内一栋保障住房的单元标准层平面，多数套型内的厨卫空间尺度过小，老年人使用较为不便，不能满足轮椅通行要求。此外，现有住居还普遍存在着主要生活空间全部朝北面的套型，套内采光不足，冬季室温较低，居住舒适度受到极大影响。入户访谈中发现，另有一些老幼家庭中的厨卫空间面积过小，设施极为拥挤，功能分区混乱，日常使用不便同时存在安全隐患（图 3-21）。

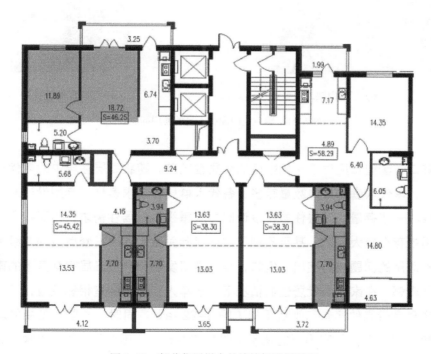

图 3-20　部分住居样本的楼栋标准层平面

a）厨房空间拥挤，水池难以使用　　　　　　b）厨房面宽过小

c）居室内缺乏用餐空间　　　　　　　　　d）卫生间空间拥挤

图 3-21　厨卫空间面积不足的使用问题举例

　　其二，套型布局对于多代家庭的适居性较差。随着高层住居中的多代居住需求增多，多代家庭的人口数量较多、各代人群居住需求多样对套型设计形成了新的挑战。一些存量的高层住居在设计时并未重视多代居住需求，因而在实际的多代使用中存在较大问题，甚至不利于家庭代际关系。其中，套型空间组织和布局方式不适用的问题较为突出。例如，实态调研发现，一些三居室套型中的南向卧室相互毗邻，在家庭多代居住的情况下，老年人和子女卧室相邻设置，不同代人生活作息会带来的声音和视线干扰（图 3-22-a）。同时，一些套型中的老年人卧室和电梯间存在紧密相邻的现象（图 3-22-b），电梯运行产生的噪声给老年人的日常生活带来影响。此外，套型中还存在老年人或儿童卧室距离卫生间较远、厨房和餐厅距离远等问题。

a）套内主次卧室相邻布置　　　　　　　b）电梯与卧室紧密相邻

图 3-22　部分住居样本的套型平面举例

其三，套型缺乏可变性和适应性。住居通常承载着居民长期的居住生活，而居住生活是随着年龄、经历、社会关系、经济情况等多重因素而动态演变的。随着老年人逐步衰老、儿童逐步成长，对居住空间的使用需求也持续演变。因而，承载现代生活的高层住居需要具备可变性和适应性。但是，在调研中发现，高层住居的套型普遍格局固定、可变性较差，例如承重体系和套型功能布局缺乏配合，导致相邻的套型无法合成一套多代居，降低了同层套型组合的适应性；两套中小套型的隔墙部分为非承重墙，然而由于厨房布置在空间交界处，使得其失去了整合形成多代居的可能性（图 3-23-a）。此外，部分厨卫空间的管线缺乏集中组织，为后期改造带来阻碍。

其四，套型空间的环境舒适度不足。由于居室空间在组构关系、界面形态和门窗位置等方面的配置不够合理，导致套内空间舒适度受到影响。特别是在寒冷地区，空间的设计问题会降低居室环境的热舒适度，而老幼人群的抵抗力较弱，更易受到室内微气候影响。例如，在高层住居样本中（图 3-23-b），部分套型的卧室空间为八角形，在五个面上均开有窗户，体形系数和窗地比都超过了当地住居的适宜标准，虽然满足了住宅楼栋的建筑造型要求，然而室内冬季的热舒适度较差，不适宜老幼人群居住。此外，部分套型内各个居室的门窗位置缺乏相互配合，影响室内通风。特别对于纯南向布局的套型，通风问题直接影响到室内环境的舒适度，长此以往则不利于老年人和儿童的身体健康。

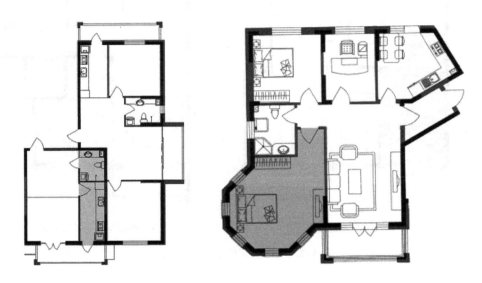

a）厨卫布局未考虑两套型合用情况　　　　b）八角形卧室空间难于布置家具

图 3-23　部分住居样本的套型平面举例

3.3　多代行为需求及代际关系剖析

本节主要根据设计研究需要，从行为情境视角解析多代居民的行为需求，及其对代际关系的影响，从行为内容视角解析不同代居民的居住生活行为构成，以及相关的代群和代际组合模式。

3.3.1　行为情境与多代居住需求

在社会心理学领域，行为情境(Behavior setting)作为日常生活中的普遍现象，是一种模式环境（ Molar environment ），由具有边界和物理—时间属性的场所和多样稳定的集体行为模式所组成。通俗来讲，任何空间场所不管是不是建筑师有意识地设计出来的，只要其被使用者意识到最合于某种活动，都可称作行为情境。近年来，行为情境已被引入建筑学研究领域内，亦被称为"行为背景""行为场合""行为配置"等。行为情境的重要特征在于：在结构上由一个或多个固定的行为模式和一个特定的环境设施组成，其所涉及的行为与环境具有同形特征、高度适应性和重复性[71]。

在行为情境视角下，代际融合的行为情境作为代际行为模式和特定环境的组合体，相比于独立发生的行为情境，能够对多代居民产生更大的影响力。其中，老年人和儿童的生活行为受到的影响更为显著。在一定社会环境下，代际融合行为情境对不同代居民的影响亦具有相似性。

基于实证研究结果，与代际融合理论对应，代际融合行为情境也可归纳为功能、情感、联系、结构、规范和共识等6类属性，每类属性包含若干种行为表现途径（图3-24）。由于代际融合行为具有多义性和复杂性，部分属性的情境表现略有重合。在调研过程中，部分属性能够通过行为观察而直接发现，例如功能、联系、结构等属性，其余则需要借助访谈或问卷来进行提炼，例如情感、规范、共识等属性。

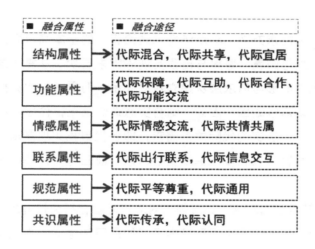

图 3-24　代际融合属性与行为表现途径分析

基于专家访谈的相关结果显示，代际融合行为情境的深层驱动应来源于多代居民的不同层次住生活需求。为了更进一步理解人在环境中的行为，有必要对多代居民的住生活需求及其内驱力进行研究。马斯洛（Abraham Maslow）把人的基本需求分为5个基本层级[165]，包含生理的需要（Physiological needs）、安全的需要（Security needs）、爱与归属的需要（Affiliation needs）、尊重的需要（Esteem needs）、自我实现的需要（Actualization needs）。需要的层次高低仅仅表示某种需要在发展过程中出现较早，与生理的要求关系较为密切，范围也

较为初级简单。根据马斯洛对需求层次的动力学解释，每一低级的需要不一定要
完全地满足，较高一级的需要才出现，它更多像是波浪式演进的性质（图3-25）。

a）需求层次划分

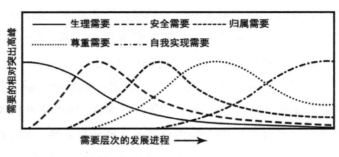

b）需求层次的动力学特征

图 3-25　马斯洛需求层次理论图解 [165]

　　代际融合行为需求方面，马斯洛需求理论将人的基本需求划分为 5 个层次，
即生理、安全、爱与归属、尊重与自我实现等需求层次。从需求层次角度来看，
代际融合行为属性能够与需求层次建立对应关系，而需求层次亦能够反映对应属
性表现行为的主体需求动因。因而，结合实态调查结果，住居内的代际融合行为
情境可以提炼出 4 个层次的代际关系需求，即各代自我实现需求、代际相互尊重
需求、代际交往共属需求和多代基本生活需求。前三种为升华需求，最后一种为
基础需求。

　　（1）多代基本生活需求。该层需求对应代际融合行为情境的功能、联系和结
构等属性，反映出集合住居空间环境内多代居民日常生活的基础需求动力，并表
现为衣、食、住、行等基本生活行为，以及代际互助、代际保障、代际出行、代
际共享等代际融合行为。

　　（2）代际交往共属需求。该层需求对应代际融合行为情境的情感属性，反映
出多代居民对社会交往与家园归属感的内在需求，并表现为居住空间环境内的社
会交流和共属意识营建活动，即代际情感交流行为、代际共情行为。

　　（3）代际相互尊重需求。该层需求对应代际融合行为情境的规范属性，反映
出各代居民对个体尊重感与独立性的心理需求，在代际融合行为层面则表现代际
平等与尊重、代际共享共用等相关行为。

　　（4）各代自我实现需求。该层需求对应代际融合行为情境的共识属性，反映

出各代居民对自我完善与价值实现的高层次心理需求，与文化教育和就业权益息息相关，表现为代际协作行为、代际传承行为等代际融合行为。

此外，实际观测发现，各类代际融合行为情境可能交错发生，同一行为可能由多种不同需求共同促发，而同一种需求也可能同时或连续促发多种不同行为，因而并不存在绝对的一一对应关系（图3-26）。

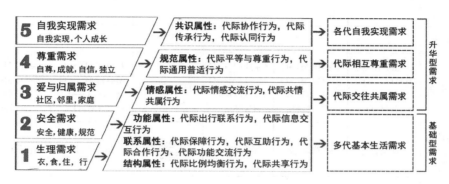

图3-26　多代居民的居住需求层次分析

3.3.2　行为内容与代群年龄组合

基于实证研究成果，本节梳理了多代居民的日常行为与内在需求，将多代居民日常行为划分为日常必要、社交互动、休闲活动、安全保障和个人提升等内容类型。并且，从有益代际融合的角度，提炼出居民日常行为内容、主体代群、代际组合模式（表3-4）。

代群年龄组合与行为内容关联分析　　　　　　　　　　　　　　　表3-4

类别	行为内容与代群年龄的具体关联					
1日常必要的行为内容	饮食	睡眠	清洁盥洗	家务劳动	通行	日常采买
少儿代	√	√	√	□	√	□
中青年代	√	√	√	√	√	√
老年代	√	√	√	□	√	√
年龄组合	C+M / M→C M+O / M→O C+O / O↔C C+M+O	C+M / M→C M+O / M→O C+O / O↔C	M→C M→O O→C C+M+O	C+M / M↔C M+O / M↔O C+O / O↔C C+M+O	C+M / M→C M+O / M→O C+O / O↔C C+M+O	C+M / M↔C M+O / M↔O C+O / O↔C C+M+O

类别	行为内容与代群年龄的具体关联					
2 社交互动的行为内容	随机聊天	日常沟通	兴趣交流	工作交流	学习交流	网络平台互动
少儿代	□	√	□	×	□	□
中青年代	□	√	□	□	□	□
老年代	□	√	□	□	□	□
年龄组合	C+M / M↔C M+O / M↔O C+O / O↔C C+M+O	C+M / M↔C M+O / M↔O C+O / O↔C C+M+O	C+M / M↔C M+O / M↔O C+O / O↔C C+M+O	M+O / M↔O	C+M / M→C M+O / M→O C+O / O↔C C+M+O	C+M / M↔C M+O / M↔O C+O / O↔C C+M+O
3 休闲活动的行为内容	运动保健	游戏玩耍	棋牌娱乐	兴趣爱好活动	视听娱乐	综合活动
少儿代	□	√	□	□	□	□
中青年代	□	□	□	□	□	□
老年代	□	□	□	□	□	□
年龄组合	C+M / M↔C M+O / M↔O C+O / O↔C C+M+O	C+M / M→C C+O / O→C C+M+O	M+O / M↔O	C+M / M↔C M+O / M↔O C+O / O↔C C+M+O	C+M M+O C+O C+M+O	C+M / M→C M+O / M→O C+O / O→C C+M+O
4 安全保障的行为内容	照料抚育	防疫保健	就医与疗愈	心理疏导	安全监护	紧急支援
少儿代	√	√	□	□	√	□
中青年代	□	√	□	□	□	□
老年代	√	√	□	□	√	□
年龄组合	M→C M→O O↔C	C+M / M↔C M+O / M↔O C+O / O↔C C+M+O	M↔C M↔O O↔C	M↔C M↔O O↔C	M↔C M↔O O↔C	M↔C M↔O O↔C
5 个人提升的行为内容	文化教育	文化传承	日常阅读	技能培训	治理参与	就业
少儿代	√	□	√	□	□	×

类别	行为内容与代群年龄的具体关联					
中青年代	□	□	□	√	□	√
老年代	□	□	□	□	□	□
年龄组合	C+M / M↔C M+O / M↔O C+O / O↔C C+M+O	M → C O → M O → C	C+M / M → C M+O / M → O C+O / O↔C C+M+O	C+M / M↔C M+O / M↔O	C+M / M↔C M+O / M↔O C+O / O↔C C+M+O	M+O / M↔O

注释：1 "√"的行为为该代群的常见行为；"□"为该代群可选择的行为；"×"为该代群的极少行为；

2 "→"表示存在代际支援、服务或辅助行为，箭头指向一代对另一代的行为传导方向；

3 "+"表示存在代际合作或协作、多代共同进行某项行为的代群组合模式；

4 C 为少儿代（the generation of children）、M 为中青年（the generation of middle-aged）代、O 为老年代（the generaton of olded-aged）。

3.4　老幼人群日常行为活动特征

开展高层住居的老幼代际融合设计，需要了解老年人和儿童群体的行为需求及活动规律。为了确保研究及设计的精准度，不应将老年人群体和儿童群体一概而论，需结合地域特征、年龄范围进行分类研究。结合老幼人群行为习惯的相关文献资料，以实证研究的相关成果为基础，本节重点归纳分析高层住居内老年人和儿童群体的日常行为活动特征，涵盖室外活动特征、日常出行特点、家庭居住模式、居住行为特征等多方面。

3.4.1　室外活动特征

对老年人和儿童来说，每日保证一定的室外活动尤为关键，对于促进身心健康具有重要作用。相比于中青年人，老幼人群在住居内的时间更多，也更为依赖住居的室外公共空间。实证调研结果显示，在住居外部空间范围内，老幼人群高频参与的室外活动可分为运动健身、休闲娱乐、社会交往和日常出行等 4 种类型，每一种活动类型均涵盖多种活动内容和高频场所。调研显示，对于老幼居民来说，运动健身类活动的高频场所为球场、广场、步行道、器械场地等平整的室外场地；休闲娱乐类活动的高频场所为宅前绿地、小广场、休息座椅处、步行道、凉亭等；社会交往类活动的高频地点为广场、宅前绿地、住宅楼门口、小区入口处、休息座椅处、步行道等；日常出行类活动的高频场所为住宅楼门口、各级步行道、服务设施入口处或小区入口等。

在各类室外活动中，老年人和儿童选择的具体活动内容具有主观性和多样性，也受到室外活动空间质量、步行距离、气候因素、他人带动等因素影响。同时，室外活动地点的选择也会受到活动内容和空间舒适度、可达性等因素影响。调查结果显示，在高层住居中，老幼人群高频利用的空间包含公共绿地、小广场、楼栋门口、步行道等。调研中发现，这些高频利用的空间存在一定的共性和特性。其共性特征是，相比于住居内的室外空间，老幼人群高频利用的空间尺度更为适宜、环境微气候更为舒适、座椅等配套设施更为完备。其特性主要由空间类型自身的差异所决定的，而且老幼人群在不同类空间中的行为活动也存在差异性。

结合实态调研中的行为活动观察情况，归纳得出老幼人群的室外活动行为具有集聚性、地域性、时域性等特征。

（1）行为活动的集聚性。在高层住居内，老幼人群的活动存在集聚性（图3-27）。对于老年人来说，在室外活动过程中，老人们更倾向于和年龄段、文化背景、特长爱好、生活价值观、健康状态等情况相近的邻里居民交流，而且聚集行为常伴随休闲娱乐活动常出现；对于儿童来说，其更倾向于与年龄相仿的邻家儿童一起玩耍，在玩耍过程中，儿童及其陪同家人也存在显著的聚集现象。此外，聚集行为特征具有一定协从性，有助于提高老年人和儿童参与活动的主动性，增进室外活动量。

a）隔代育儿的老年人相互聚集聊天　　　　b）老年和儿童共用室外活动设施

图 3-27　住居样本内的老幼居民室外活动场景

（2）行为活动的时域性。老年人和儿童的室外活动较易受气候条件、季节时辰和天气情况的影响。而且，老幼群体及其家人会根据气候变化来调整活动时段和活动内容。从全年视角来看，室外行为活动会呈现出以一年、一周或一天为循环的周期性特征。例如寒冷地区的居民在冬季会减少室外活动，将一些休闲健身活动会转移到室内进行，夏季活动则多选择在室外阴凉区域活动。

（3）行为活动的地域性。在各代群中，老年代群更为青睐传统的生活方式，对地域文化和生活习俗的认同度更高。由于阅历丰富，并且可能在一个地区已持续居住多年，老年人对地域文化理解更为深刻，在行为活动中更多体现出地域特征，这一特征在少数民族老年人群中表现更为明显。因而在设计前期需要研究选址所在地的居住特征、居民生活习惯及地域文化，针对地区老年人室外活动偏好而设置相应的活动场所。

3.4.2　日常出行特点

日常出行是住生活中极为重要的行为活动。高层住区的交通规划和通行空间设计关乎老年人和儿童的人身安全及生活品质，研究老幼人群的出行行为，有助于更为科学合理地开展设计工作。一般来说，出行行为包括出行率、出行方式、出行目的、出行时间、出行距离、出行链和出行影响因素等多方面内容。

老幼人群的出行率普遍低于中青年人，日常出行方式通常涵盖步行、非机动车和公共交通等，以步行为主。日常出行目的方面，老年人多以生活活动和休闲活动为主，主要包括购物、健身、人际交往，接送孩子，探亲访友和就医保健等。其中，老年人的购物行为呈圈层结构分布，最内层圈层在距离住宅 1km 以内，集中了半数以上老年人的购买活动。对于儿童来说，儿童的日常出行主要为上下学，或在家人陪同下前往兴趣班、休闲活动、就医保健等。其中，对于 3 岁以上儿童来说，在家—学校直接往返成为最为重要的出行行为。

出行时间方面，老幼人群的出行时长通常在一小时以内，其中，老年人出行时间通常与上下班高峰期错开，儿童出行时段则取决于各类学校上下学时间安排。实态调研显示，老年人的日常出行距离通常在小区周边，步行范围多数在 1km 以内。相比之下，老年人由于没有固定的工作时段限制，出行安排更加自由多样，而在工作日中，儿童群体和中青年群体的出行目的地相对固定，程序化较强。此外，老年人单次出行的目的链相互差异较大，这体现了城市生活中，老年人出行日趋多样化和个性化。最常见的出行目的链包括：家—购物—家（H—S—H），家—

休闲娱乐—家（H—L—H），家—休闲娱乐—购物—家（H—L—S—H），家—医疗保健—家（H—M—H），家—购物—子女家—家（H—S—SH—H），以及家—接送子女—家（H—D—H）等几种模式。

由于老年人和儿童的身体适应性较差，日常出行行为更易受到外界因素影响。调查显示，影响老幼人群出行行为的主要因素包括年龄、气候、距离、安全性和舒适度等因素。

（1）年龄因素。随年龄增长，老年人以医疗为目的的出行逐渐增多，步行和轮椅出行方式所占比重加大，对于出行过程的安全系数和无障碍设计要求增强。而随着年龄增长，儿童出行能力增强，其出行行为发展趋势则与老年人正好相反。因而，高层住居的交通空间需要兼顾不同年龄段的老年人和儿童的出行特征（图3-28）。

a）隔代育儿的老年人共同出行　　　　b）多代家庭共同出行

图3-28　住居样本内的老幼居民出行场景

（2）气候因素。气候因素对老幼人群出行影响较大。以寒冷地区为例，在冬季，老年人和儿童的出行次数和出行多样性明显低于其他季节。道路积雪和浮冰对步行过程具有安全隐患，老幼人群滑倒现象多有发生。因而，高层住居的交通空间还需根据气候条件，对住居道路进行相应的适候设计。

（3）距离因素。老年人和儿童的日常出行通常为步行，出行的距离范围具有一定的圈层特征。对于高层住居周边的服务设施，老幼人群更倾向于选择500m步行距离内的设施，0.5~1km出行距离次之。而且，距离过远的服务设施则常被距离更近的相似设施替代，老幼人群前往的频率较低。可见，在高层住居中，根据住区规模，合理设置配套设施的服务半径也极为重要。

（4）安全性因素。考虑到老年人的身体机能逐步衰退，儿童的行动能力需要逐步成长，因而老幼人群的出行安全性需要着重关注。在高层住居中，影响出行安全性的主要因素为缺乏路线规划、路面湿滑、人车缺乏分行导引、警示标示不清楚等问题。设计中，应根据老年人和儿童的行动能力情况，切实做到从交通规划到步行空间的整体全龄通用设计。

（5）舒适度因素。出行过程的舒适度与通行空间的细部设计紧密相关，具体涉及路面材质、景观绿化、休憩设施、遮阳或防寒设施等。对于老幼人群来说，步行过程的心理、生理舒适度通常较为重要。调研中常发现住居步行道的休息座椅设置较少，一些景观设施常被异用为休息座椅。而且，缺乏精细设计或空间尺度失调的步行空间利用率也较低。

整体来说，对于目前正在步入老年代群的"50后""60后"居民，其出行方式和生活习惯与"30后""40后"老年人有显著差别。在未来，伴随这部分人群逐步进入老年阶段，老年人出行方式将更为多样性。而且，伴随机动车使用的增多，老年人和儿童出行距离将大幅增加，老年人驾车比例也会增加。相应地，为适应老幼居民的住生活需要，住居服务设施的圈层结构也应有所调整。高层住居作为一个具有生长性和长期性的混合住区，其交通空间设计应具有一定前瞻性，以适应未来各代居民的出行行为变化，兼顾不同年龄人群的出行需求及特征，在时间和空间层面进行合理规划和精细设计。

3.4.3 家庭居住模式

家庭永远是住居生活的核心，对于身心相对脆弱、闲暇时间丰富的老年人和儿童来说，和睦的家庭生活尤为重要。在接受调研的人群中，对高层住居的家庭居住模式不够满意的人群比例较大。调研结果显示，现有高层住居中的家庭结构主要涵盖核心户、主干户、三代户、单人户和隔代户等类型，基本涉及了城市居民家庭结构的大多数类型。一般来说，核心户家庭主要包含中年夫妇和子女，主干户家庭主要包含老年人夫妇和子女夫妇，三代户家庭主要包含老年人夫妇、子女夫妇和隔代子女，隔代户家庭包含老年夫妇和隔代子女，两人户家庭包含一对老年夫妇或一对中青年夫妇，而单人户家庭则以老年人独居情况居多。在以上的几类主要家庭结构中，高层住居中的家庭结构以核心户、主干户和三代户为主，而隔代户和单人户所占比重较少。这一现象是我国传统家庭观念、城市住宅房价和家庭生活方式等多因素共同导致的。而且，近年来，选择多代居住的家庭多以"80后""90后"年轻夫妻为主导。这种现象主要由于此年龄段居民多为独生子女，与"50后"或"60后"父母共同购房居住的比例较大，对家庭内的代际互助需求也更为普遍。

基于调研结果，结合相关文献，解析高层住居中所占比例较大的核心户、主干户和三代户等3类家庭居住模式，并对其进行分类研究（图3-29）。

图3-29 高层住居主要家庭居住模式解析

首先，核心户家庭主要包含夫妻带1~2个孩子和单身父母带孩子等两种情况，子女多为未成年人，家庭生活以中青年父母为主导。

其次，主干户家庭包含老年夫妇和子女夫妇、单身老年人和子女夫妇、老年夫妇和单身成年子女等几种情况，具体的居住方式可分为合居、半合居、分居等3种情况。而且，上述情况的子女夫妇多为中青年人，老年父母也多为50~65岁之间的准老年人和低龄老年人，两代人在生活中即需要一定的独立空间，也需要一定的代际互助。因而，相比于多代合居的模式，多代半分居或分开居住的情况更多。

最后，三代户家庭主要包含3种人员构成情况，即老年夫妇、子女夫妇和隔代子女或单身老年人、子女夫妇和隔代子女，抑或老年夫妇、单身子女和隔代子女等类型。调研发现，相比于主干户，三代户家庭成员的代际联系更为紧密，这是由于当下的年轻夫妇多为双职工，在家庭育儿方面多需要老年父母协助，同时老年父母多为低龄老年人，在精力足够的情况下多数愿意帮助子女抚育隔代。因而，在目前的城市高层住居中，老年人和子女临时合居或半合居，且老年人帮助照顾隔代子女的现象较为普遍。

在时间维度上，不同类型的家庭结构之间存在类型演变。例如，由年轻夫妇组成的两人户随时间推移有可能演变为核心户，进而演变为主干户、三代户，也可能由核心户直接演变为三代户。这取决于这对年轻人对家庭居住模式的主观选择，其间涉及是否会与父母之同住、是否会与成年子女同住等多元问题。一般来说，这种随时间推移、年龄增长引起的家庭结构及居住模式变化是不可逆的。此外，不同类型的家庭结构之间亦存在随时段变化的类型转换现象。由此可见，家庭居住模式并不是一成不变的，高层住居设计需要具备一定的前瞻性和潜伏性。

另外，家庭居住模式对老年人和儿童的生活品质具有显著影响。在调研中发现，有老年人居住的单人户或两人户，即"一代居"和老年人及子女共同居住的"多代居"，各自面临着不同的居住问题。在一代居中，老年人更易产生孤独感，内心的安全感较低，且行为缺乏相应的照顾。调研显示，一代居老年家庭的主要居住问题有：行动缺乏辅助（占比28%）、设施存在安全隐患（占比20%）、有孤独感（占比27%）。在多代居中，不同代人生活习惯不同引起的矛盾较为普遍，对隔代子女的养育问题也是矛盾的主要触发点之一。调研显示，多代居老年家庭的主要居住问题有：不同代人生活习惯差异（占比32%）、个人生活缺乏独立空间（占比19%）、家务分担问题（占比24%）、对待儿童的教育观念差异较大（占比10%）。此外，在多代居住模式下，隔代养育现象极为普遍，儿童教育和老年人养老问题也逐步凸显，作为家庭代际互助的外在支持，相应的社区配套服务设施尤为关键。

3.4.4 居住行为特征

套内居室空间是老幼人群停留时间最多的空间，是老年人和儿童大部分日常行为活动的基本场所。一般来说，多代居民在居室内的行为活动主要可以分为社会生活行为、个人生活行为、生理卫生行为和家务其他行为等4种主要类型。调研结果显示，老年人对于卧室、厨房、门厅和卫生间的适老化需求最为强烈。儿童及其家长对卫生间、起居室、卧室等空间的适幼化需求最为迫切。因而，下文着重于阐释老幼人群在居室内的行为活动、套型空间现存问题和相应设计切入点。

1）社会生活行为

在居室内，社会生活行为主要指代伴随与人交流过程所开展的行为活动，例如接待客人、与家人团聚、兴趣娱乐、用餐备餐等。居室内的社会生活行为通常面向家庭成员和亲朋好友，相比于室外公共空间来说，私密性更高。而且，社会生活行为通常会伴随一些日常的居家行为，如共同看电视、用餐和娱乐等。对于老年人来说，社会生活行为对老年人身心健康具有重要影响，特别是在心理层面上。这是由于老年人退休之后会产生一定的不适感和失落感，保持一定的社会生活行为是促进老年人心态稳定和心情开朗的重要因素。而对于儿童来说，亲社会性是儿童人格逐步完善的重要组成部分，与家人、朋友、老师之间的社会生活行为对塑造儿童社会心理具有重要意义。

相关研究显示，社会生活行为适合在较为开放的环境中进行，最适合在起居室、餐厅、厨房等空间进行，因而此类空间应具有一定的开放性，且宜建立较为紧密、灵活的空间联系。其中，起居室作为承载社交活动的主要空间需要特别关注。问卷调查显示，老年人在起居室内的高频行为活动有看电视（占比35%）、做家务（占比16%）、品茶休憩（占比13%）、接待客人（占比17%）、与家人团聚（占比12%）、兴趣活动（占比19%）。此外，需要重视与起居室相连的南向阳台空间。调研显示，老年人对阳台使用状况的评价分析：冬季寒冷（占比22%）、有眩晕感（占比12%）、噪声较大（占比11%）、缺乏私密感（占比9%）、空间狭窄（占比23%）、采光不足（占比6%）、位置不合理（占比17%）。因而，应将阳台空间作为整体居室环境的调节空间，以增加灵活性。

2）个人生活行为

个人生活行为主要包含睡眠、更衣、个人娱乐、工作学习等强调个人独立进行的行为活动。相比于社会生活行为，部分个人生活行为具有更强的私密性。个人生活行为是否能顺利进行直接关系到各代居民的住生活品质。与中青年人不同，在进行个人生活行为过程中，部分高龄老人和低幼儿童需要其他人的行为协助和更多的空间支持。因而，套型空间如何有效支持老幼人群完成各类日常的个人生活行为，是重要的设计切入点。根据相关研究，套型空间中的卧室、更衣室、书房与居民个人生活行为直接相关，此类空间应进行合理的适老、适幼设计。其中，卧室空间直接关系到老幼人群的睡眠质量和生活舒适度，适宜的室内微气候环境有助于老年人和儿童的身体健康。调研结果显示，老年人对卧室设计要素评价：有朝南向且阳光充足 39%，通风好且空气质量高 18%，防噪声且环境安宁 27%，功能全面且临近洗手间 16%。

此外，从行为便利的角度来说，卧室与卫生间的紧密空间联系是极为必要的。此外，调研发现，很多老年人有诸如阅读、书法或刺绣等兴趣爱好，儿童也有日常课业和兴趣学习等行为需求。因而，在有条件的情况下应设置适宜多代通用的书房，也可以用多功能间替代。此外，需要注意的是，为了确保老幼人群的居家安全，卧室、书房等空间在保障一定私密性的同时，还需与其他居室空间留有一定的声音或视线联系，以便老年人、儿童有突发状况时能够及时被其他人发现。

3）生理卫生行为

居室中的生理卫生行为主要包含洗漱、洗澡、便溺和理发剃须等涉及个人卫生维护的行为活动，具有较强的私密性，通常在卫生间内进行。相关研究显示，老年人和儿童的生理卫生行为频率略高于中青年人，在调研中，也有诸多老年人表示希望卧室与卫生间相邻，一些多代共居家庭中的中青年人也较希望老年居室内能有专用卫生间。而且，被调研居民普遍反映卫生间的老幼安全保障设计不足。从老幼使用的角度，多代居民提出卫生间的主要现存问题为：空间面积小（占比 24%）、缺乏辅助设施（占比 16%）、分区不合理（占比 13%）、地面易滑倒（占比 25%）、通风较差（占比 22%）。

由于生理卫生行为涉及较多的动作、需要用水且承载空间较小。因而，对于老幼人群来说，卫生间具有较高的事故隐患。在设计中，需要基于老年人和儿童的行为能力范围，合理确定空间及部品尺寸，配置适宜的辅助设施，并进行干湿分区，从而尽可能降低事故发生的可能性。

4）家务和其他行为

一般来说，居室内的家务类行为主要包含洗衣晾晒、炊事、储藏和房间清洁等有一定体力要求的行为活动，具有半开放性。在调研中，65 岁以下的老年人和独居老年人在日常生活中均承担一定的家务活动，一部分与子女共居的低龄老年人甚至是家务劳动的主体军，因而，家务空间需要进行适老化设计，减少老年人不必要的体力消耗，并保证劳动过程中的安全性。然而，随着老年人年龄的增长，体力和肢体灵活度不断衰退，能够胜任的家务劳动逐渐减少至完全由他人代劳，因而，在设计前期也应尽量考虑护工的劳动及生活空间，以便老年人得到周全的生活协助。

　　整体来说，老幼人群的社会生活行为、个人生活行为、生理卫生行为和其他行为均与居室空间关系密切，各类行为之间也存在一定联系性。在居室空间中，一些关联紧密的行为活动详见图 3-30。行为关联较为紧密的情况下，相关空间也应建立便捷联系，而行为相互干扰的情况下，相关空间应适当降低联系。例如，起居室与餐厅、卧室与卫生间、起居室与阳台、厨房和餐厅、多功能间与起居室、入口空间与起居室之间具有较强的联系性，宜相邻设置。然而，入口空间与卧室、餐厅与卫生间、子女卧室与老年人卧室等空间由于涉及行为活动互相干扰较大，应保持一定的距离，不宜过于临近。总之，对套型空间开展适老、适幼设计，需要建立在对老幼行为活动深刻理解的基础上，结合空间所支持的行为内容，有针对性地优化套型组合和细部设计，在老幼安全宜居的基础上，从功能、心理等多层面促进老幼代际融合。

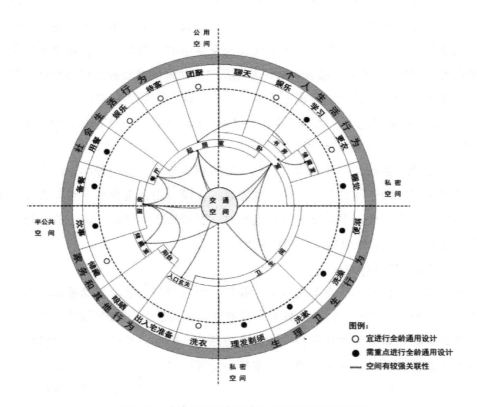

图 3-30　多代居民需求与套内主要空间的关联解析

第 4 章　外部空间环境的老幼代际融合设计

在建筑设计过程中，住居的总体规划布局和外部空间组织具有重要的初始化意义。对于寒地高层住居来说，规划布局过程中应兼顾寒冷气候因素、高层建筑因素、老幼需求因素等多重要因素，通过合理化的建筑规划布局和外部空间设计，实现外部空间环境的感知体验、通行保障、景观优化。因而，本章着重从老幼居民感知特征、交通安全和身心健康等维度，探讨城市高层住居的外部空间组织策略、交通系统设计策略、景观环境设计策略。

4.1　适宜老幼感知特征的建筑布局策略

考虑到老幼人群在空间感知方面的特殊性，建筑布局过程应特别关注外部空间环境的感知效果。基于老幼人群的感知特征和体能范围，宜从空间的层次、秩序、尺度、关联、微气候等层面，合理组织外部空间，营建适宜的空间环境，以提升老年人和儿童的领域感、识别性、安定感、便捷性和舒适性。

4.1.1　空间层次与领域感

高层住居的外部空间层次直接关系着老幼人群的居住领域感，由于老幼人群对于空间的认知存在一定局限性，外部空间的组织逻辑应尽量简单明了，有差异的空间之间应具有层次过渡，不应产生"突变式"的转折。

以居住小区为单位的传统规划方法，常将住居外部空间划分为"中心区域—组团中心—住宅单元—住宅"等多个层级（图 4-1）。其核心在于建立由公共空间到私密空间、由外部空间到居室空间的层级过渡（图 4-2）。但在住居的实际设计和建设过程中，这一层级体系通常出现两极化状况，一种情况为层次"断崖"，较为典型的情况为组团空间层次的缺失。另一种情况为层次"僵化"，外部空间层次没有充分与住居具体情况结合。外部空间层次上的设计问题常会导致老幼人群的安全感不足，阻碍居住归属感的建立。

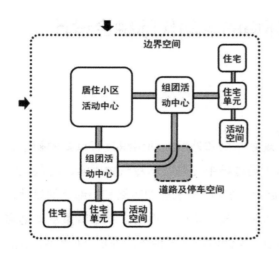

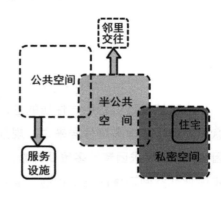

图 4-1　以小区为单位的住居空间层级构成　　　　图 4-2　住居空间的开放性递变

理想的外部空间层次应具有一定的兼容性，动态衔接不同层级的中心空间、路径空间，让不同代居民在外部空间场所中有效感知邻里层次，获得足够的安全感和领域感[166]。具体来说，在外部空间环境范围内，应建立由开敞到围合的渐变式空间层级，由中心活动空间、组团级活动空间逐步过渡到宅前区空间，同时构建不同层级空间的视觉联系和景观层次，以形成连贯而清晰的空间领域感。

例如，新加坡 HBD 建筑设计导则曾推荐过两种高层建筑组团形式（图 4-3）。图中的两种相对理想化的建筑布局形式，基于组团划分和围合布局，形成了尺度适宜的组团中心空间，并采用道路、景观植被等界面做适宜分隔，从而突出了不同空间层级的转换及联系途径。再如，北京泰康之家养老社区的规划空间结构具有较为清晰明确的空间层次（图 4-4）。由南向北，呈现出由公共建筑到居住建筑的属性转化；并且，由内至外呈现出开放性到私密性的层级递变。

此外，在外部空间结构层次清晰的基础上，组团空间可以采用如下两种方法来增强老年人领域感。其一是建立连续的空间界面，通过连接体把相邻几栋住宅联系起来，或使住宅底部裙房形成连续界面，将裙房或连接体作为公共服务设施，为组团内多代居民提供便捷服务（图 4-5）；其二是采用围合式建筑布局，根据

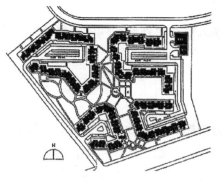 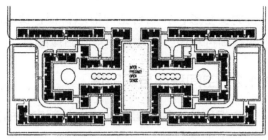

ａ）自由型布局模式　　　　　　　　　　ｂ）规整型布局模式

图 4-3　典型的集合住居空间组织模式^[167]

图 4-3　典型的集合住居空间组织模式 [167]

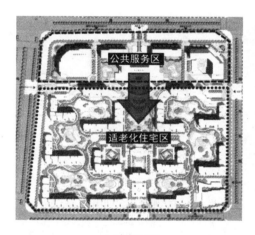 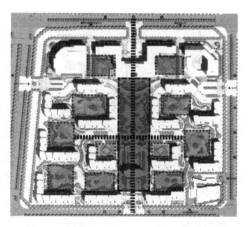

ａ）功能层级　　　　　　　　　　　　　ｂ）景观层级

图 4-4　北京泰康之家养老社区的空间层次分析 [168]

ａ）高层与多层拼接形成连续界面　　　　ｂ）底层裙房形成连续界面

图 4-5　高层住居的连续界面设计举例

建筑高度布置空间尺度适宜的围合空间。利用向心式的围合布局模式，提升老幼人群的安全感，并结合空间形态特征，使老幼人群在对外部空间的反复认知、识别和认同过程中，逐步建立空间归属感。

4.1.2 空间秩序与识别性

在规模较大的高层住居中，外部空间的方向感和识别性非常关键，直接影响到老幼人群的空间识别和寻路效果。在高层住居的外部空间体系中，老幼人群的心理路径要通过空间相对定位获得，进一步通过感知空间范围来确定。建立适合老幼人群的高识别性空间，具体来说有以下三种措施（图4-6）：

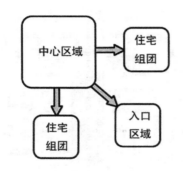

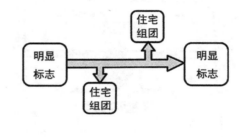

a）放射型空间组织   b）轴线型空间组织

c）万国城MOMA小区的放射状空间举例   d）荣超城市春天小区的轴线形空间举例

图4-6 空间秩序的典型模式及相关实例

（1）放射型的外部空间布局，主要通过合理组织空间的中心、路径、领域之间的关系，而形成放射状的空间格局。通过强化中心和周边领域的联系，有利于

增强空间构成逻辑，而形成更为清晰的心理印象，以增强老幼人群的方向感（图
4-6-a）。

（2）轴线型的外部空间布局，主要将空间路径加以强化形成轴线式的心理印
象。具体通过强化单一方向，配合住宅组团和楼栋的识别性设计来增强空间的方
向感和识别性（图 4-6-b）。但需要注意的是，空间轴线不宜过长，以免对老幼
人群的空间感知产生反向效果。

（3）综合式的外部空间布局，主要结合组团空间规模和地形特征。设计中，
为增强空间识别性，常综合应用多种外部空间布局形式，并在组团空间塑造上应
加以区分。具体可通过改变空间围合方式、空间高度、建筑界面形态等方式实现
差异化的空间印象。

4.1.3 空间尺度与安定感

对于老幼人群来说，住居外部空间是日常户外活动和社会交往的主要空间，
空间尺度是非常关键的影响因素。外部空间设计应充分考虑老年人和儿童的环境
心理，关注其对空间环境的真实感知情况。

卢原信义在《外部空间设计》[169] 中对外部空间的尺度比例进行了详细探讨，
其提出的空间尺度比例仍具有典型性和实用性。根据卢原信义的研究，住宅外部
空间尺度的关键因素有住宅高度 H、楼间距 L 和住宅长度 D。从居民心理体验的
角度来讲，L/H 以及 D/H 的数值在 1 到 3 之间，空间的宜居性较强（图 4-7）。
此外，根据凯文·林奇的心理尺度划分理论，距离范围在 25m 之内的空间视觉舒
适度较高，更容易建立亲切宜人的空间环境。

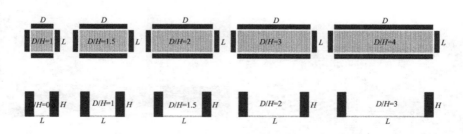

图 4-7 外部空间尺度对比分析 [169]

然而，现有高层住居的外部空间设计范式，常以满足日照要求和增加使用面
积为目标，对外部空间品质关注不足，忽视了老幼人群的实际空间感受。以至于

一些高层住居建成后存在两极化式的空间问题，即局部空间环境过于空旷或压抑，直接影响到老幼人群的环境心理舒适度。

直面现存问题，高层住居的空间组织应具有科学性，基于老年人和儿童的空间感知规律及内在原理来进行合理化设计。通过适当的设计手段来缓解、克服高层建筑自身的尺度感问题，进而改善老幼人群对高层住居外部空间环境的感知效果。考虑到老幼人群在高层住居外部空间易于出现空旷感或压抑感，具体的空间组织改善策略如下：

（1）空间空旷感应对策略。根据实态调研，这类问题成因主要为建筑高度过高和绿地集中式布置。高层住居的外部空间组织应改变传统的粗放式开发理念，权衡居住环境品质和容积率，合理控制住宅楼层。此外，集中式布局的绿地空间规划存在一定争议性，适当的集中布局有利于土地集约利用和资源开发，但过于集中却缺乏细分的绿地空间易给老幼人群带来空旷感。对于无法避免的集中式外部空间布局，应将其划分为尺度适宜的若干小空间（图4-8）。

（2）空间压抑感应对策略。空间的压抑感现象常存在于密度过高的高层住居中。由于当下的高层住居布局过于追求容积率，而忽视了空间尺度给老幼人群的实际感受，在外部空间的物理环境和心理感受方面均存在空间感知问题。其中，较为突出的是侧向楼栋间的空间感受问题。由于我国相关规范要求高层侧向间距不应小于13m，通常高层塔式住宅和侧面有窗的板式住宅的侧向间距不应小于20m[170]。然而，在实际的设计操作中，考虑到视觉卫生和空间环境质量的要求，应适当拉长侧向楼间距，这样也有利于降低外部空间环境压抑感。

a）围合式布局的外部空间划分　　　　　　b）行列式布局的外部空间划分

图4-8　不同空间类型的划分效果举例

4.1.4　空间复合与可达性

由于高层住区外部空间相对有限，加之气候制约，外部空间通常形式较为单一，对老幼人群缺乏空间吸引力。而且，扁平化的空间组织方法也不利于空间联系。因而，在寒地高层住居设计中应结合气候因素，进行适宜的立体化设计，增加空间的丰富性，提升空间联系的便捷度。

具体来说，其一，可通过开发高层住栋的屋顶空间，对商铺、裙房以及其他公共建筑的屋顶空间加以绿化利用，营造出多层次的立体化室外活动场所，从而拓展外部活动空间。如图 4-9 所示为北京泰康之家适老化住区的滨水效果，通过住宅面向水景的跌落式处理，增加屋顶绿化面积和公共观景空间。其二，南方地区的高层住居常将适居性较差的一层空间塑造为架空开放空间，供居民乘凉休闲。例如，无锡玉兰花园小区首层全部开放（图 4-10）。然而，应对寒冷地区的气候制约，设计中要注意协调屋顶开放空间的景观面和光照方向，并注意屋顶空间的避风设计。其三，可结合外部空间路径，规划复合式的空间组织格局。通过循环式的步行路径组织，创造"洄游"式的通行空间，既能够增加空间可达性，亦可优化老幼人群在步行过程中的体验性（图 4-11）。

图 4-9　北京市泰康之家社区的滨水效果[168]　　图 4-10　无锡市玉兰花园小区的首层开放空间

其四，可将低层或多层公共设施作为过渡体块，穿插于高层住居单体建筑中，以削弱高层建筑的压抑感，丰富空间层次。特别是在一些商住混合式开发的高层住居中，结合功能分区进行复合化设计极具意义，有利于增加空间的通行可达性和路径丰富性。其五，如商业设施设置于住宅底层的商住综合体，可将公共建筑屋顶平台作为住宅的主要交通空间，亦可将与住宅连接较为紧密的功能，通过室内垂直交通系统直接联系（图 4-12-a、b）。而在商业设施和住宅脱开建设的住居中，可通过加设连廊直接联系不同功能空间（图4-12-c、d）。但应注意避免居住功能和商业功能互相干扰，并考虑开放和封闭模式的有效切换。

a）双层布置的室外活动空间 [171]   b）建外 SOHO 高层住区的下沉广场

图 4-11　复合组织的外部空间举例

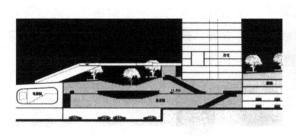 

a）住居与商业联合设置图解 [172]   b）住居与商业联合设置案例

c）住居与商业脱开设置图解 [172]   d）住居与商业脱开设置案例

图 4-12　住居与商业空间复合化设计举例

4.1.5　空间微气候与舒适性

由于我国寒冷地区冬季气温低、日照时间短，季节温差较大，植被生长受限，且有风强雪多、冰冻期长等多重制约。寒地气候对于住居外部空间组织和建筑布局产生较大影响，在设计中应重视住居的内外部空间微气候调节，特别要重视风环境和日照环境的适候设计。

风环境方面，作为住居气候环境的主要构成因素，室外风环境对老年人户外活动产生的影响较大[173]。下文将结合寒地气候因素和住宅高度因素，探讨受建筑布局和植物配置影响而形成的外部空间风环境。

由于寒地冬季平均风力较大，低温和风速共同作用对老幼人群的日常室外活动产生双重影响。而且，我国寒冷地区分布较广，一年四季的季风走向和强度不尽相同。因而，基于老幼人群的身体特点，考虑地区性风环境的差异性，在设计中应根据地区风玫瑰图进行典型气象条件模拟，因地制宜地确定建筑布局方案。需要强调的是，高层楼栋对住居外部空间的局部风环境影响较大。在一些对风环境考虑不周的情况下，高层住居内的风流场会对居民产生不利影响。特别是高层建筑的楼群风和局部区域的"恶性风流"和"涡流死区"会严重降低环境舒适度和户外活动水平[174]。此外，由于建筑群体周边流场的改变，产生"狭道风""缝隙风""角隅风"等不利风现象，造成局部风速显著增加，对行人特别是体力较弱的老幼人群形成安全隐患。

综合考虑上述不利影响，住居风环境设计需要考虑规划布局、植物绿化、建筑形体等多方面因素的相互协调，兼顾冬季防风和夏季通风，从而营造适宜老年人和儿童户外活动的环境微气候。根据相关研究，较为适宜的住区风环境调节效果应达到建筑物周围人行区高度的风速小于 5m/s，建筑物前后压差在冬季不大于 5Pa，75% 以上的板式建筑前后压差在夏季保持在 1.5Pa 左右，并且避免出现局部漩涡和死角。而且，在建筑布局和空间组织层面上的调节措施如下：

（1）避开冬季主导风向，利用建筑物自身阻挡冬季寒风。在建筑布局方面，应兼顾防风和通风需要，在行列式布局中可通过调节建筑朝向，引导气流斜向进入住区内，与不利风向成一定角度，防止冷风被引入，同时改善微环境的通风效果。而且，应控制建筑群组开口的位置和朝向，避免将入口开在不利风向。在确定开口位置的基础上，控制开口大小，满足通行和标示性需要，同时避免开口过大导致进入住区的风量过大、风速过快。

（2）防治涡流风区，避免局地疾风。随着建筑高度的增加，由于高空气流一部分向下流动，楼底空间风速增大，而楼拐角处易出现旋风，形成"涡流死区"，设计中，应避免在这些区域设置主要道路及老年人活动场地，如不可避免，可通过减低层高，改变高层建筑体形、增加绿化植被等方式缓解。此外，应在高层和低层建筑之间的空旷场地设置绿化植物来减弱不利的风旋效应，以防止出现湍流现象。

（3）调节建筑体型和朝向，减小风覆盖面积。寒地冬季主导风向不仅影响室外环境，对住宅室内环境也易造成不利影响。为减弱冬季主导风向的不利影响，设计中应调节建筑体形和朝向，尽量使平面最短边朝向主导风向，减小不利风向的覆盖面积。

（4）善用遮挡设施，合理设置防风屏障。为应对冬季风向和高层风的不利影响，可考虑设置防风屏障进行遮挡。防风屏障包括实物防风屏障和植物防风屏障两类。实物防风屏障包含防风墙、防风板及其他防风构件，可以专门独立设置，也兼作空间划分、信息展示或景观小品设施。不同密实度的防风屏障的防风效果存在一定差异，完全密实的挡风效果最明显，设计中应根据室外空间的需求来具体选用（图4-13）。植物防风屏障兼具防风效果和优化空间环境质量的双重效果，可设置在主导风向上，局部风口区域、局部易涡流和风旋的区域等。在设置中还应注意树种的选择，建立多层次的植物挡风屏障。

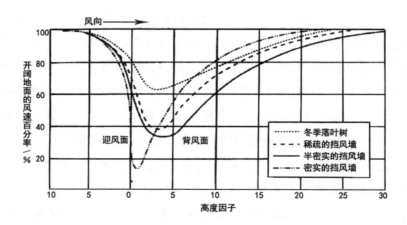

图 4-13　不同类型的防风屏障防风能力比较 [175]

此外，在高层住居的规划设计层面上，应从政府和行业角度制定适宜老幼居民的住居风环境评价标准，促进设计者在方案优化阶段积极引入风模拟方法，进行科学定量的设计 [176]。从老幼人群实际空间感受的角度进行住居外部风环境评估可采用"相对舒适度评价标准"，结合 CFD 软件模拟，预测住区中行人高度的蒲福氏（Beaufort Scale）风力等级。结合不舒适度风速的出现频率，对比"舒适度评估准则"中的最大可接受频率进行综合判断（表 4-1、表 4-2）。

人行高度的蒲福氏（Beaufort Scale）风力等级表[177]　　　表 4-1

蒲福氏风力等级	气象风	行人高度平均风速	定性描述
2	微风	1.79m/s	面部可以感到风，树叶沙沙作响
3	和风	3.58 m/s	树叶小树枝的末梢不停摇动，小旗飘动
4	弱风	5.56 m/s	地上灰尘和纸张扬起，小树枝被吹动
5	清风	7.60 m/s	带叶小树开始摇晃
6	强风	9.88 m/s	大树枝被吹动，电线飔飔作响，打伞困难
7	强飓风	12.52 m/s	整棵树摇晃，逆风行走困难
8	飓风	15.20 m/s	小树枝被吹断，一般应停止户外活动

注：表中风速是指空旷地面上 10m 高度的平均风速。

人行高度处风环境舒适度标准[177]　　　表 4-2

活动项目	活动地点	相对风环境舒适度（以蒲福氏风力等级表示）			
		舒适	可以忍受	不舒适	危险
快步行走	人行道	5	6	7	8
散步	人行道	4	5	6	8
站立、短坐	休闲广场	3	4	5	8
站立、长坐	景观绿地、广场	2	3	4	8
可以接受的标准（发生次数）		<1 次/周	<1 次/月	<1 次/年	

　　光环境方面，日照因素是外部空间光环境的主导因素，对于高层住居的建筑布局制约较大。基于我国目前城市土地相对紧缺的状况，从规范层面上对建筑间距的规定主要以满足日照标准为主，提倡住宅布局尽量节约用地。而决定住宅建筑日照标准的主要因素包括地理纬度、气候特征和城市规模等因素。根据《城市居住区规划设计规范》的相关规定[178]，我国各主要气候区的住宅建筑日照标准如表 4-3 所示。

住宅建筑日照标准[178]　　　　　　　　　　　　　表 4-3

建筑气候区划	I 、II 、III 、VII气候区		IV气候区		V 、VI气候区
城市常住人口 / 万人	≥ 50	< 50	≥ 50	< 50	无限定
日照标准日	大寒日			冬至日	
日照时数 /h	≥ 2	≥ 3		≥ 1	
有效日照时间带 （当地真太阳时）	8时 ~16 时			9时 ~15 时	
计算起点	底层窗台面				

　　由于身体机能、生活规律和心理需求等因素决定了老幼人群对日照环境要求更高，为其服务的各项设施要有更高的日照标准，因而一些地区性标准还要求将冬至日日照时间延长至 3 小时，这些关于日照标准的持续探索也体现了设计层面对老年人和儿童的关怀。此外，对于外部空间设计，根据相关规范要求，居住小区的组团绿地中不少于 1/3 的绿地面积、老幼活动场地中不少于 1/2 的面积，均应在标准的建筑日照阴影线以外。

　　在满足基本的规范要求基础上，由于地方标准和审批程序的不同，加之开发成本和建筑容积率的制约，住宅建成的实际日照效果有一定不确定性，因而应结合情况，综合多种规划设计方法，尽可能为老幼人群提供更优质的住居日照环境。

　　在具体的建筑布局策略上，通过规划布局措施可以在一定程度上缓解日照不足的问题，改善居住区日照环境，提高可利用的空间面积。常用措施有包括：缩减板式住宅长度、在小区中央布置点式住宅、点式和板式住宅交错布置、南高北低分布住宅层数和适当偏转板式住宅主要朝向等多种方法，需结合实际情况进行日照分析并合理使用。其中，适当偏转住宅朝向的方法效果较为明显，可以提高住宅的容积率，增长日照时数，改善建筑底层日照质量。另外，在功能布局上也可进行一定调整，如将日照较差的低层空间作为服务空间，或将公共建筑与住宅整合，根据建筑的功能差异优化日照资源的垂直分布。

4.2　保障老幼通行安全的交通空间设计

　　交通空间如同整个住区的"血液系统"，在高层住居的总体规划和外部空间环境设计中占据重要的地位。高层住居的交通系统主要由动态交通和静态交通构成，通过动态交通组织使不同出行方式的居民实现顺畅通行，依托静态交通空间存放居民的机动和非机动交通工具。在设计中，应根据老年人和儿童群体的出行特征，综合考虑地域气候和高层建筑的限制因素，建构慢行主导、整体协调的高层住居交通空间系统，并注重步行空间的适老适幼精细设计。

4.2.1　动态交通系统慢行规划

寒地高层住居交通空间的规划设计水平关乎住区内的人车通行有效性和安全性，直接影响到建筑布局、空间分区和景观环境。在规划设计过程中，道路网规划形式与住居空间组织互相制约、互为因果，因而，应通过若干轮的斟酌优化，来确定相对合理的交通系统方案。

合理的路网布局和组织模式能够提升住居周边街区的空间品质和步行系统通达性，进而构建全龄友好、安全通用的社区慢行交通体系，有益于保障多代居民出行的安全便捷[179]。根据人流和物流、步行和机动车出行等多元因素，城市住居及其周边区域的交通组织模式可以分为 4 种类型（图 -14）。对于高层住居来说，慢速交通是相对完善、利益平衡的交通规划模式。从促进代际融合的视角，基于合理的人车组织模式，构建全龄友好型慢行交通体系，可提升对不同代居民的居住均好性[180]，特别是对于以步行为主的老年人和少年儿童，慢行系统为他们的安全出行提供基本保障，并为出行中的互动与互助做好铺垫作用。

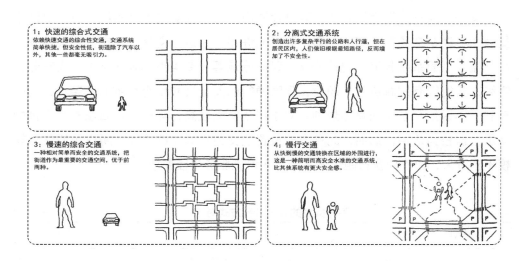

图 4-14　4 种典型的城市住居交通组织模式[181]

高层住居的动态交通是由不同层级道路组合而成的动态交通空间系统，供机动车、非机动车和步行通行。在住居道路规划设计中，应根据生活圈的圈层结构进行分层"减慢"，至全步行空间。在 5~10 分钟生活圈，应建成安全通达的高密度交通系统街道，适合于慢速汽车、步行者和自行车，适当压缩机动车空间，设立慢行优先、步行有道、骑行顺畅的街道秩序，给不同年龄段的行人以便捷、舒适的出行环境。参照相关标准，在道路规划中需要注意保留适宜的道路间距、宜人的支路宽度、安全的红线倒角半径。重点营建"小近宅，密路网"格局，住居邻里范围内的道路间距宜小于 200m，中心区域小于 150m，支路宽度亦为 9~24m[182]。

在具体的规划设计过程中，应根据用地规模、周边环境、基地地形、气候特点和老幼出行方式等因素，选择安全、适用的道路系统和断面形式。在进行道路网规划过程中，应以客观视角权衡各项制约因素，制定灵活且适宜实际情况的路网方案，避免机械套用固有形式或追求图案化的表达；同时，应结合路网布局对住居的不同功能区块进行分割。

具体来说，动态交通规划及其细部设计应注重以下几方面：

（1）合理选择道路系统的人车组织模式，营造老幼友好的街道氛围。随着国内私家车持有量的持续增加，居住区内的人车矛盾日益严峻，合理选择人车组织方式十分必要。现有居住小区内的人车组织方式有人车分行、局部人车混行和人车混行等 3 种主要类型。

其一，人车分行组织方式，通过设置两个相互独立的道路系统，将非机动车交通和机动车交通在空间上分离，同时允许局部的道路交叉。人车分行具体分立体分流、平面系统分流、内外分流、时间分流等主要类型（表 4-4）。人车分行组织方式能够有效解决人车矛盾，保障通行的安全性和步行系统的完整性，同时有利于小区景观系统的整体规划。对于居住密度较高，具有一定私家车持有量的高层住居较为适用；然而，此种方法设置的交通空间比例较大，所适用的住居规模不宜过大，以确保步行距离满足老年人设施服务半径要求。

不同类型的人车分行方式对比 表 4-4

类型	概念	适用范围
立体分流	通过设置不同立体空间层面上的道路系统来实现人车分行。	规模较小的居住小区或综合体

类型	概念	适用范围
平面分流	通过建立相互独立的专用道路网来引导各自交通，使步行交通和机动车交通在空间上互不重叠。	规模较大的居住小区
内外分流	机动车道由居住小区外环连通住宅，而步行道在内部进行组织。这种分流体系能够保持小区的安全与安静，避免车辆行驶对居住生活环境产生影响。	大型居住小区
时间分流	强调在不同的时间段将人行与车行分开，能够更有效地综合利用小区的道路系统，但是需要一定的交通管制手段来协助实施。	规模较小的居住小区

其二，人车混行组织方式，是机动车和非机动车共享一种动态交通系统。在我国居住小区规划初期，这种组织方式使用较多，由于对车辆行驶缺乏限制，此方法暴露出了一定的安全问题。人车共存系统是对人车混行系统的改进，在 1970 年最先在荷兰的德尔沃特采用，随后在发达国家广泛运用。这种规划方式将人与车作为统一整体，对住区内的车辆限制，对道路采用弯折和设置路障等微观交通管制方法来限制车速，保障行人的安全性，也促进人与车两种通行系统的和谐共存。这种方式较为适用于私家车数量不多的低密度住宅区，能够满足居民对停车入户的要求。

其三，局部人车混行组织方式，兼顾了人车混行和人车分流两种方式的优势特征，较为常见于近年来建设规模较大、难以进行人车完全分离的高层住居。这种组织方式通过综合人车混行和人车分流两种组织方式，缩短老年人的平均出行距离，保证路网的合理密度和街道空间的丰富性。进行人车分流的部位通常为住居内的主要出入口、公用服务设施和公共绿地等集中公共空间，以避免空间内过多的步行人流与机动车流互相干扰。

整体而言，应对住区内步行与车行两种主要出行方式的通行矛盾，应在设计初期结合住区规模、居住密度和私家车的预测数量等因素合理选择人车组织方式。由于行动力和反应速率较弱，机动车对老幼人群产生的安全威胁高于其他中青年人。因而在高层住居规划中，人车完全分流和局部分流是较为适于老幼共享的人车组织方式；然而，由于不同组织方式各有所长，高层住居的人车组织方式没有统一标准，应基于总体规模、私家车数量和居住密度等指数，权衡人车矛盾、用地集约性和老幼出行距离等因素，既可以选择一种交通组织方式，也可以以一种为主，其他方式为辅，抑或是多种方式并存。

（2）合理确定道路分级，设计适老化的道路断面形式。完整的住居道路系统如同神经系统，具有明确的层级划分和从属关系，不同层级道路相互连通共同构成道路网络。根据相关规范，居住区的道路系统可分为居住区道路、小区路、组团路和宅间小路等4级（表4-5）。道路级别是确定道路各项尺度的主要依据，在设计中需根据不同级别对应的宽度限值来确定道路断面的基本尺度，进而根据主要交通方式、交通通行量及市政管线等因素确定断面形式，根据老幼人群通行需求进行适宜性设计；同时，对小区内重要地段的景观应做局部调整。

住区道路层级解析 [138] 表4-5

名称	概念	宽度要求	适老化设计
居住区道路	一般用以划分小区的道路。在大城市中通常与城市支路同级	红线宽度不宜小于20m	人行道宽度不小于1.2m，人行道与绿化带相邻的一侧应设置宽度不小于0.25m的安全带，与机动车道相邻的路缘应设置宽度不小于0.5m的安全带。
小区路	一般用以划分组团的道路	路面宽6~9m	
组团路	上接小区路、下连宅间小路的道路	路面宽3~5m	
宅间小路	住宅建筑之间连接各住宅入口的道路	路面宽不宜小于2.5m	以行人优先，保证轮椅和机动车能够并行，并有0.5m的安全距离。

（3）兼顾街道通达性与居住环境安全性。动态交通的通达性主要体现在两个方面，其一是交通空间对住居内不同建筑和场所的顺畅相连，其二是住居外部交通与住居各级出入口的有效连通。道路与住宅楼栋的通达性关乎紧急时刻的居民生命安全。由于老年人群紧急事件的发生概率要高于其他年龄段人群，为达到较高的救助效率，救援车辆应该直接通到住宅楼栋的出入口，以保证最大限度靠近出事地点。高层住居交通空间的通达性主要取决于内外部道路与住宅楼栋、主体公共空间、主要出入口的连通方式。住居的小区级道路、组团路、宅间小路要能够保证紧急时刻的消防车、救护车辆的通行。在道路规划中进行相应的消防路线、急救路线规划，并在相应的道路区段预留出通行空间，如在宅前小路两侧各预留1m的路肩。道路与主要出入口的通达性关系到出入口处的人车安全和通行效率。

此外，为了保证住居与城市有良好的交通联系，小区内主要道路应该至少有两个对外的出入口。主要道路至少应有两个方向与外部道路相连，避免出现尽端式格局，以保证救灾、消防、疏散的效率。具体来说，相邻两个机动车道的出入口间距不应小于 150m。为了便于紧急救助车辆及时进入小区，沿街建筑长度如超过 150m，应设不小于 4m×4m 的消防车通道。相邻两个步行出口的间距不宜超过 80m，如长度超过 80m 时应在建筑底层加设人行通道。此外，考虑到居民特别是老幼人群需要安全、安宁的居住环境，设计中还应注意车流量和车速的控制，通过合理的路径规划，避免吸引外部无关车辆和行人穿行，以保证环境安全性和声景品质。具体来说，道路线形要尽可能顺畅，避免生硬弯折，以方便消防、救护、搬家、清运垃圾等机动车辆通行。与此同时，内外联系道路要"通而不畅"，避免外部车辆穿越小区或组团，以保障居民的出行安全和居住环境的安静舒适。

（4）应对严寒气候限制，保障弱势群体出行安全。寒冷气候给老幼人群的日常出行带来了极大的安全隐患，交通空间规划设计要重视气候影响，应对冬季风大、雪多、日照时间短的气候制约，制定相应的应对策略。具体来说，首先，交通空间特别是人车流量较大的主要道路，应该尽量争取日照，避免主要交通路段长期处于建筑阴影线范围内。其次，居住小区内的道路网通常与住宅布局有紧密关系，同时关系到整个居住小区的风环境组织，因而设计中需结合住宅朝向而整体考虑。另外，积雪和冰面易对老幼人群出行造成安全威胁，社区物业应在雪后及时清理积雪，不应原地堆积积雪，否则易阻碍人车通行。在设计中应预留道路积雪的堆积空间，对道路宽度可适当放宽，或利用周边的绿化空间。同时，要注意合理组织道路排水系统，及时排出雨天积水和初春化雪，防止形成大面积冰面。此外，冬季路面积雪会导致道路摩擦力减小，因而需要对道路最大坡度进行控制，为保证车辆安全行驶，并要尽量避免出现孤立的道路陡坡。

（5）面向老年人、残障人士、母婴群体，进行精细的无障碍设计。住居内的人行道需进行无障碍设计，人行道的宽度应不小 1.2m，最好在 1.5m 以上，允许行人和轮椅并排通行；人行道的路面应铺设盲道，盲道铺设要具有连续性，并且保证不被其他障碍物隔断；人行道的路缘坡设计应进行改进，结合轮椅及婴儿车的行进方向设置直角路缘和楔形路缘坡，斜坡坡度不大于 1/12（图 4-15）。适合老年人和残障人士通用的无障碍设施要设置相应的提示标识，交通标志与标识系统也应充分考虑老年人的识别能力和理解能力，应通过简单明了的标志与色彩的强烈对比、形象化的符号和危险路段的语音提示等方式，建构无障碍的通用交通指引系统，为住居内的使用轮椅的老年人、残障人士、携带婴儿车的母婴人群提供交通出行的安全保障（图 4-16）。

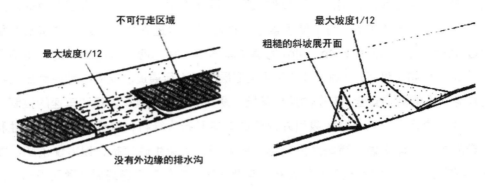

a）直角路缘坡   b）楔形路缘坡

图 4-15　不同的路缘坡形式示例[183]

图 4-16　无障碍提示标识举例[184]

4.2.2　静态交通空间合理布局

随着国内私家车拥有量的持续增加，未来老年驾驶者数量呈增长趋势。同时，高层住居自身的容积率较大，高密度居住带来大量的停车问题，加之冬季寒冷气候对室外停车的限制，寒地高层住居的机动车存放问题需要引起重视。在整体交通规划中按照合理比例设置多样化的静态交通空间，有助于更好地满足老幼人群和其他年龄居民的出行需求，具体来说有以下几点设计策略：

（1）合理设置老年人专用停车位和无障碍停车位。《无障碍设计规范》中对一般居住区的无障碍停车进行了量化要求，居住区停车场和车库总停车位中应设置不少于 0.5% 的无障碍机动车停车位，若设有多个停车场和车库，宜每处设置不少于 1 个无障碍机动车停车位[183]。然而，从老幼友好的角度来看，这一比例应适当提高，可在开发建设之初进行相应的调查，预测老年驾驶者的远期比例，以此确定老年人停车位和无障碍停车位的比例。此类停车位的设置应尽量靠近住宅出入口或停车设施的出入口设置，并应设置国际通用标示（图 4-17）。停车设施的出入口和垂直交通空间应进行无障碍设计。与老幼活动相关的各建筑物地面入口处应设置轮椅和婴儿车携带者专用的停车位，并与人行通道衔接，宽度不应小于 3.50m。此外，由于老年人日常短距离出行使用非机动车的比例较大，因而应结合住宅楼栋的宅前空间设置一定数量非机动车停车位，方便老年人临时停放非机动车，同时住居内应建设非机动车的集中停车场所，用于在冬季多雪季节长期存放非机动车。

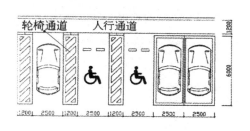

a）地面无障碍停车位　　　　　　　　　　b）地下无障碍停车位

图 4-17　无障碍停车位图例 [184]

（2）实现停车系统的多样化配置，控制地下停车库规模。根据《城市居住区规划设计规范》的相关规定，居民汽车停车率不应小于 10%，并且居住区内地面停车率不宜超过 10%，在确定停车率较低时，应考虑要留有发展余地。居民停车场和停车库的位置应方便居民使用，服务半径不宜大于 150m。但是，规范中未对高层住居的地下停车率做上限规定。调研发现，目前高层小区由于追求高停车率，地下面积掏空率普遍过高，不利于小区地面生态环境的可持续发展。这一问题同时在全国范围普遍存在，为应对这一问题，广东省出台的《广东省绿色住区标准》 [185] 率先提出：在环境建设评估项中的室外可透水地面的面积比须大于35%。此外，应发展立体停车和停车楼停车等多样化的停车方式，以缓解对地下停车系统的过度依赖现象。立体停车是指在地面或地下实现一层空间多层利用的一种机械停车方式。立体停车具有空间利用率高，占地面积小、成本低和存取方便的特点。停车楼为多层专用停车建筑，由于需要占用地面面积，这类停车方式目前在我国寒冷地区采用较少（图 4-18）。停车楼具有诸多优点，可建设在高层阴影区等消极空间，布局形式规矩紧凑且停车效率高，内部空间采光均匀且通风顺畅。近年来，国内外新建的停车楼在空间界面和外部形象方面越来越富有识别性，（图 4-19）。未来，随着私家车的持续增多，对停车效率和环境品质的要求日趋提高，停车楼将成为一种极为普遍的住居停车解决方案。

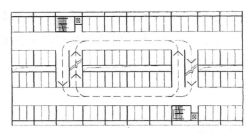

a）外观设计 b）平面布置

图 4-18　新加坡某 MSCP 模式停车楼[186]

a） b）

图 4-19　哥本哈根 orestrad 社区的部分停车楼外观

（3）优化地下车库设计，提高老年人使用舒适度。虽然多层停车楼较为适合老年人使用，但在我国现行的住宅开发模式下，地下停车系统仍将长期作为主要的停车空间，因而对地下停车空间进行空间环境优化和适老化设计十分必要。具体来说有以下几点措施：①简化地下系统的人流流线，设置适老化标示系统，利用色彩和材质等对空间进行划分，从而提高空间识别性和方向感，防止老年人迷路。②改善地下车库的光环境，尽量引入自然采光，并且配置一定暖色灯光照明设施，保证空间照度，提升空间的舒适度。③合理设置新风和供暖系统，保证空间内的空气流通、温度适宜。

（4）配套服务设施应专门配置停车空间。对于住居内提供配套服务设施的各类公用建筑，应根据其性质和规模配置相应的公用和专用停车空间，并配置无障碍停车位。根据相关规范要求，配置比例如表 4-6 所示。

公用设施的停车位配置比例 [138]

表 4-6

类别	配置比例	自行车	机动车
公共活动和社区服务设施	车位 /100m² 建筑面积	≥ 7.5	≥ 0.45
商业服务设施	车位 /100m² 营业面积	≥ 7.5	≥ 0.45
医院护理设施	车位 /100m² 建筑面积	≥ 1.5	≥ 0.30

4.2.3　步行空间环境精细设计

在城市高层住居中，步行为老年人和儿童最常采用的出行方式。因而，老幼人群的日常出行品质与住居的步行系统紧密关联。然而，老年人的行走、看、听、记忆、身体平衡能力和对外界压力的适应能力均在下降，儿童的此类行为能力均在逐步形成和发展中，所以保障老幼人群的出行安全尤为关键。因而，城市高层住居应结合气候特点对居住区内步行空间进行系统化的精细设计，统筹考虑老幼人群需求、无障碍设计要求、步行网络效率和景观环境质量，塑造安全、舒适、便捷的步行空间环境。基于上述设计原则和目标，本小节从以下几方面对步行空间设计策略进行详细论述。

1）路径规划

在步行网络构建方面，应结合不同代人的步行需求，构建无障碍、畅通高效的步行系统。作为社区慢行交通体系的重要组成，步行网络关系到全龄居民的出行便捷性，也影响到社区生活的代际交流。依托于高密度路网系统，社区步行网络一般由街道的人行道、近宅通道、公共绿地内的步行道等各类步行通道组成。步行道整体布局的连续性十分重要，普遍体现在邻里与各类公共设施、公共绿地和周边城市区域的连通性等方面。为方便老年人和儿童群体适用，需要特别重视住宅楼栋与各类老幼设施的连通性，对步行道路开展精细。相关步行道路的特征、要求和精细设计要点详见表 4-7。

步行路径的设计要结合具体功能，不能一概而论。一般来说，居住区内的步行路径主要有两种功能，即通行功能和休闲健身功能（图 4-20）。

对于以通行为主的步行空间，如居住区主要道路旁设置的人行道，联通不同空间或设施的主要步行道等，此类路径设计的重点在于引导行人安全便捷地到达路径目的地，设计中应尽量做简洁通畅，在符合整体路网规划下应采用最短路径的方式布置，导向性明确，兼顾景观多样性和视觉通达性。应结合步行网络设置无障碍通道，以保证代际公平，保障高龄老人、婴幼儿和其他弱势群体的出行便利。

步道分类	选线标准	串联节点	精细设计
通勤步道	依托城市生活性支路、近宅范围内公共通道；不可选择城市快速路，主干道路，车流量较大的次干路；居住区道路。	市级绿道；公共绿地；文体及商业设施；社区公共中心。	保障全龄出行的安全、便利和效率；步道无障碍通行；步道和社区公共设施的通达性；步道到老幼设施的安全无障碍设计；标识导向设施。
休闲步道	依托城市生活性支路、近宅范围内公共通道；林荫道；步行街。	轨道交通站点；公共交通枢纽站点等交通设施；学校。	步道的指向性；景观序列设计；步道材质安全性；步道的最便捷选线；
文化型社区级步道	设置较宽的设施带，局部节点形成文化展示区域；连续、通常的慢行步道。	公共艺术作品；文体、展览展示及商业设施；具备特色休憩设施的公共休闲。	步道的逗留空间；步道设置休憩设施；休憩空间的包容性和舒适性；特殊步道的防护性。

　　a）以通达性为主的步行路径　　　　　　　　b）以休闲散步为主的步行路径

图 4-20　高层住居的步行路径举例

　　对于以休闲健身为主的步行空间，相对于目的地而言，路径本身才是重点。为提升步行道的行走体验，步行路径应尽量联通或朝向有趣的公共景观，或增加步行道的景观序列性。为使老幼群体在轻松愉快的行走过程中达到健身和休闲的目的，路径设计应本着缩短居民的心理距离，增强行走过程的丰富性和娱乐性的思路，在规划中避免过长的直线路径，防止步行过程中产生枯燥感而很快结束步行健身。具体来说，应增加路径的曲折和迂回，不断变换视野范围，配合丰富的景观设计，达到"步移景异"的效果。同时可以设置适当景观设施作为"障碍物"，半遮挡或完全遮挡路径终点而实现"通而不畅"的效果，其中在完全遮挡的情况下，应增加中间目标作为行为引导（图 4-21、图 4-22）。

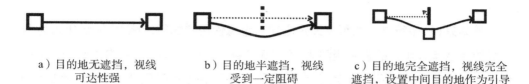

a）目的地无遮挡，视线　　　　b）目的地半遮挡，视线　　　c）目的地完全遮挡，视线完全
　　可达性强　　　　　　　　　　受到一定阻碍　　　　　遮挡，设置中间目的地作为引导

图 4-21　步行目的地的可视性分类解析[187]

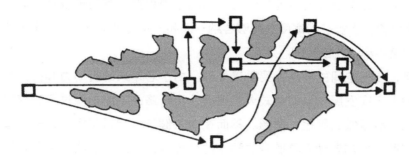

图 4-22　曲折迂回的步行路径设计举例[187]

　　步行路径中的室外活动空间序列关系应根据实际功能而定（表 4-8）。对于通达性要求较高的路径，应避免空间相互穿越，可将室外活动空间布置在路径一侧，避免相互干扰。然而，为增加步行过程中的丰富性，应尽量保证路径与邻近空间的视觉联系。对于以休闲娱乐为主的空间，路径可以直接穿越空间或围绕整个空间回游一周。路径和空间应在规划层面统一考虑、相互配合、互相补充，形成易被老幼识别的空间序列。

室外活动空间和步行路径布置分析　　　　　　　　　　表 4-8

类别	通达型		休闲型	
方式	空间一侧布置路径	空间和路径毗邻	路径直接穿越空间	路径洄游环绕空间
图示分析				

2）尺度确定

考虑到老年人和少年儿童由于日常生活主要集中于步行范围内，对于步行道的使用频率相对较高，因而步行空间设计要特别注重适老宜幼的均好性和包容性。

具体来说，步行空间的距离设定应适当考虑使用者的行走能力。以老年人为例，一般健康老年人步行的疲劳极限为 10~15 分钟，步行的疲劳距离约为 500m 左右。因而，与老人日常出行关系紧密的配套设施服务半径宜在 500m 左右，不应超过 1000m；一些较长的步行路径应配合休息设施，方便老幼人群临时休憩。此外，可通过优化周边景观环境来缩短步行空间的心理距离，有利于激励老幼人群延长连续行走距离。步行空间宽度应能够容纳一人和一辆轮椅（或一辆婴儿车）并行，且有效宽度不小于 1.2m。

而且，步行空间的高差需要妥善处理。由于老年人的行动力和视力衰退、儿童的行动力正在发展中且差异较大。因而，步行路径不应出现过于频繁或过大的高差变化，尽量做到平坦、顺畅。然而在一些健身类步行空间中，一些适度的坡面设计有助于增加老幼人群健身过程中的趣味性，加之一些路段由于场地原因不可避免坡面，因而坡面需要进行特殊设计。坡面的起始段应进行处理，坡度宜低于 1：20，以避免坡度变化过于突兀。路面不应过窄，应保证容纳两个人和一个轮椅或助行器并行（图 4-23）。为便于轮椅老人和婴儿车推行，步行道的坡度应介于 0.2%~4% 之间，坡道的有效宽度不应小于 0.9m，坡道地面应选用防滑材质或加涂防滑涂料。当面坡度变化较大时，铺地形式宜区分于平坦路段，加设提示图案，以告知使用者前方坡度有变化。同时，坡度较大的路段应设置扶手，坡道起止点的扶手端部宜水平延伸 0.30m 以上（图 4-24）。虽然相比于台阶，坡道较利于轮椅老人通行，但也具有自身限制性，特别是在雨雪天气不易通行。因而，高差变化较大的情况应同时设置台阶，与坡道并行。室外台阶设计的参考指标详见表 4-9。

此外，还需注意的是，住区道路一侧的人行道与车行道要通过地砖或分割线明确区分，有助于视力障碍者在出口和转角处使用；对于人行道的出入口位置应对边缘高差进行抹坡处理（图 4-24-b）。所有的步行路径所用的材质均应该是防滑和无反光的，并且铺设平整，保障特殊气候的安全使用。步行路径应有照明设施，并保障合理间距和照度。

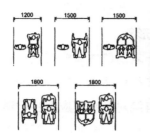
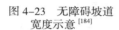

图 4-23　无障碍坡道
宽度示意[184]

a）坡道和台阶并排设置

b）坡道采用防滑铺砖地面

图 4-24　坡道空间实景举例

室外台阶设计的参考指标[170]　　　　　　　　　　表 4-9

项目	参考指标
台阶宽度	台阶的宽度应大于或等于相连的路面宽度，台阶宽度在 3m 以上应加设中间扶手。
台阶踏级	台阶踏级不能高于 150mm，避开开放的踏级，支持助步支架的踏级不能高于 100mm。
台阶踏面	台阶踏面最小的宽度为 280mm，支持助步支架的踏面不能小于 550mm。
台阶系列	所有台阶的踏级和踏面应当一致，每节梯段最多 1.2m 高。
休息平台	每隔 1.2m 的梯段应设置大于 1.5m 的平台。
单步平台	对于轮椅使用者来说单步台阶较两个矮点的台阶要好。
梯级突边	台阶应该容易从背景中识别，应该采用对比材质或在梯级突边涂上明显的提示颜色。
警示	在台阶入口处应设置有纹理的地面，提示视力受损者。
扶手	通常应该设置双边扶手，坡道两侧应设护栏或护墙。扶手高度应为 0.90m，设置双层扶手时下层扶手高度宜为 0.65m。
照明	灯光应该照在踏级上，避免踏面处于阴影中。
材质	选择防滑、平整、坚固、无眩光的材质，避免使用强反光或表面光滑的材料。

3）景观组织

适老、适幼的步行空间离不开景观环境的有力配合。由于老年人的步行活动具有缓慢、敏感、从众的特点，其视野范围受到一定的限制，对环境的细部有强烈的感受[188]。儿童群体的步行活动具有不稳定性，对周围环境较为敏感，喜爱跑动，但容易忽视路面障碍而跌倒，因而对道路铺面和周边景观设置的安全性要求较高。在设计中，可与步行空间结合设置的景观设施包含植被绿化、休息座椅、标示设施、廊道、景观小品、景观节点等设施。具体配置过程需要均衡考虑到老年人、儿童和其他年龄人群的身心需求、气候特征和步行路径的整体形象。

而且，结合景观设施中设置休息座椅十分必要。由于老幼群体体能有限，在持续的步行过程中会不定期地需要临时休息。因而，在步行路径中，应每隔一段距离设置休息座椅或休闲节点。休息座椅的设置间隔没有绝对标准，应视步行道路的具体情况而定。对于坡面和转折变化较多的步行道，建议每隔50m设置休息座椅，对于通畅而易于行走的步行道，建议每隔150m设置休息座椅。休息座椅建议成组或成对设置。当步行道较为宽敞的时候，可以考虑将座椅直接设在步行道一侧，而当步行道较为狭长时候，可以将座椅凹进一侧的景观绿化空间设置，（图4-25）。休息空间的设置较为灵活，需要结合步行道的整体空间序列进行考虑。通常可有以下几种形式（图4-26）：①休息空间独立设置在步行道一侧，可根据休息空间具体功能设置开放模式；②休息空间作为景观节点，与步行空间交汇，形成供临时休息的开放场所；③休息空间被打散成若干具有主体关联的小空间，以一定规律穿插在步行道两侧的绿化空间中，形成连续韵律的景观效果；④结合直线或曲线步行道的转折点设置休息空间，作为转折处的标志物，形成放大节点起到缓冲和提示作用。

a) 座椅设置到步行道一侧   b) 座椅凹进步行道外侧   c) 结合休息场地设置

图4-25　步行空间中的休息座椅设置

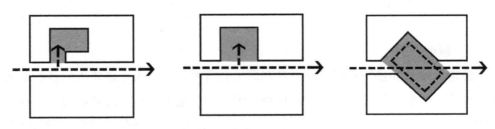

a) 步道一侧设置独立休息空间   b) 步道一侧设置开敞休息空间   c) 步道贯穿休息空间

图4-26　步行空间中小型休息空间的穿插方式（1）

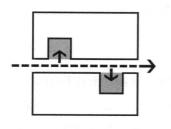 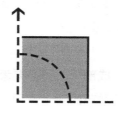 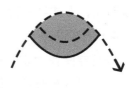

d）步道两侧穿插多个休息空间　　　e）步道转折点设置休息空间　　　f）曲线步道设置休息空间

图 4-26　步行空间中小型休息空间的穿插方式（2）

　　为了适应老幼人群的空间感知特征，在步行道路中应设置适宜的视觉标识和空间导向设施。具体来说，在步行道的转折点和终点应结合景观设施进行强调，如雕塑、水池、花坛、树池等（图 4-27）。也可在步行道内设置具有一定规律的标识物，如相同的小型雕塑或具有特色的栅栏等，既增强步行道的导向性，同时赋予这一路段独特性，以强化老年人对其的记忆。此外，在步行道的相交点，或目的地的转折点，应设置标识牌加以指引，标识牌的字体不宜过小，颜色应与背景有一定的区分，以便于老幼识别。对于施工整修中的步行道，或步行道中具有一定危险的路段，应加设警示性标识，同时对危险区域加以封闭，以保障各类人群的步行安全。

a）休息亭可作为路段中的标示物　　　　　b）具有韵律感的雕塑群具有导向性

图 4-27　步行路径举例分析

　　总之，步行道与景观的配合关乎步行空间的环境质量和行走舒适度，直接影响步行道的使用频率。在设计中应建立起全局概念，将步行空间作为整体而持续的景观序列加以考虑，结合步行道的路径设计，合理配置植被绿化、景观设施和景观节点，形成具有特色的体验式步行空间。

4）适候设计

步行空间作为室外环境的组成部分，势必要考虑到气候制约而进行相应的适候设计，以保障步行空间在不同季节的安全适用。具体来讲，以寒地城市住居的步行路径为例，设计中应争取更多日照，避免大部分路段处于建筑常年遮阳角范围内，还应对步行路径进行避风设计，避免路段过于临近高层楼底层，以防高层风对老年人步行造成干扰；如不可避免，可设置树木和墙面等挡风设施。由于寒地冬季存在一定积雪，因而应预留积雪堆放空间。此外，结合室外活动空间设置的休闲健身类步行道，建议加设组装式廊道，夏季可用于遮阳避雨，冬季用玻璃模块进行封闭形成阳光暖廊，以保证步行道在不同季节和天气的使用率。

路面材质要谨慎选择，不应盲目追求外观形象而忽略其实用性。应避免采用光滑的材质，以防居民在雨雪天滑倒；路面铺装应平整。同时，为防止居民绊倒，材质拼缝处需填实，防止凹槽卡住老年人的拐杖而引起摔倒事故。此外，步行道应设计排水方案，结合周边渗透性地面或排水沟及时排除春季化雪和雨天积水，以避免老年人和儿童不慎滑倒。在设计中应注意排水沟盖不宜突出地面，避免其引发摔伤事故。

5）交流拓展

步行空间是邻里范围内代际交流的重要延伸和拓展场所。邻里范围的代际随机交谈容易发生在步行中，人们喜欢边走边谈或偶尔停驻，步行空间是近宅居民相互见面与随机交流的动态场所。在设计过程中，应重视近宅范围内的步行道与休闲活动区的联系性，结合步行道设置空间节点，为多代居民随机的代际交流、休憩逗留、儿童玩耍提供空间支持。根据步道整体形态，可通过散点穿插，转折退让、相邻布置和整体贯穿等方式营建多元化的空间节点。空间节点应与景观环境相互协调，既能提供多元化的户外空间功能，并通过自身特色而有助于形象识别。例如，可在近宅步行道一侧，结合建筑凹形空间设置的休憩空间，通过特殊的地面铺装标识自身特色（图4-28）。

而且，步行空间与休憩场所有机结合是促进随机交流的重要途径。要认识到步行通行和休憩逗留并不是对立的，而是相辅相成的。当步行人流量越高，不同代居民越可能选择逗留，对于休憩设施的使用率越高。休憩座椅的尺度应具有通用性，适合多代人休息使用和临时交流。例如，可在住居步行道的转角部位设置

儿童游戏设施，又在附近面向游戏设施设置休憩座椅，便于多代人的互视和交流，
（图 4-29）。

图 4-28　步行道一侧设置小庭院　　　　图 4-29　与步行空间相邻的玩耍角和休憩座椅

综上所述，从路径规划、尺度确定、景观组织、适寒设计、交流拓展等方面，对近宅步行空间的路线规划、节点营建、空间界面和细部设施进行全面设计，能够有效提升步行空间的安全通达性、交往拓展性、感知归属感，有助于提升老幼人群的随机交流与适时互助。

4.3　有益老幼身心健康的公共活动空间设计

住居的户外公共活动空间可直接影响到老年人和儿童群体的室外活动水平和活动舒适度。在高层住居的绿地规划和空间环境细部设计阶段，应结合各类外部空间环境制约因素，兼顾老幼人群的感知和行为特征，着力塑造出安全、舒适、富有温情的全龄通用式公共活动空间环境。

4.3.1　绿地系统总体规划思路

高层住居的绿地系统由集中绿地、宅间绿地、道路绿地、配套公建周边绿地所共同构成，涵盖位于地面和屋顶等不同高程的绿地空间。住居的公共绿地系统应合理确定各绿地层级规模，应对气候制约，进行合理布局与适应性设计。

高层住居中的老幼人群，相比于中青年人群，在生理和心理上都更加需要公共绿地。因而，在现行规范基础上，绿地面积指标应适当加大，结合具体情况进行精细设计，尽可能实现老幼适用、高层适居、气候适宜的设计目标。在具体的

景观环境规划布局中，高层住居的绿地系统需要综合考虑地域气候、高层建筑、老幼适宜等影响因素，应重视以下五方面内容。

（1）系统布局，立体化配置。基于住居的总体规划布局进行系统化布局，与建筑布局和路网规划互相配合，形成统一整体。采用集中与分散结合，点、线、面互相配合的绿地空间形态构成。同时开发多层屋顶和垂直墙面进行立体绿化，增加室外活动空间，实现整体绿地空间的集约高效利用。

（2）适当开放，提高可达性。为促进老年人和儿童的积极参与，各类绿地要有一定开放性和可视性，提高空间和视觉的双重可达性。在选址过程中，绿地空间要保证至少有一边与相应级别的道路相邻，尽量用通透的院墙、栏杆或绿篱作为分隔界面。

（3）防寒避风，争取日照。根据规范要求，居住区内的组团绿地应满足不小于 1/3 的面积在标准建筑日照阴影线范围之外。在外部环境设计中，这一标准应适当提高，争取提高到 1/2 的常年日照面积。此外，为便于秋冬季节的正常使用，绿地选址应在防寒避风位置，避免受高层风影响，以保证环境舒适度。

（4）顺应地势，因借环境。为了住居景观环境的可持续发展和节约景观建设造价，在设计过程中要充分解读基地特征，尽量顺应原有地势以减少土方量，同时结合周边自然环境，如滨水环境等，通过借景增大绿地空间的心理尺度。此外，还要注意对基地内原有资源的保护，如植被和水体等，尽量避免大幅度改造。

（5）复合化布局，集中优势资源。集中公共绿地的选址应尽量与住居的公共服务设施结合布置，特别是老幼服务设施，形成包含游乐、休闲、社交、观赏、购物等多功能的一体化活动空间，塑造具有活力的邻里生活中心。

4.3.2　健身活动空间通用设计

调研发现，高层住居健身活动空间的使用主体是老幼人群。在此类空间设计过程中，有必要融入老幼代际融合理念，系统化地塑造老年人、儿童和其他年龄阶段人群能够平等共享的健身活动空间。

首先，在空间类属层面，基于对老幼人群户外活动特点，设计中要均衡地考虑各类老年人、儿童的健身活动内容，协调各年龄群体的使用需求、开发建设的经济预算和地域性活动内容等影响因素，主要可分为以下两种空间类型及功能属性。

（1）社会交往类空间。此类间侧重于鼓励老年人和儿童通过参加各类活动，增加不同代际群体的交流机会，丰富居民的社交生活，巩固邻里关系网络。老年人的交往空间根据规模可分为大型群体交往空间、小型群体交往空间、私密型交往空间（表 4-10）。大型交往空间属于住居中较为集中的公共活动区，具有一定开放性和集聚性，所容纳活动具有多样性，如广场舞、太极拳、小型演出等。建议进行向心布置，将动态活动布置于中心广场，在外边缘结合景观布置休息座椅区，并且与中心活动区有一定视觉联系，以满足活动者临时休息和其他居民"凑热闹"的心理需求。大型交往空间应具有较高的易达性，服务半径在 200~300m 左右。小型群体交往空间一般适用于人数相对少非正式交流活动，活动内容相比于大型交往空间趋向静态，可包含如聊天、下棋、小合唱、地方乐曲演奏和其他地域性文化娱乐活动等多种内容。小型交往空间由于空间和人数限制，单个空间的活动内容应具有一定主题性，避免一些器乐互动与下棋等活动互相干扰，具体可以通过空的形态和布局方式限定，如在较为宁静的位置布置室外棋盘，在较为开放的位置布置器乐演奏的凉亭等。小型交往空间通常具有一定围合性，可结合绿地总体规划进行分散布置。在一些用地紧张的情况下，也可将大空间进行一定分隔形成小空间，形成承载不同活动内容的小型交往空间。私密型交往空间通常为居民临时休息或家人朋友聊天使用，布置在景观丰富且较为静谧的位置，具有一定围合感和私密感，适用于长时间休息、阅读和交流。通常布置座椅即可，可结合住居内的各级公共绿地进行灵活布置。

不同类型的社会交往空间对比　　　　　　　　　　　　　　表 4-10

类型	大型群体交往空间	小型群体交往空间	私密性交往空间
位置	结合小游园或养老设施布置，亦可独立布置。	结合小游园、组团绿地、养老设施布置，有些可布置在宅间绿地。	结合小区的绿地景观、道路绿化、养老设施进行灵活布置。
层次	开放性 ⬅━━━━━━━━━➡ 私密性		
功能	动态性群体活动，如广场舞，太极拳，小型文艺会演，包含休息和观赏等多样化功能。	小型群体活动，聊天，下棋，小合唱，地方乐曲演奏和其他地域性文化娱乐活动等。	单人或 2~3 人交往空间，包含休息、阅读、聊天等静态内容。
举例			

（2）健身锻炼类空间。此类空间有利于促进老幼人群参与体育锻炼，增进其身体健康。在高层住居中，适老且适幼的室外健身锻炼空间十分必要。在进行户外健身时，老年人和儿童常需要适当的交流和休息设施，因而，相应的健身活动空间也不应独立设置，应与社会交往空间和景观观赏空间灵活整合。健身锻炼类空间的功能形式要根据老年人的健身需求进行多样化设置，可根据活动规模设置如下几类空间（表4-11）：①集体健身空间，承载广场舞、太极拳和其他集体健身项目，也作为大型交往场所的主要组成部分；②器械健身空间，用于布置健身器械和游戏设施，在保证安全的前提下，应具有一定挑战性；③健身步道，设置健身路径，用于散步和晨跑。总体来说，健身锻炼空间的设置要注意地面的冬季的防滑，地面材料和健身器械都要做好防滑处理，以保证老年人的安全使用，同时此类空间不宜设置在过于私密而缺乏监视的位置，防止老年人在健身中出现意外而不能得到及时援助。此外，一般性老年人健身空间均可开放供社区其他年龄居民使用，具有全龄通用性。

不同类型的健身锻炼空间对比   表4-11

类型	集体健身空间	器械健身空间	健身步道
位置	结合集中绿地或养老设施布置，可独立布置	结合各级绿地灵活布置	结合绿地景观和步行系统空间灵活设置
形式	集中广场	器械辅助	路径流线
功能	供太极拳，广场舞等集体健身活动	提供单杠、扭腰器等室外健身器械；提供滑梯、跷跷板等室外儿童游戏设施	供散步、晨跑等步行运动
举例			

整体来说，为促进老幼代际融合，室外公共活动空间的设计要点如下：

（1）根据服务人群与功能类型合理分区。住居内通常包含一般性和特殊性两种室外活动空间。其中，一般性活动空间为全龄通用型，为满足老年人健身需求（如老年门球场等）和儿童游戏活动而设置的专用空间，需要和其他空间进行适当间隔，以保持老年人或儿童的室外活动不受干扰（图 4-30）。同时，这类空间也要和其他活动空间及步行路径保持一定的视线联系，保障老年人或儿童发生紧急状况时能得到及时援助。老年人和儿童的活动场地不应布置在风速偏高和位置偏僻的区域，并且，与车行道和停车场之间的距离不小于 10m，同时应设置减速带、提示牌、保障无视线盲区等安全措施。

a）老幼混合使用的健身器械场地　　　　b）儿童游戏场地和老年人休息座椅

图 4-30　室外专用活动场地举例

（2）设置舒适便捷的连接方式和过渡空间。为增加利用率，老年人室外活动空间应具有可达性。增加可达性要注意在规划阶段控制服务半径长度，也要在深化设计阶段对连接方式和过渡空间进行合理设计。具体来说，在组织步行路径和设计室外空间序列的过程中，应满足便捷可达的基本要求，并设置过渡空间，（图 4-31-a）。过渡空间在室外空间转换中能够为老幼人群提供心理过渡和视觉提示。在设置过程中要注意保持不同空间之间的视线连通，通过景观、小品设施、地面铺装等细部要素来暗示空间的变化，可配合标识设施，增加活动空间引导性。此外，过渡空间本身也可设置一定具体功能，配置座椅和其他服务设施以供临时休息和观景（图 4-31-b）。

（3）设置符合居民社交心理的交流空间。老年人退休之后的闲暇时间增多，同时也割裂了一部分社会关系，与社会交流减少，因而容易产生孤独感和失落感 [189]。交往空间设计要关注老年人的社交心理，兼顾儿童群体的社交发展特征，进行特殊设计以促进老幼群体进行积极健康的社会交往。具体而言，应重点关注以下几方面：首先，交往空间的位置应选择在老幼群体易于相聚的位置。例如，可设置在宅间绿地中靠近住宅楼门的位置或主要步行道路一侧等，以方便老年人

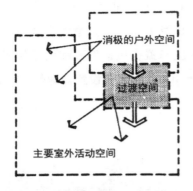

a）处于两种不同场所之中的过渡空间[169]　　　b）通过铺地形式暗示空间变化

图 4-31　室外空间组织中的过渡空间解析

随机休息或聊天。其次，交往空间的尺度要控制得当。调研发现，小型空间更易于促进安定感的产生。在室外活动空间中可通过适当分割，划分出小型交往空间，便于老年人在运动和休息过程中进行社会交往（图 4-32-a）。而且，此类空间应具有一定的围合性，可通过建筑物、室外构筑物、绿篱等围合成"U"或"L"形（图 4-32-b）。

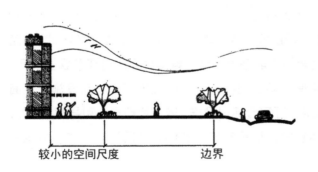
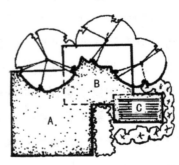

a）老幼人群更喜欢小尺度、具有私密感的空间　　　b）小空间可相互分区、毗邻设置

图 4-32　符合老年人社交心理的交往空间示例[169]

（4）配置适宜的公共活动场地服务设施。对于老年人群来说，由于其身体机能逐步退化，部分老年人群需要使用配备辅助设施的"适老化卫生间"。对于儿童人群来说，由于其身体机能正处于发展过程中，通常使用卫生间的频率较高。

为适于老幼人群使用，公共卫生间位置不宜距离主要活动空间过远。如图 4-33 所示为哈尔滨紫金城小区的公共厕所，设置在靠近球类运动场的一侧，距离其他活动区域距离也较近，方便老年人和其他户外活动人群使用。此外，在住居内主要的公共活动空间中，休息座椅、扶手设施、紧急报警措施、便民服务部品等设施均应配置齐全。

a）公共卫生间

b）储物设施

c）休息设施

d）自助售卖设施

图 4-33　高层住居公共空间内的服务设施举例

（5）均衡场地的冬季采光和夏季遮阳。在住居外部空间环境中，适于老幼人群的活动空间应选择在向阳避风处，并冬季采光和夏季遮阳。虽然寒冷地区的夏季较为短暂，仍需要适当的遮阳措施以保证炎热季节场正常使用。可通过种植落叶乔木，设置连廊等方式提供遮阳，也可设置预制装配式暖房，运用模块化设计，并依照微气候需要进行组装和调整，使之在夏季能够遮阳避雨，在冬季加以封闭后亦可正常使用（图 4-34、图 4-35）。

a）暖房门窗可以敞开且屋顶设有活动格栅　　　　b）冬季用于种植作物和休息娱乐

图 4-34　荷兰阿姆斯特尔芬养老社区的室外暖房[190]

a）室外廊道实景举例　　　　　　　　b）室外廊道实景举例

图 4-35　用于夏季休息乘凉的高层住居室外廊道举例

4.3.3　景观环境空间精细配置

从促进老幼代际融合的角度来看，高层住居室外空间环境设计需要覆盖各类外部空间环境。整个设计过程是从宏观到微观、从规划布局到细部刻画的整体过程。其中，景观空间环境是居民能够直观感知的空间，也直接影响老幼人群的使用感受，因而对景观空间环境进行精细化的分类设计具有必要性。本小节重点从景观要素配置、景观水体设计、无障碍设计、景观小品设计、标识设计等几方面进行详述。

1）景观要素配置

良好的室外环境不能缺少合理的景观配合，在高层住居的外部空间环境系统之中，景观观赏空间既可以独立设施，也可渗透于社会交往空间和室外健身空间等各种环境中。在设计中，应根据老幼人群的身心需求配置适宜的景观空间。对于景观环境的各类构成要素，特别是绿化植被、景观水体等自然要素，需应对气候制约进行合理设计。

绿化植被对于景观空间环境乃至整个高层住居来说必不可少，具有功能和观赏的双重属性。对于寒冷地区，由于冬季相对漫长、四季相变化明显，寒冷地区的植被选择范围受限。塑造良好而持久的景观空间是一个长期过程，在植被配置中，不能为了追求标新立异而选择一些不适宜气候特点的新奇树种，这样只会徒增维护成本，也可能会损害当地原有的植被体系。由此可见，地域性植被是景观空间设计的首选。例如，在哈尔滨地区，乔木树种可选择榆树、松柏、杨树和白桦树等，灌木树种可选择红端木、丁香、金叶莸、金银木等。

配置绿化植被还需结合住居绿地的层次结构。对于住居内的集中绿地和组团绿地，设计中需要进行整体设计，兼顾不同的观赏面，形成错落有致的整体景观形象。对于宅间绿地，设计中应注意景观与高层住居楼栋的距离和位置关系。对于寒冷地区，在住居南侧应配置落叶乔木，以均衡夏季遮阳和冬季采光。住居北侧宜选择耐阴花灌和草坪。若西北侧绿地面积较大可配合常绿乔灌木，既能起到景观间隔作用，又能抵御冬季西北寒风的袭击。而且，考虑到冬季寒风侵袭，在住居迎风面或风口应选择深根性树种。在靠近住居位置要考虑室内的采光和通风等因素，宜配置低矮灌木或设置景观花坛，通常在离住居窗前 5~8m 之外才能种植高大乔木。

2）景观水体设计

景观水体的设置有利于调节夏季室外微环境，同时对于老幼群体来说，宜人的水景环境有助于增强老年人和儿童在室外空间中的舒适感。在寒冷地区，景观水体设计需要充分考虑气候因素制约和老幼人群安全性，因而建议谨慎设置。

具体来说，水景设计要从绿地规划的层面进行整体考虑。塑造点线结合、动静搭配、刚柔并济的景观水体系统。适于高层住居的景观水体设计应综合考虑水体形式、整体效果、地域气候和老幼安全性等因素。水体形式要结合水体的规模及位置而进行多样化设计（图 4-36）。对于设置在集中公共绿地的水体，水面范围可以适当加大，来形成整个自循环的动态水系，而且，对于宅间绿地，水体面积不宜过大，可配合喷泉设施设置小型水池或水景墙，具体形式可灵活设计。

安全性是水景设计的重要因素，不可忽视。高层住居中的观赏类水面不宜过深，深度超过 0.60m 时要设置防护措施。对于寒冷地区，水体在冬季往往需要被排空，而原来的水体空间可作为积雪存储空间。此外，还应关注水体空间的景观形象，注意结合冬季树木的枝干形态营造艺术化的景观意境。对于一些较大的水体空间，可以鼓励居民参与制作冰雕和雪雕，形成独特的冬季展示空间。

a）用于观赏的人造水景　　　　　　b）可供居民戏水的水池

图 4-36　高层住居的水体形式举例

3）无障碍设计

从适老适幼的角度来看，高层住居应全面实行无障碍设计，但目前的城市高层住居在这方面普遍欠缺。根据《无障碍设计规范》的相关规定，居住绿地的无障碍设计范围应包括出入口、游步道、体育设施、儿童游乐场、休闲广场、健身运动场和公共厕所等。

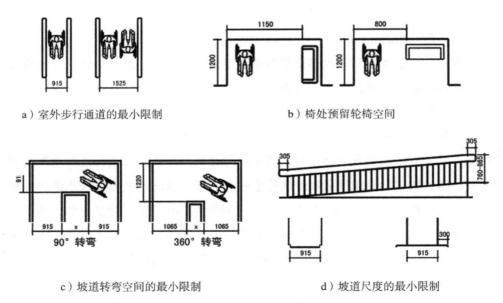

a）室外步行通道的最小限制　　　　　　b）椅处预留轮椅空间

c）坡道转弯空间的最小限制　　　　　　d）坡道尺度的最小限制

图 4-37　室外空间的无障碍设计举例 [184]

　　具体来说，居住绿地场地应尽量平整，基地地坪坡度不应大于 5% 的，所有场地的出入口均应进行无障碍设计（图 4-37）。公共绿地的步行道应为无障碍通道，轮椅专用道纵坡不应大于 8%，步行道宽度应至少满足轮椅或婴儿车可与行人并行。居住绿地需设置休息座椅时，应留有轮椅停留空间。居住绿地内的建筑小品，如亭、廊、花架等休憩设施的高差不宜大于 450mm，否则应设置轮椅和坡道。活动场地的植物以乔木为主，林下净空不得低于 2.20m，老年人和儿童专用活动场地周围不宜种植遮挡视线的树木，不宜选用硬质叶片的丛生植物，以保持较好的视线可达性。

4）景观小品设计

　　作为室外景观的"生活道具"，室外小品是兼具功能和艺术的室外部品设施，包含室外空间的各类服务和装饰设施。小品设计涉及人体工程学和行为学，设计中应注意老幼群体使用的舒适便捷，符合老年人和儿童身心特点。同时，小品选择和配置需要与整体景观风格相互配合，与周围环境协调统一，并符合多代居民的普遍审美观点。而前者属于功能要求，后者属于审美要求，需要在设计中进行兼顾。小品根据功能类型可分为休息类、信息类、健身类、文娱类、点景类、服务类等 6 种小品类型（表 4-12）。在景观深化设计环节应按照小品的功能类型进行精细化设计，作为室外空间环境的"点睛之笔"。

不同功能类型的室外小品解析　　　　　　　　　　　表 4-12

类型	具体设施	适老、适幼设计	举例
休息类	坐凳、凉亭、柱廊构架等	结合室外活动空间和主要交通空间设置，注意营造休息空间的微环境和老幼人群的使用舒适度。	
信息类	指示牌、交通标示、信息公告牌等	应准确传达交通和生活信息，适应老幼人群的感知能力，进行适当的尺度放大和色彩对比。	

类型	具体设施	适老、适幼设计	举例
健身类	儿童游戏设施、单双杠、室外踏步机、扭腰器等	结合特定年龄的身体条件设置安全、耐用、具有适度挑战性的活动设施，并注意冬季和雨天防滑。	
文娱类	室外棋牌、游乐设施	适应老幼人群的集聚特征，配置休息类小品设置，引入地方性文娱活动内容。	
点景类	雕塑、花坛、喷泉等	与整体景观设计风格协调，符合大众审美，可根据小品尺度进行单独或组合配置。	
服务类	路灯、景观地灯、垃圾桶等	注重实用性且兼顾美观，根据功能需求确定配置比例。	

5）标识设计

空间环境的识别性关系到老年人归属感和安全感的建立，而标识设计是建立空间识别性的重要构成因素。根据老幼人群的感知系统特点，室外标识应通过精细化设计达到老年人可以轻松识别、理解和记忆的效果。室外标识系统包括楼门牌、指示牌、标示物、警示牌等设施，视觉标识语汇包括文字标识和图形标识两大类。

具体来说，文字类标识系统的适老适幼设计要注意标识的位置、尺度和色彩对比，以及观看者的速度和距离。在设计中要注意字符高度、笔画数量、字体风格、字体颜色等因素，根据老年人普遍的视力水平进行合理设计，具体设计方法和实例如表4-13所示。图形类标识系统的适老化要求与文字类相近，但要注意图形表达应简单直接，缩短老年人和儿童理解标识含义所耗费的时间，尽量采用国际或地区通用的标识系统，以快速准确地表达含义。

此外，两类标识系统均要注意标识牌的高度。考虑到轮椅使用者的平均视点高度为 1150mm，因而标识高度一般在 700~1600mm 之间，避免行人和公共设施遮挡轮椅使用者的观看视线；还应注意标识牌的灯光照明，以方便夜间识别，同时还要防止白天的炫光影响识别。

文字类标识系统的适老化设计要点[121]　　　表 4-13

类型	设计要点
字符高度	当字符高度与认证距离之间存在 $H=0.0022D+0.335$，其中 H 为字符高度（m），D 为认知距离（cm）。
笔画数量	认知距离与汉字笔画数成反比，与字间距成正比，10 画以上字体的认知距离明显小于 1 至 9 画字体，可通过放大字加以改善。
字体风格	建议采用没有装饰的粗体字，在相同条件下，新宋、宋体、黑体、仿宋四种字体有利于老幼人群的识别。
字体颜色	字体颜色和背景颜色应反差较大，采用黑色或蓝色背景和白色字体时可读性较好，深色文字的背景最好用灰色系以减少眩光。
其他	可以利用材质凹凸或文字配合来增加标识的辨识力。

第 5 章　配套服务空间的老幼代际融合设计

在城市高层住居中，配套服务空间是各代人群生活中不可或缺的重要场所。基于社区生活圈理念，面向未来的住居配套服务设施应根据人群的生活需求和步行距离进行分层配置。在圈层视域内，对于老幼人群来说，支援照料空间是保障日常居家生活、促进代际交流认同的关键场所，亟须进行体系化设计。对于包括老幼在内的全龄人群来说，医疗保健、商业服务、公益支援、便利共享等空间设施是提升生活品质、增加代际互动的公共场所，亦需要进行层次化、精细化设计。

5.1　高层住居的服务配套设施分层布局

基于生活圈理论，社区生活圈是未来城市住居演化及发展的重要方向，也是目前我国居住区规划所倡导的建设方向。作为当前居住建筑的主体形式，城市高层住居应结合其空间规模构建立体化的圈层体系，并根据人群生活模式和居住需求分层配置服务配套设施。

5.1.1　社区生活圈层理念引入

社区（community）作为由居民地缘接近而自然形成的基本社会单位，通过共同的社会特性和共属意识，构成以区域性和共同性为核心的社会共同体。在高层住居中，本节主要探讨属于共同地理空间区位的社区及其社群。在住居视域内，一个良好社区的发展应能够兼顾多代居民、社区组织、社区开发者、公共组织和政府机构的多维需求，建立稳定持续的社群关系。其中，社群作为社区的核心构成，重点指代存在社区范围内相互联系的人群关系网络。从有益代际关系的视角来看，社群关系中的社区控制因素（community control）尤为关键，涉及多代居民与社区公共设施的相互关系，合理应用则有助于增强社区控制感、凝聚力和代际融合[191]。

生活圈理念直接起源于日本，石川荣耀由最初的居住点空间区位研究[192]，结合中心地理论，而建立起的圈层空间体系，即为"生活圈构成论"，将半径是 3 的倍数关系的不同圈层加以整合，其相对位置关系与中心地理论具有一定相似性，并通过在日本开展实证验证（图 5-1、图 5-2）。生活圈构成论在 20 世纪通过日本多次全国综合开发计划而推广发展，已逐步建构起由定居圈、定住圈和邻里圈等三个层次构成的生活圈体系，作为促进地区均衡发展、合理安排公共服务及基础设施的规划策略。生活圈概念及其空间体系一直延续至今，在日本和韩国等国家已有广泛实践。其中，以日本熊本市为例，中心商业区、地域网点和生活网点作为各级生活圈空间的核心要素，与定居圈、定住圈和邻里圈的服务中心相对应。

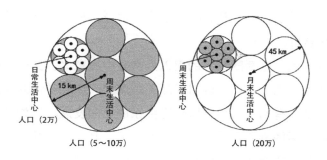

图 5-1　石川荣耀的生活圈构成论图解[193]

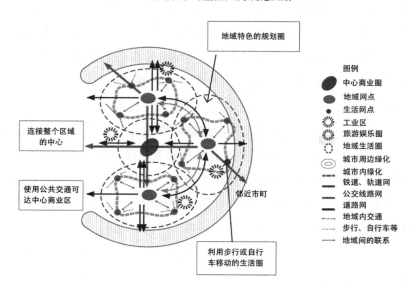

图 5-2　熊本市定居圈空间结构示意[194]

随着居民的住生活日益丰富多元化，传统的邻里单元模式难以满足居住需求的发展。面对新时期的居住生活发展，应转变近邻住居系统设计观念，将住生活的全貌作为一个整体，根据居民行为的整体形态设置生活设施，并与住生活行为模式相对应，从而形成设施联动的圈域网络，才能更好地提升居住品质。社区生活圈是诠释这种近邻设施规划思想的适宜载体，在邻里面域基础上，社区生活圈主要从社区角度，对服务设施空间位置进行拓展与重构，构筑步行可达的公共设施利用圈，从而提升社区活力。

社区生活圈理念在不断拓展完善的过程中，着重体现出如下几点共同特征[195]：生活圈从居民行为规律出发，着重解决不同层面和不同频率的生活需求问题；以服务设施为核心，构建社区生活圈空间需要各类空间要素充分支撑和协调；生活圈规划建设，是以人为本开展社区空间的治理过程，强调自下而上的实施机制和广泛的公众参与。

对于本研究来说，生活圈概念的引入具有多层面意义：其一，社区生活圈有助于促进社区代际融合与互助。应对代际关系演变，通过多代共享类设施供给和互助生活方式塑造，有助于引导社区代际关系的正向发展。例如日本的一些社区的老年人在社区生活圈支持下结成自救互助团体。其二，社区生活圈可为居家养老提供便利和保障。应对我国高龄化趋势，老年人移动半径受限，社区生活圈通过整合不同类型居家养老服务设施，并控制其服务半径，满足老年人居住需求并增加其社会参与度。其三，社区生活圈模式适用于存量时代的集合住居更新需要。随着我国高层住居建设从大规模开发迈向精细建设和存量优化阶段，社区生活圈的空间生长模式，更适于住居存量优化和邻里空间重构。

生活圈概念于20世纪90年代正式引入我国。随着社区规划设计理念的更新拓展，步行可达的生活圈逐步成为国内住居规划建设工作的关注热点，多个城市陆续在总体规划、居住区规划和公共服务设施标准中提出建设不同层级的生活圈，并结合具体设计项目加以试点应用和初步实践。例如北京、上海、成都与杭州等城市相继将塑造社区生活圈列入城市社区规划建设工作日程。上海市更率先提出了社区生活圈相关设计导则，提出包含居住、就业、出行、服务和休闲等5方面设计理念和策略（图5-3）。在国家层面，随着新版《城市居住区规划设计标准》中正式提出了生活圈居住区的概念、层次、规模和服务配置模式（表5-1），生活圈概念在我国进入正式推广实践阶段。

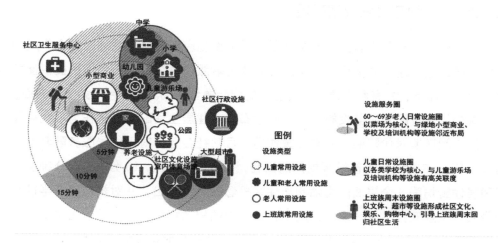

图 5-3　15 分钟社区生活圈构成解析[196]

　　根据相关规范界定，生活圈居住区是指一定空间范围内，由城市道路或用地边界所围合，住宅建筑相对集中的居住功能区域，并根据居住人口规模和行政管理分区等因素确定空间边界。按照居民居住生活需求的合理步行距离，生活圈居住区分为 4 个层级：15 分钟生活圈居住区—10 分钟生活圈居住区—5 分钟生活圈居住区—居住街坊。生活圈居住区概念将设施服务半径和整体居住人口视作双控指标，既要满足服务配套设施位于合理步行范围，也应该具备相应的服务人口以保证运行效率和综合活力。

生活圈居住区的分级概念界定和控制标准[138]　　　　　　　　　表 5-1

类型	特征	概念	步行距离 /m	居住人口 / 人	住居数量 / 套
15 分钟生活圈居住区	居住区的分级控制规模	以居民步行 15 分钟可满足其物质与文化生活需求为原则划分的居住区范围。	800~1000	50000~100000	17000~32000
10 分钟生活圈居住区	居住区的分级控制规模	以居民步行 10 分钟可满足其生活基本物质与文化需求为原则划分的居住区范围。	500	15000~25000	5000~8000
5 分钟生活圈居住区	居住区的分级控制规模	以居民步行 5 分钟可满足其基本生活需求为原则划分的居住区范围。	300	5000~12000	1500~4000
居住街坊	城市居住区构成的基本单元	由支路等城市道路或用地边界线围合的住宅用地，是住宅建筑组合形成的居住基本单元。	—	1000~3000	300~1000

5.1.2　服务配套设施分层设置

为均衡地服务各代居民，高层住居的配套设施应形成分层联动、复合集成的整体格局，进而建立便捷可达、功能全面的全龄服务系统，从而为居民提供便捷可达的生活服务，并有利于建立不同圈层的代际融合格局。具体包括如下几方面：

首先，注重配套服务设施的分层联动布局。住居生活配套设施作为多代居民共享的空间环境对代际融合具有支援作用。目前社会各界对于住居服务配套设施的重视度正在增强，随着新版规范的出台，涉及 15 分钟、10 分钟、5 分钟生活圈和居住街坊等 4 个层面的生活圈居住区概念被正式提出，并对相应服务半径和居住人口设置双控指标。因而，应结合规范中的相关指标，将高层住居空间环境与生活圈层整合，构建形成便捷可达、全龄友好的多代服务设施网络（图 5-4）。并且，还应对服务设施进行分层布局和分级开放，与区域资源整合，形成代群资源的统筹发展和功能互补，并注重老幼福祉设施的区域协同互补。此外，需要补充的是，设计中应关注家庭居室和不同服务设施之间的步行需求，特别对老年代和少儿代的高频使用设施应优先布局，并缩减服务半径。其中，供老幼代群使用的设施应优先布置在 5~10 分钟步行范围内，以保障服务半径不高于 500m。

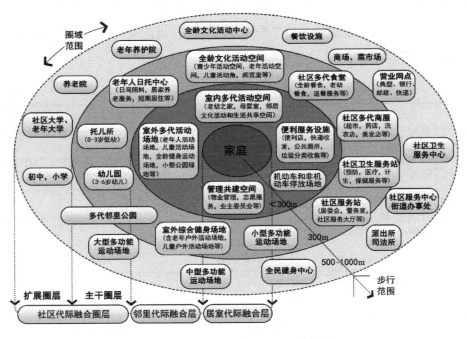

图 5-4　配套服务设施的分层布局模式解析

其次，提升多种类型配套服务设施的集成复合程度。随着我国城市居住区的高密度发展，服务设施的用地范围也受到局限，加之服务设施的功能通常具有一定代群混合性，多代居民对于服务设施的需求也具有连续性和同时性，因而，根据具体情况进行服务设施集成式布局，有助于加强代际联系。从步行关联角度来说，宜将使用关联较高的设施相邻设置，并且拓展形成综合型服务设施。例如，对于 5 分钟步行范围内的服务设施，例如文化活动、日常便民、服务管理和老幼支援等设施宜联合建设和集中布局。而从功能类型角度，对于功能具备关联性的设施可进行复合或混合设置，例如老幼保障设施和医疗保健设施宜复合设置，日常生活服务设施宜混合设施。另外在老旧集合住居的改造更新中，应根据具体情况，采用散点式或嵌入式布局方法来增加服务设施类型。

另外，作为一种成熟的服务设施集成模式，邻里中心模式（ home by home ）[197]在国内外一些高层住居中开始出现。在新加坡，邻里中心不以营利为主要目的，常由政府补贴，由物业进行集中经营与管理，通过这种模式实现了社区功能的复合与完整，开发流线见图 5-5。在我国，苏州市已对邻里中心制定了相对明确的政策标准，要求服务半径小于 500m，公益性和商业类的比例为 0.4 ：0.55，服务内容涉及商业、医疗、老幼保障、文体活动、社区管理服务等方面。并且，苏州的邻里中心已经形成了产业化运营，由相关公司进行建设和管理。

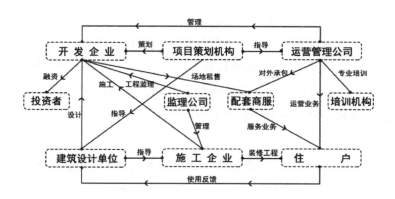

图 5-5　新加坡邻里中心开发模式 [198]

5.2　老幼人群支援照料空间设计

老幼人群的支援照料空间在目前的高层住居中较为紧缺，已配置此类空间的住居，也因为设计和管理因素而存在一定的空间异用和空置问题。随着老龄化发展和生育政策放开，住居中老幼人群的支援照料空间愈发受到关注。在建筑学领域内，如何构建高效的老幼照料设施网络、配置适宜高层住居的公共服务空间则是设计中的关键问题。

5.2.1　老年人与婴幼儿照料体系构建

在社区层面上，城市高层住居的老幼服务设施体系应在各自完善发展的基础上协同互促。建立老年人持续照料体系和儿童长效发展体系，可为不同健康阶段的老年人和不同成长阶段的儿童提供长期多元的保障、照料和支持设施。

在老幼照料体系内，老幼代群作为代际互助的受益者，接受照料和服务。同时老幼代群也能够作为代际互助的贡献者，积极参与到老幼持续照料和抚育体系中。

1）完善社区老年人持续照料体系

调研中发现，绝大多数老年人希望在自己熟悉的地方养老，最好能跟子女邻近居住，并且能够维持稳定长久的邻里关系。根据相关调查显示，老年人更换住处会影响社会生活的连续性，对身心健康不利。从有益代际融合的角度来看，创建居家养老的长期支援体系，对辅助老年人更好地居家生活，提高老年生活质量具有重要的意义。

结合近年来国内外的"老年人回归社区"的研究主张，在社区生活圈层构建全面持续的老年人服务支援体系，对代际关系具有积极引导作用。具体来说，老年人可作为代际互助的受益者，延续自身生活习惯、接受照料服务、优化生活质量。与此同时，老年人也可以作为代际互助的贡献者，在社区代际合力作用下，积极参与到持续照料体系中，形成代群大类内的"老老互助"，或积极参与其他代际活动。

根据相关研究，社区生活圈层的老年人持续照料体系是社区照顾（community care）理念的发展与延伸。基于社区照顾理念，社区老年人服务设施呈现小型化、社区化和家庭化等特征，同时衍生出两种设施形态："由社区照顾"和"在社区内照顾"。遵循这一趋势，老年人持续照料体系主要包含老年居住安排和老年照料设施等两部分内容（图5-6）。其中，老年居住安排侧重于适老化住宅的合理安排，根据具体情况可采用同一社区不同类型住宅置换和同一套住宅潜伏变换等两种途径实现。此外，老年照料设施尽量复合设置，为不同健康阶段的老年人和老年家庭提供互动式双向服务模式，既能够接待老年人到养老设施接受服务，也能为老年人提供日常居家服务。

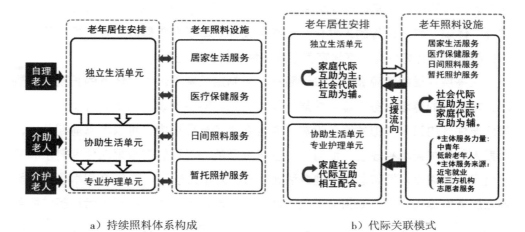

a）持续照料体系构成　　　　　　　　　b）代际关联模式

图 5-6　老年人持续照料体系图解 [199]

　　老年人持续照料体系的核心在于为各类居家老年人提供日常衣食住行、保健护理、健身娱乐的适老化场所及相关服务，并鼓励老年人继续就业和日常交往。良好的支援体系能够充分尊重老年人，体现老年人的主导意识，鼓励老年人积极参与社区活动。同时随着老年人的年龄增长和身体衰退，支援体系能够提供相应的医疗、康复护理和长期照护的医护服务，保障老年人在住居内持续居住，在不同身心阶段得到物质和精神需求的满足，进而通过硬件和软件结合，实现长期性体系化运营。

　　一般来说，老年人持续照料体系能够承载如下功能：为居家老年人提供上门服务；为老年人提供日常休闲的适宜场所；为介助和介护老年人提供日间照料；为老年人提供简单的医疗服务、健康管理、心理辅导；支持老年人持续工作和社会参与的专门场所；为老年人提供日常商品贩售和餐饮服务。各类养老服务功能与不同健康阶段的老年人可形成双向循环式的服务模式，既能够接待老年人来设施内接受服务，也可为出门不便的老年人提供上门服务。在此基础上，与周边社区养老服务设施相互补充，进行养老资源的互动与共享，共同构成完整的区域居家养老服务体系。

　　在设计理念层面，高层住居内的养老设施应一改以往粗放的设计方式和缺位的管理模式，逐步转向精细化、复合化设计。在各阶段的设计过程中，不仅要关注到养老设施与其他服务设施的差异，将老年人视作一个共性群体，同时也关注到老年人群体的差异性特征，根据老年人的个体智能和个人兴趣爱好进一步细分。在养老设施的设计中要做到有同有异，"同"体现了养老设施的包容性和通用性，"异"体现了养老设施的人性化和精细化设计。基于老年群体的多样性，养老设施的精细化设计将成为未来居家养老服务体系的发展趋势。

在高层住居的新建和改建设计阶段，应制定居家养老支援体系的长期发展战略，将基础的养老服务设施与住居"同步规划、同步建设、同步交付使用"。如果所属住区内已有类似的服务设施，并且在服务半径以内，可以考虑前期共用，后期人数增加再单独建设。而对于一些拓展型的养老设施应根据入住者需求和运营情况分期建设，例如老年人健身活动中心、老年大学等。表5-2列举了6大类养老服务设施类型及其配置必要性。此外，住居规划中尽量根据养老设施的服务功能进行集中设置、统一布局，促使资源集约利用和集群经营效应。在满足功能正常运行、避免环境干扰的前提条件下，将一些功能相近的养老设施和其他服务设施合并，而将类型相近的设施集中设置，有助于集约化地利用裙房空间，并形成资源统筹的整合态势。

住区内的主要养老设施分类 表5-2

配套设施	项目	需求	配套设施	项目	需求
医疗护理	老年人综合医院	建议	康体健身	老年综合活动中心	必要
	老年护理院	必要		老年健身休闲中心	建议
	老年康复中心	建议		棋牌活动室	建议
	老年诊所	必要		室外运动场	必要
居家服务	老年日托中心	必要	文化娱乐	剧场或多功能厅	建议
	老年人服务中心	必要		图书室或阅览室	建议
餐饮服务	公共餐厅	建议	教育培训	老年大学	建议
	咖啡厅、茶室	建议		学习机构	建议

2）积极拓展社区儿童长效发展体系

应对少子化趋势，近年来我国二孩、三孩政策逐步放开，社会各界对于托儿所、幼儿园的关注度也在提升；相关规范、标准也在修编更新，对托幼设施提出了更高的设计要求。住居空间环境是儿童主要的居住环境，日常生活、身心发展的起始点，因而从社区邻里角度构建社区儿童长效发展体系具有重要意义，有助于促进儿童参与和代际融合。目前我国城市的高层住居，配置幼儿园的情况越来越普遍，但是托儿所还是鲜有出现。在住居中，0~6 岁是儿童群体中在宅时间最长的年龄段，需要家庭和社会给予更多照料，为这一群体提供安全、就近、高品质的全过程托幼空间是未来住居服务设施的重要发展方向。

城市高层住居的儿童长效发展原理，源于儿童发展科学。随着儿童成长，儿童发展体系的重心逐步由家庭向社会转移，其中儿童的居住安排作为起始点，家庭环境中的儿童发展是家庭成员之间相互作用的一种复杂过程，既涉及家庭代际关系的多元表现，也关联整个社区的代际关系体系。儿童发展体系的居住安排需要结合家庭需求共同考虑，并需要注重儿童居住空间环境的安全健康、空间演变的灵活性、社会力量照护的便利性。随着儿童逐步成长，会依次接触到托儿所、幼儿园和中小学等不同社区配套设施，因而还应重视儿童社交能力的提升，通过与同年龄层人群建立同伴关系，以及和不同代群建立互动关系。进而，在社会和家庭代际合力的基础上，促进儿童居民实现身心成长和能力拓展。在此过程中，儿童长效发展体系与老幼代际融合是互为助益的。但与老年人服务体系的演变序列不同的是，儿童体系的演变是由被动接受到主动参与的过程，代际融合的主导能力和参与度不断增强，并且开始由家庭层面逐步向社区延伸。

设计中，需要特别关注托幼设施的选址及对外联系问题。根据 2019 年版的《托儿所、幼儿园建筑设计规范》JGJ 39—2016，社区内的托儿所、幼儿园的服务半径宜为 300m，且应建设在日照充足、交通方便、场地平整、环境优美、基础设施完善的地段，并要应远离各种污染源，避免毗邻人流密集的场所。在满足规范基础上，托幼设施选址应均衡考虑住居周边的幼儿通勤问题，应尽量邻近主要出入口。考虑到现有高层住居的公共设施空间紧缺问题，托幼设施也可考虑与其他设施合设。在国外，有很多住居内的托幼设施和养老设施复合设施，但在我国此类设施还极少出现。托幼设施与其他设施合设的情况需要着重考虑日常管理的安全问题和共享设施的空间组构模式问题。

5.2.2　老幼照料设施复合联动模式

整体来看，考虑居家养老和儿童养育现象具有一定共时性和相似性。在城市高层住区中，社区层面的老幼照料服务体系不仅要根据老年人和儿童各自发展来具体设置，也应考虑相互之间的复合布局和协同设计，以期有助于资源集约利用、提高服务周转效率、促进老幼代群的交流与互助。

从促进老幼代际交流和老幼资源集约发展的角度，宜对高层住居的社区老幼设施进行多元复合和适度混合。根据设施类型，可综合采用整体复合、局部混合和临时联动等模式。老幼设施复合联动设计有助于促进老年代和少儿代的社会代际交流，既实现老幼服务设施的综合效益和活力提升，亦有助于促进老幼之间的代际互助和理解认同。

一方面，依托完善的老幼设施体系，要注重老幼设施的多元复合和适度混合。

由于身体条件、互动内容、出行方式等限制因素，老年人和学龄前儿童主要依靠5~10分钟步行范围的社区配套设施，因而老年人日托中心、托儿所、居家养老和育儿服务设施的服务半径应尽量布置在500m服务半径范围之内。服务设施多以小范围散点式分布，不同设施之间相互复合有利于提高经济性，也便于家庭多代人共同出行。

对于老年人日托中心和托儿所等社区老幼服务设施，可以通过整体复合、局部混合的模式进行复合设置。主要功能分区可以通过分层或分区式布置来实现。分层式的布置更为适宜高层住居，例如东京奥利纳斯夜莺林项目为租赁住宅和老幼福祉的高层综合体，不同设施分层复合设置，不同代群融合度较高（图5-7）。而混合设置可通过设置共用共享大厅或是室外庭院实现，通过混合老幼休闲活动空间，促进老幼之间的代际交流和日常互助，例如日本白山市B's行善寺案例为老幼服务设施和商业服务设施的综合体，老幼服务设施具有一定混合性，有助于促进代际融合（图5-8）。

另一方面，基于老幼设施的临时联动需求，考虑到养老院、老人养护院、幼儿园和中小学等机构的各自功能独立性较强，在不影响主体内容基础上，可以通过组织社区多代活动等多种方式，灵活借用共享活动室、餐厅和学习室等空间开展多代交流活动，既提高空间使用率，也可促进老人和儿童的代际交流与互助。

具体来说，可以将社区养老设施与教育辅导机构联合设置，为社区内小学生提供课后托管服务，并鼓励老年人向小学生传授传统文化和科学知识，实现更高层面的代际传承和精神互动。同时，也可以结合志愿服务和代际交换服务等方式，丰富老幼服务设施的代群结构。例如，吸引青少年群体参与老幼服务设施的代际支援服务，从而促进代际交流和知识传递。相应举措已有实践，荷兰代芬特

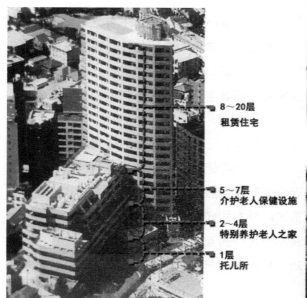

8～20层
租赁住宅

5～7层
介护老人保健设施

2～4层
特别养护老人之家

1层
托儿所

b）住居入口空间

c）位于裙房屋顶的共享空间

a）功能纵向分布

图 5-7　奥利纳斯夜莺林项目分析 [200]

a）首层平面图

b）老幼共享空间

图 5-8　B's 行善寺福祉设施平面图 [201]

尔（Deventer）的一家养老院开展了一项促进青少年人与老年人交流的交换计划，社区内青年人通过陪伴和协助老年人日常生活，满足一定时数换取宿舍免费居住福利。

5.2.3　非正式老幼照料空间嵌入式设计

在高层住居的老幼照料设施体系内，小规模老幼服务设施作为一种邻里非正式照料设施，宜通过集成嵌入的方式进行设置。设计中应注重集约性，根据近宅居民需求灵活复活设置。作为社区老幼服务设施的补充、衔接和中转地，在邻里范围内嵌入设置小规模老幼复合服务空间具有必要性，有助于为老年人和婴幼儿提供更为便捷的近宅服务。更为关键的是，目前住宅内隔代养育现象普遍，老年人和婴幼儿的居家生活服务应该集成复合设置，既为隔代养育的老幼家庭提供居家服务和临时照料，也为近宅范围内其他需要生活服务的老年人和婴幼儿家庭提供支援。

邻里圈层内的老幼复合服务设施是社区非正式照料体系的近宅区域拓展。非正式照料力量包含相关老幼居民家属、志愿者组织和其他乐于参与的近宅居民。其中，引入非正式照料力量服务近宅老幼复合服务空间，有助于老幼资源共享，减低服务成本，也可以延续邻里范围内原有的代际关系。另外，通过积极调动老年人和青少年群体力量，能够加深不同代群的互助协作和理解认同。如在日本佐仓市一处小型老幼馆中，儿童活动室与老年人起居室复合设置，形成了代际交流互动的良好氛围（图5-9）。

a）老幼共享的起居室　　　　　　　　　　b）老幼共用的图书室

图5-9　日本佐仓市一处社区小型老幼生活馆 [202]

其中，在空间集约层面，考虑到住居室内公共空间较为紧缺，小规模老幼复合服务空间宜进行集成嵌入式设计，可与其他公共空间联合设置，必要时可以分时共享部分活动空间，提升近宅公共空间的综合利用率。根据空间场地的具体状况，老幼复合服务空间的布局可分为向内调节、向外拓展和散点嵌入等不同类型（图5-10）。

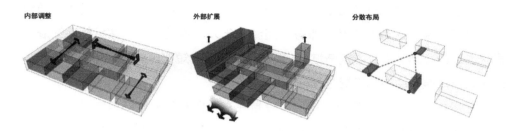

图 5-10　小型老幼复合服务设施的组构模式 [203]

此外，在功能组织层面，老幼复合型服务设施一般包含有居家养老和育儿服务，老幼托管、亲子活动空间和生活服务空间。并且，应根据老幼身体尺度，配置适宜尺寸的休息座椅、床位和餐位，以及母婴室和无障碍卫生间。为了提升空间利用效率，可复合设置餐厅、起居室与多功能厅。如图 5-11 所示为日本一处银发集合住宅的团聚室，位于集合住宅首层，并与生活协助员的专用居室相邻设置，用于老年人和前来探访的亲属相聚，以及日常交流活动。室内功能较为完备，并根据当地老人习惯设置了日式活动房间。

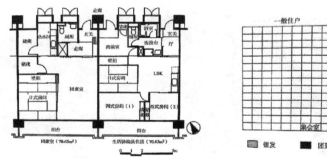

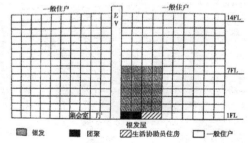

a）团聚室和生活协助员居室平面　　　　　　b）团聚室在楼栋中的位置示意

图 5-11　设置团聚室的银发集合住宅 [204]

5.2.4　老幼支援照料设施的设计要点

在城市高层住居中，老年日间照料空间、老年短期护理空间、幼儿托管空间、老幼活动组织空间、老幼生活服务空间是常见的老幼服务设施构成模式。

1）老年日间照料空间

高层住居内的老年日间照料空间属于社区公共服务设施，作为养老设施的重要组成，其主要功能是为社区内日间缺乏照料的介助老人，提供日间生活照料、日常护理和康复、精神慰藉等服务。随着老年人年龄增长，身体机能逐渐衰退，居家养老的介助老人数量逐渐增多，因而需要日间或短期照料的老年人数量增多，老年人日间照料中心的设置越发必要。

住居内的老年人日间照料空间应设置在交通便利且光照环境较好的位置。一些规模较小的高层住居如需设置日间照料空间，则可设置在住栋底层空间，也可考虑与老年活动中心等其他养老设施集中设施，便于资源共享与功能互补。日间照料空间一般由若干功能单元组成，每个功能单元由若干功能用房组成，功能单元主要由治疗单元、管理单元、聚会用房、休息单元、个人卫生设施与后勤服务空间组成。此外，为避免失智老年人在中心内迷路，空间流线应简单明确，并且老年人的主要活动空间应在照料人员的视线范围内，以保障照料人员能随时掌握老年人的情况，及时满足老年人的需求。在合理的功能组织基础上，优秀的老年社区需要人性化的空间设计，如美国一家社区老年人日间照料中心，采用木质材料，搭配黄绿色系传统风格家居，使整个日间照料中心十分温馨亲切（图5-12）。

a）公用厨房　　　　　　　　　　　　　b）公共餐厅

图5-12　美国一处老年日间照料中心[205]

2）老年人短期护理空间

老年人的生活自理能力随年龄增长而明显下降，目前我国高龄老人的照料和护理需求十分广泛。基于老年人持续照顾理念，有条件的高层住居可独立或结合所在居住区配置老年护理空间。护理空间是为生活行为需要护理的老年人提供起居照料、康复训练、医疗保健等服务而设置的养老设施。

功能构成方面，适宜住居模式的老年护理空间主要包括短期居住空间、公共功能空间、医疗保健空间和辅助服务空间（图5-13）。其中，居住空间作为与老人居住行为相关紧密的空间，为其提供生活起居和护理服务，是老年护理院空间中最基本的组成部分。公共功能空间为老人、来访者和相关工作人员提供各类公共活动场地和具体服务，是老年护理空间中最公共化的部分。医疗保健空间为老人提供的协助医疗、康复训练等功能，是老年护理院中专业性要求较高的空间。选址方面，老年护理空间应设置在住区内较为安静的区域，避免和住居内主要交通空间相邻，以保证老年人日常生活和护理的安静环境。如英国谢菲尔德Broomgrove Trust老年护理设施，将院居照料空间和社区日间照料中心合并，实现资源共享，同时设置许多阳光走廊和阳光房，最大限度地让老年人享有阳光（图5-14）。

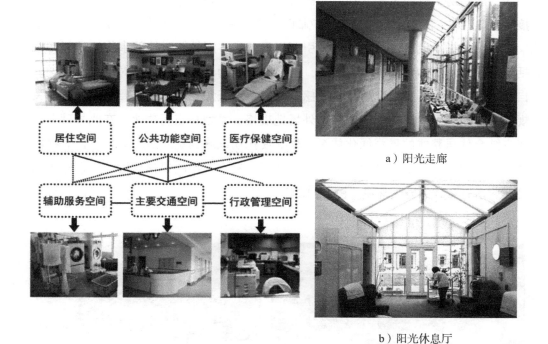

a）阳光走廊

b）阳光休息厅

图 5-13　老年护理设施的空间关系分析　　图 5-14　英国谢菲尔德的一处老年护理院[206]

3）幼儿托管空间

对于高层住居来说，在住居内配置托儿所、幼儿园应考虑以下设计问题，并采取适宜的设计手段：

首先，托幼设施的规模问题。随着住居内幼儿数量的波动，以及学前教育模式的演进，规模不足的问题在小区幼儿园中时有发生。因而，在托幼设施设计之初，应充分考虑设施的可持续性使用问题，妥善设置办学班额。而且，在有条件的情况下，应为托幼设施预留改扩建的发展用地。例如，可在小区幼儿园一侧设置组团绿地或预留活动场地，用作改扩建用地[207]。

其次，托幼设施中的社区交往空间问题。近年来，我国的幼教理念逐步与国际接轨，愈发关注学龄前教育与社区融合议题。随着儿童年龄增长，对其家庭、幼儿园、居住社区会产生浓厚兴趣，并逐步锻炼其社交能力。在现代的幼教理念中，社区参与和代际交流是提高儿童文化素养和社会交往能力的重要渠道。住居中的社区环境、家庭环境、托幼设施空间三者的协同互动，有助于帮助学龄前儿童构建更为积极、独立的自我概念。设计中，可在教学功能房间中设置面向社区开放的多功能用房，例如亲子活动室、社区儿童图书室等。此类用房最好与外界有直接的入口联系，便于定期社区活动中临时开启，平时则可对内用作儿童活动空间。

再次，托幼设施中的自然环境引入问题。0~6岁幼儿对外部事物的理解与概括能力较低，身体与心理发育迅速，更易接受生动形象的事物。对于幼儿来说，自然环境是有利于身心发展、拓展感知能力、降低焦虑情绪的重要触媒。在相关规范中，明确规定了托幼设施的室外场地规格、类型和空间功能。在此基础上，还应结合住居整体的景观绿化体系，尽量使托幼设施的室外活动场地与住居绿地邻近，并在室外活动场地中设施安全、美观、易于养护的绿化植被，结合建筑小品形成富有童趣的园景环境（图5-15）。

a）儿童活动空间　　　　　　　　　　　b）托幼设施外部空间

图5-15　高层住居的儿童活动及托幼设施举例

4）老幼活动空间

随着城市居民经济水平和生活质量的提高，愈加重视老幼人群的日常锻炼和休闲娱乐。目前，由于通行距离的限制，一般的市级和区级市民活动中心难以满足老幼日常文娱活动需求。因而，在社区层面，设计中可以将少年儿童活动空间或托幼机构与老年活动中心合设，成为老少活动中心，以促进老年人和少年儿童的代际互助。近年来国外大量建设的"多代屋"就是属于此类设施，"多代屋"（Multi-generational Center）将同一社区内的老幼休闲娱乐空间结合，并根据老年人和儿童的差异性需求而独立设置若干活动室作为补充。目前此类设施的使用效果较好，已在欧美的一些成熟社区中应用普及。如美国拉斯韦加斯的 Sky-view 多代屋，内部设有多代活动室、老年人活动室、康复训练室和露天泳池等（图 5-16）。

a）入口标识　　　　　　　　　　　　　b）室外景观

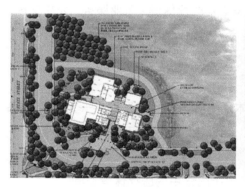

c）总平面图　　　　　　　　　　　　　d）屋顶平台

图 5-16　美国拉斯韦加斯的一处多代屋[208]

高层住居的老幼活动中心是旨在提升老年人和儿童群体生活质量、丰富精神生活、促进身心健康。高层住居中的老幼活动中心主要服务对象是住区内的老年人和儿童群体，根据住居规模，老幼活动中心的建设规模和设置模式有所差异。老幼活动中心的选址宜靠近商业服务设施和社区综合服务设施，既可方便老年人使用这些设施，又可促进相关设施的集群经营效应。活动中心应和室外环境一体化设计，尽可能靠近室外活动空间，促进室外空间资源的综合利用，方便使用者灵活选择室内外活动，同时保证良好的视觉景观。恰当的选址能让老幼居民享有安全的户外空间、良好的视觉景观和通达的户外空间。

老幼活动中心的主要功能包括文娱、休憩、餐饮、医护、管理和后勤等，其中文娱作为活动中心的主要功能，由表演剧场、交流大厅、多功能中心等组成，文娱空间的设计要注重老年人和儿童的身心需求，力求促进老年人和儿童积极参与活动，加强社会交往。休憩空间主要由室内和室外两部分构成，应结合其他空间进行灵活分散设置。例如，可在各种活动用房的连廊、过道、阳台处，也可结合电梯厅、楼梯口、门厅等交通流线的停留场所设置。此外，活动中心应结合地域文化特点和当地风俗习惯，根据老幼人群的兴趣爱好和活动意愿调整功能构成和空间比例。

5.3　全龄通用配套设施设计要点

高层住居空间的使用者不仅有老幼人群，还包含各年龄人群，加之高层住居的公共空间通常较为紧缺，因而，设计中应考虑对医疗保健、商业服务、公益支援、便民共享等主体服务设施进行全龄通用的复合设计。

5.3.1　全龄医疗保健空间设计

在高层住居中，所属社区的医疗保健体系能够为多代居民提供一定的健康保障，并可通过疗愈环境的合理激励和引导，促进代际交流与互助疗愈，特别对于老幼代群具有重要意义。

首先来说，应在社区圈层建立并完善多代居民适用的医疗保健空间。

从宏观视角来看，在健康老龄化倡导下，相关规范和研究层面以老年人为重心的全周期医疗照护体系不断发展健全，以儿童为核心的社区防疫保健体系也在不断完善。从代际融合视角，构建社区全龄医疗保健体系有助于保障多代居民的身心健康。

因而，构建全龄医疗保健体系需要紧跟时代步伐，依托于完善智能的信息网络系统。例如，建立住居及公共空间的医疗应急网络，促进邻里代际健康监查和互助呼叫，以及相应的紧急救助通道，缩短医疗救援的时间和距离，为全龄居民提供更为稳固的医疗安全保障。

而且，从健康老龄化视角，全龄医疗保健设施体系需要为不同健康状况的老年人提供相应照料服务。为提升医疗体系和老年照料设施的协作效率，将社区医院、老年养护院、日间照料中心和居家养老服务设施等复合设置具有意义。例如，在北京东恒时代小区中，养老服务驿站和社区卫生服务中心合并设置（图 5-17）；成都凉水井街社区医院和日间照料中心复合设置（图 5-18）。

图 5-17　养老服务站和卫生服务站合并设置　　　图 5-18　社区医院和日间照料中心复合设置

其次，营建互助疗愈空间对代际融合具有积极意义。

从微观视角而言，社区医疗保健在体系完善基础上应优化医疗空间环境，形成物理空间感受与人文交流氛围相得益彰的疗愈型空间环境。根据相关研究，疗愈环境的营建需要注重提升社会支持、增强控制感、设置分散注意力的积极事物、消除环境中的压力因素、导向自然景观和激发积极感受等。

从代际融合角度，提升医疗保健环境对老年群体的疗愈作用，应注重融入社会支持力量。通过代际互助行为的合理激励和引导，结合健康老龄化作用原理，有助于从生理和心理上激励老年人的内在康复力，从而提升疗愈效果（图 5-19）。具体来说，在依社区养老设施和日间照料中心中，应增设拓展恢复性环境，例如增加多代人共享的疗愈花园（Healing Garden）。

此外，为提升医疗保健环境对儿童群体的疗愈作用，应对于儿童和陪护家人高频参与的社区防疫空间进行环境优化处理，增加分散儿童注意力的积极事物，并消除医疗环境中的压力因素。例如，增加设施舒适度，设置母婴室和儿童游戏室，加入童趣设计和便民服务设施，并对注射室进行隔声处理，等等。通过防疫空间的优化设计，使等待中的儿童和陪护家长增加代际交流。

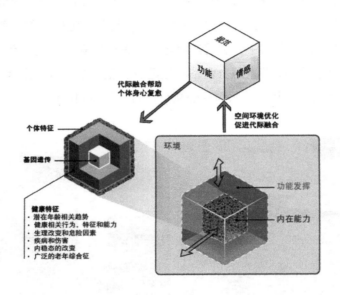

图 5-19　代际互助疗愈对个人复愈的作用机制

5.3.2　体验式商业服务设施设计

社区体验式便民商业设施网络中，需根据业态内容而适当混合集群设置，增加网络信息化服务，并在商业空间拓展用于休憩、体验、等候的公共空间。通过商业体系完善，为全龄居民提供便利，并拓展代际交流。

具体来说，一方面，要注重商业服务体系的优化与完善。应体现"因住而商"的社区商业配套设施是一种以社区里居民为服务对象，以满足和促进居民日常综合消费为目标的属地型商业空间。从满足多代居民日常商业需求的角度，社区层面的商业设施业态应形成多元完善的集成体系。例如，通过商业设施多元混合式布局，并与其他配套设置联动设置，构成如商业步行街或邻里中心等集聚形式（表5-3）。另一方面，在目前移动互联网高度发达的状态下，城市高层住居的商业设施也应开拓网络化服务形式，拓展更为便捷购物渠道，为居家养老及育儿的多代居民提供个性化服务。如保利"若比邻"邻里商业产品线，通过连锁经营、统一布局、线上线下联动的方式建立了更为便捷完善的邻里商业服务体系（表5-4）。

社区商业类型划分　　　　　　　　　　表 5-3

商业类型	选址	建筑形式	业态组合	服务范围	服务层次
社区商业中心	人流高度集中的邻里中心	底商，裙楼，组层纯商业建筑	超市，便利店，母婴店，药店，茶室，餐饮店，休闲娱乐中心等	社区和周边区域	高
社区商业街	人流相对集中的邻里区域	底商，裙楼，低层纯商业建筑	小型超市，餐饮店，母婴店，药店，服务业等	社区	较高
邻里底商	每个近宅邻里	楼栋首层或低层空间	零售商业或服务业	邻里	低

另一方面，积极塑造老幼购物体验场所。由于老幼群体对步行可达的邻里商业设施依赖程度较高，因而应根据老年人和少年儿童的日常需求，有侧重地增加社区商业服务类型。例如，以少年儿童为主要目标的母婴用品商店、玩具店、文具店、室内游乐设施等，以及以老年人为主要目标的菜场、茶室、药品商店等，或以隔代养育群体为目标的老幼食堂和代际学习中心。需要重视的是，社区食堂和其他餐饮设施应设置老年人和婴幼儿座位，保证轮椅和婴儿车的方面进出和停放。

"若比邻"社区商业空间的业态分布[209]　　　表 5-4

类型	选址	体量	布局城市	O2O 模式
若比邻 Mall	集中式街区	3000~20000m²	广州天津长沙西安沈阳	运用 APP，主打生鲜产品、便利服务的邻里商业品牌
商业街	沿街底商	800~3000m²		
商业中心	沿街底商	800~3000m²		
生鲜超市	住宅底商	300~800m²		
鲜食便利	沿街底商	—		
自助商店	住宅底商	—		

5.3.3　社群公益支援空间设计

结合生活服务设施，拓展社区志愿服务和爱心公益空间，富有现实价值。目前，国内外一些社区尝试已通过互馈机制鼓励志愿者参与社区生活服务和公共事务，注重调动老幼群体自身优势，从而促进不同代居民之间的志愿互助和爱心帮扶，使老幼弱势群体既受到公益支援也能实现个人价值，营建代际共情的互助互爱氛围。具体应从如下几方面着手：

首先，在空间环境支持下，建构社区多代支援服务机制。在社区范围内，由社区居民组织的志愿者团队可包含少年儿童、中青年和老年人，各个年龄段的志愿者均可基于自身优势为社区其他居民提供帮助，而志愿者本人也在志愿服务过程中实现自我价值，提升自身能力。

多代志愿服务过程也包含了多种形式的代际互动，而在住居空间环境设计过程中，应对上述活动留有冗余空间，例如为青中年人和儿童、青中年人和老年人和、低龄老年人和高龄老年人预留志愿互助的灵活空间（图5-20、图5-21）。而且，近年来，社区内的老年人志愿者数量在不断增加，老年人可以参加的志愿服务内容丰富多样。具体来说，老年人可参与社区治理，如安全巡防、社区环境监督、家庭事务调解等；也参与社区服务，如根据特长提供专业咨询、组建社区兴趣俱乐部、参与社区历史的收集和口述史料等；还可发展社会事业，如组建自行车协会、老年学堂等。

图5-20　社区"儿童之家"志愿服务活动[210]　　　图5-21　志愿者教老年人使用电脑[211]

其次，为社区志愿活动拓展适宜场所。在集合住宅的社区圈层，宜在社区服务中心或社区服务站设置用于志愿者办公和开展公益服务的空间，例如，设置志愿者之家，残疾人爱心服务中心等。如北京八里庄社区的残疾人服务中心（图5-22），设有活动室、图书阅览角、心理咨询室、法律服务工作站、就业指导工作站等服务设施和房间，为残疾人提供公益志愿服务。此外，根据支援服务和公益活动需求，也可结合各类活动特点，灵活使用社区广场、邻里公园、街道空间、文化活动中心、老幼服务设施等的共享开放空间。

a）活动宣传墙　　　　　　　　　　　b）日常活动室

图 5-22　北京八里庄社区残疾人服务中心

5.3.4　小型多代便民设施设计

在全龄通用的配套设施体系中，嵌入在住居各处公共空间的小型便民设施虽然规模零散，但在各代居民日常生活中扮演着重要角色。高层住居中的小微便民设施一般包含小型商业空间和公益共享设施。

一方面，应灵活设置多代便利的小型商业空间。在住居的邻里范围内，灵活设置多元化小型商业空间，适当包容流动商业设施，并预留居民等待和交流的冗余空间，有助于增加多代居民的生活便利性，也能拓展随机灵活的代际交流与互动。

具体来说，首先，应注重小型商业设施的多维嵌入式设计。小型商业设施在近宅邻里中存在较为普遍，形式多样，经营内容多以日常食品用品零售、小型餐饮和便民服务等为主，很大程度上方便了近宅居民的日常生活，特别是行动能力较差的老年人、儿童和其他弱势群体。这类商业空间通常占地面积较小，如考虑长期固定设置，则宜结合住宅单体和裙房等建筑空间灵活考虑（图 5-23）。在设计过程中，可以结合入口空间、建筑转角、首层门洞、架空空间、周边界面等位置灵活配置商业空间，并与建筑形态进行相互配合和映衬，例如哥本哈根 8 字住宅的入口处的小型便利店（图 5-24）。

其次，注重商业设施的灵活流动式设计。目前邻里内的流动商业设施通常设置在入口空间、步行空间和室外活动场所。调研发现，流动经营的商业设施具有

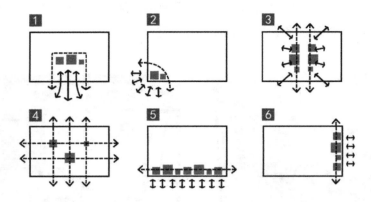

图 5-23　商业设施在住居首层的嵌入模式

一定人气，对所在空间活力具有促进作用。例如，在北京远洋天地小区活动广场一侧就有一处流动菜摊，聚集了近宅中以老年人为主的多代居民，既方便了居民生活，同时也增加了广场的人气。因而，在近宅公共空间中，宜结合入口、广场等空间，适当预留一些小型商业场地，结合多代日常需求灵活组织业态类型。

再次，综合多种方法提升小型商业设施的交往拓展效果。小型商业设施主要面向邻里居民，通常经营者和前来购物的居民之间较为熟悉，而经营环境的休闲氛围通常较为浓厚。邻里范围内的商业设施通常会结合店外空间设置一定商品展示货架、体验设施、露天餐饮、休息座椅等多元设施，既增加了店铺人气，也形成了一些富有活力的临时交往空间。具体可通过延伸展示区域、加设餐饮座椅和等候休憩座椅等途径拓展交往空间（图 5-25）。

此外，可为多代居民的二手物品交换预留空间。目前，一些住居内举办的公益义卖活动，也对于代际交流和互动具有积极推动作用，例如，远洋天地家园社区联合当地幼儿园在社区商业空间定期开设的"跳蚤市场"，在家长和教师指导下，儿童向社区多代居民出售自己闲置的书籍、玩具、服装等物品，实现旧物再利用，并为地区公益组织捐款（图 5-26）。

另一方面，适度增加多元复合的小型共享服务设施。在高层住居中，图书角、共享部品、邻里文化墙、母婴室等小型共享空间及设施，可为不同年龄居民提供更为精细便利的生活支援服务，而且，通过分享可增进代际认同感，促进多种形式的代际互助和精细支援服务。在设计中，在空间布局方面，应根据设施类型和居民需求程度灵活设置，注重室内外小微空间的开发利用。设施应具备多元灵活性，

图 5-24 主入口一侧
设置便利店

图 5-25 转角花店的
展示空间延伸

图 5-26 邻里儿童
义卖活动场景[212]

尽量布置可移动设施，可以根据季节交替和居民需求变化而灵活调配，多种设施宜集成设计，便于居民的同时或接续使用。

基于调研结果，高层住居的邻里共享便利设施可归纳为 4 种主要类型，包含亲子服务类、便利部品类、文化交互类和卫生清洁类（图 5-27）。

图 5-27 邻里范围内的各类便利设施举例

亲子服务类设施主要为隔代养育和亲子养育的多代家庭提供便利，营造儿童友好氛围。母婴室为目前最为普遍欠缺的典型亲子服务设施，通常在公共活动空间附近设置，并与公共卫生间邻近，可与无障碍卫生间合并设置。母婴室内的设施应包含哺乳座椅、马桶、洗手台、尿布台和儿童座椅等。另外，宜增加设施中的童趣，例如身高尺、墙画、卡通小品等，有助于营建儿童友好的生活氛围。

便利部品类设施主要包含各类自助和共享设施，为各种年龄的居民提供日常生活便利，例如自助急救箱、临时储物柜、自动贩售机、快递存储箱、信报箱、自助取款机和共享用具等。其中，临时储物柜主要是为健身活动的居民存放个人物品临时使用，一般设置在室内外健身活动区域附近。便利性共享设施包含雨伞、手推车、婴儿车和轮椅等用具，多数设置在楼栋门厅或近宅邻里入口处。

文化交互类设施主要是为多代居民提供知识交流、活动记录和展示互动的设施，例如移动图书馆向不同年龄段居民的提供书籍租借服务，公共图书角为居民自行捐赠、自主借阅的书籍和报刊提供存放空间，而近邻文化墙或陈列柜则为近宅活动照片展示、居民才艺展示和互动交流群组提供灵活的平面或立体交空间。

卫生类设施主要为全龄居民提供个人和宠物卫生、家庭垃圾分类丢弃和文明行为宣传的日常服务，包含公共卫生间、宠物厕所、分类垃圾箱等。其中公共卫生间应进行通用无障碍设计，并布置在室内外主要共享空间附近。

第6章 楼栋公共空间的老幼代际融合设计

作为高层住居体系内最为关键的建筑构成——单体住宅楼栋，是高层住居设计中的重点和难点。相比于多层住居，高层住宅楼栋的设计难点之一是交通系统。高层楼栋的交通体系由水平交通和垂直交通构成。从促进老幼代际融合的视角来看，设计中需要重视交通系统的无障碍设计和安全疏散问题。另外，相比于低层、多层住居，高层住居的楼栋公共空间更为稀缺、居民人数更多、日常交流更少。因而，从促进代际交流、老幼互助的角度，集约、有效地开拓适宜的近宅交往空间尤为重要，且特别适用于寒冷地区。

6.1 支持全龄通用的楼栋交通空间设计

从建筑单体层面，高层住居包含板式和塔式两种基本类型。板式和塔式有各有优点：板式高层住居的采光和通风效果好，能够基本满足户型的均好性，居住舒适度较高；而塔式高层住居的平面使用系数大，户内空间比例大，经济性较好。由于气候因素对住居内部空间环境的制约，板式高层住居在我国寒冷地区常被采用。考虑到老年人对自然光照的青睐，以及对室内物理环境要求较高，寒冷地区的高层住居建议以板式高层为主。因而，本节主要探讨板式高层楼栋内的交通空间设计问题。

作为高层住居内最为高频使用的公共空间，楼栋交通空间作为连接外部交通空间、内部公共空间，乃至户内空间的纽带，具有联系、引导、分流的空间组织作用。住宅楼栋的公共交通组织和设施配置应结合体型特征，在满足规范基础上适当提高标准，提升无障碍通行效率，并注重老幼适宜的高效安全疏散设计。从而提高多代居民的出行效率和综合体验，保障老幼群体在内的全龄交通疏散安全性，维护代际公平。

一般来说,高层住居的交通空间由水平交通空间和垂直交通空间两部分构成,其中水平交通空间是住居外部、公共空间和户内空间的直接联系媒介,而垂直空间是联系高层住居各层的交通核心,两个部分需要相互紧密配合,共同构成协调有序的内部交通系统(图6-1)。

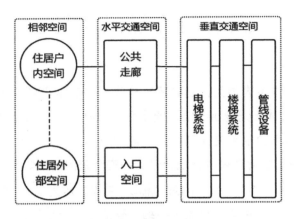

图6-1 高层住居内部交通空间的构成解析

6.1.1 垂直交通空间设计

垂直交通空间作为地面基层与其他楼层的垂直联系,是高层住居交通组织的核心。垂直交通空间的设计水平关系到住居多方面性能。具体来说,楼、电梯设计数量及位置的合理性直接影响到居民日常出行和紧急逃生,关系到住居的安全性;标准层的交通空间面积直接影响到每一套户型的公摊面积,关系到住居的经济性;空间形态作为居民出行必经场所和邻里交往场所,关系到住居的舒适性;功能布局包含设备系统的核心枢纽,如水、暖、电等设备管井,关系到住居的配套服务质量。在设计中,应在保证交通疏散安全、高效的基础上,结合标准层的户型配置来合理布局交通空间的楼、电梯位置,并且结合空间形式灵活设置交往空间,同时注意提升环境舒适度。设计者应尽可能考虑使用面积经济性和空间舒适度,并保证全龄通用性,将适老化设计贯彻到空间的整体至细部设计。

1)垂直交通配置方式

高层住居的垂直交通空间包含电梯间、楼梯间、楼梯间前室、电梯间前室、设备管井、加压送风井和相应的联系走道等。垂直交通空间中电梯、楼梯、设备管井等配置需要符合相应的《高层建筑防火规范》《住宅设计规范》和《住宅建

筑规范》的具体规定，并结合《老年人居住建筑》的相关要求进行适老化设计（表
6-1）。以单元式板式高层住居为例，从防火等级方面根据总层数可将高层住居
划分为三种类型：10~11层的小高层、12~18层的Ⅱ类高层、19~33层的Ⅰ类高层。
相关规范对不同类型高层住居的楼、电梯设置要求有所不同：10~11层高层住居
的垂直交通要求配置楼、电梯各1部，楼梯间可以开敞设置；12~18层高层要求
1部疏散楼梯、2部电梯（含1部消防电梯），19~33层的高层住居应配置1部
疏散剪刀梯和2部电梯（含1部消防电梯），所有类型的高层住居均应配置1部
担架电梯，楼梯和电梯均应进行精细的适老化设计（表6-1）。

高层集合住宅交通系统配置要求 [213]　　　　　表6-1

配置类型	10~11层（建筑高度低于27m）		12~18层（建筑高度介于27~54m）	19~33层（建筑高度高于54m）
属性	略高于多层		Ⅱ类高层	Ⅰ类高层
电梯	多单元：普通电梯1部；单一单元：消防电梯1部。		每个居住单元的电梯不应小于2台，至少包含1部担架电梯，1部消防电梯。	
	注意：电梯和候梯厅均应进行无障碍设计，配置扶手、观察镜、轮椅按键等。			
楼梯要求	多单元：普通楼梯1部，具备自然采光和通风，直通楼顶，楼梯直通屋顶；单一单元：封闭楼梯1部。		封闭楼梯1部。建筑高于33m应做防烟楼梯。	防烟剪刀楼梯1部，或防烟楼梯1部配合消防连廊，或独立防烟楼梯2部。
	注意：当楼梯不能自然采光和通风时应做防烟楼梯。所有楼梯应直通屋顶。楼梯间均应有天然采光和自然通风，楼梯间应配置连贯扶手，梯面高度宜适当降低。			
安全出口	每层需设置1处安全出口。			每层需设置2处安全出口，距离大于5m。
	注意：至少一个安全出入口应进行无障碍设计，配置坡道和扶手。公共出入口门洞口宽度不应小于1.20m。			
消防连廊	无		12层以上，每5层设置消防连廊。	18层以上，层层设置消防连廊。
	注意：消防连廊与楼栋内走道应无障碍平缓连接。			

　　垂直交通中各组成部分的位置关系需要结合不同层数对应的规范要求进行合
理设计。总结国内近年来的单元式板式高层住居设计趋势，10~11层高层住居垂
直交通常用的布置方式如表6-2所示，其中左右式、上下式、垂直式布置的交通

空间流线清晰、干扰较小，特别是垂直式布置能够拓展出较为独立的交往空间，结合适当的无障碍设计，较为适合适老化住宅采用，但相对公摊面积较大。对于10~11层高层住宅，虽然一部电梯能够满足规范要求，但为避免电梯检修给老年人使用带来不便，在有条件的情况下尽可能设置两部电梯，而如果只设一部电梯，应选择担架电梯。18层以上高层住居垂直交通常用的布置方式如表6-2所示，其中横向相对式和相邻式布置的垂直空间采光和通风效果较好，功能干扰小，具有空间拓展的潜力，适宜在适老适幼的高层住居中采用。总的来说，垂直交通的布置方式要结合具体的户型模式和拼接方式，在设计中通过合理组织空间关系，均衡采光通风效果、空间使用效率、功能分区效果等关键因素，尽量留有空间拓展余地，以便结合老年人的行为习惯设置邻里交往空间。

高层住居常用的垂直交通布置形式[120]　　　　　　表6-2

错位式（10~11层）	对面式（10~11层）	
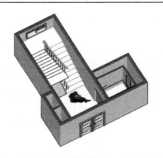		
面积较小，适用于经济型住宅；功能干扰较大；电梯位置干扰一侧户型；采光通风效果较好。	较为常用，适用于经济型住宅；功能紧凑，节约面宽，但行为干扰大；采光通风效果较好。	
左右式（10~11层）	上下式（10~11层）	垂直式（10~11层）
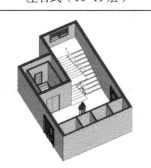	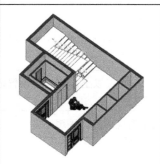	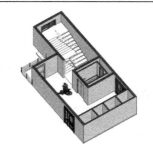
适合舒适型住宅，面积较大；功能分区清晰；采光效果一般，通风效果好。	适合舒适性住宅，面积较大；功能分区清晰；采光通风效果好。	适用于高档型住宅，面积占用大；功能清晰，互相不干扰；采光通风效果好；北侧有交往空间，舒适度较高。

续表

相邻型（19~33 层）	横向相对型（19~33 层）	纵向相对型（19~33 层）
楼梯间、前室均能做到对外采光；交通简捷；楼梯前室设置灵活，布局灵活；交通面积大，公摊面积大。	使用率高，布局灵活，可进行调整；面积及占用面宽较大，适用于一梯三户或一梯四户户型。	占用面宽较小，有利于北侧房间布置；作为防火疏散通道，阳台处出入口可作为第二出入口与正门分开；流线混杂，功能干扰大。

2）电梯和候梯厅设计

电梯作为高层住居最主要的垂直交通工具，在设计时要结合老幼人群的身体特点和行为模式，进行精细化设计，以满足各年龄群体的正常出行和紧急救助需要。具体来说，高层住居的电梯系统包含候梯厅和电梯两部分，均需要进行适老化设计。

候梯厅设计的首要问题就是保证不同方向、不同形式的人流通行顺畅。候梯厅的交通组织不应与其他流线混杂，并避免出现交通瓶颈。候梯厅在厅门侧的宽度应不小于 1.6m，同时不小于电梯中最大的轿厢深度。作为临时停驻空间，候梯厅最好有直接采光，并保证通风良好。为便于老年人等候电梯，候梯厅宜设置座椅，特别是基站候梯厅。此外，候梯厅一侧墙壁可设置信息栏，便于老年人在候梯时及时了解社区信息。

电梯的井道布置要注意应将多部电梯相邻设置，并且避免将梯井设置在卧室旁边。电梯的类型包括普通电梯、担架电梯、医用电梯和消防电梯。其中经过适老化设计的普通电梯的常用荷载为 1000kg，电梯井道尺寸不小于 2.2m×2.2m，轿厢尺寸不小于 1.6m×1.4m，以便于轮椅的基本进退要求（图 6-2-a）。担架电梯的电梯井不小于 2.2m×2.6m，电梯轿厢尺寸不小于 1.6m×2.1m（图 6-2-b）。医用电梯由于占面积较大，其大部分功能可被担架电梯替代，在适老化住宅中不必专门设置。消防电梯是在普通电梯基础上，加设前室和独立供电设置，并进行高标准的防火设计，从而保证在火灾时正常运行，11层以上的高层住居应将普通电梯设置为消防电梯。电梯额定速度宜选在0.63~1.0m/s范围的低速、变频电梯，以缓解电梯运行中眩晕感。此外，电梯的细部设计要还注意以下几方面：

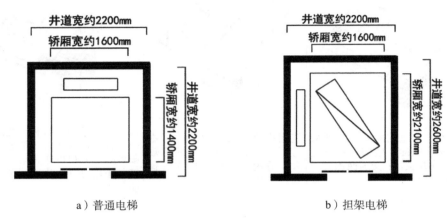

a）普通电梯   b）担架电梯

图6-2 常用的电梯尺寸要求[121]

首先，电梯厅外门和轿门宽度均不应小于0.8m，对于额定荷载较大的电梯，门宽宜为0.9m。为便于老年人和儿童出入电梯，轿厢门的开闭时间应适当延长至不小于15s，因而应采用延时按钮和感应式关门等保护装置。轿厢门宜设置窥视窗，避免对向行进的人流发生冲撞。此外，电梯间入口处的防水地坎会给老幼人群出入电梯带来一定阻碍，因而建议采用暗装式防水构造。

其次，电梯轿厢内设施主要包括操作板、扶手、安全镜、防撞板、灯光设施和呼叫设施等。如图6-3所示，轿厢内应增加低位操作板，最好两侧同时安装，按钮高度宜为0.9~1.2m，操作板距轿厢前后应大于0.4m，以便于轮椅老人操作。轿厢内的扶手应连续设置，高度应为0.85m，扶手不宜选用过于光滑的材质。而且，为便于轮椅老人了解电梯整体情况，应在电梯轿厢正对轿门面设置安全镜，安全镜应距离地面0.5m设置，并采用防撞材料。轿厢内壁应设置防撞板，以避免轿厢壁底部被轮椅踏板撞坏。轿厢内应设有视频监控系统、呼叫按钮和报警电话，呼叫按钮的设置要明显，但应注意避免误触。

再次，电梯厢外设施主要包含呼梯按钮、位置指示设施等。呼梯按钮高度应在0.90~1.10m范围内，以便轮椅老人使用，按钮的颜色应与周围墙壁颜色有明显区别。考虑到老年人视力下降，电梯位置指示器数字应醒目，宜配置大型显示器和报层音响装置，利用声音装置提示老年人电梯升降方向和所达楼层。此外，电梯中宜设置可收缩式临时座椅（图 6-4）。

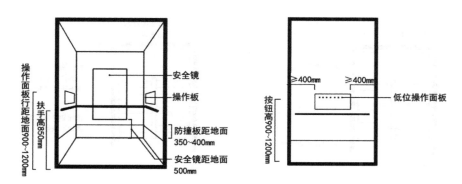

图 6-3　电梯厢内设施设置要点 [121]

图 6-4　电梯内的可收缩式临时座椅

3）楼梯间和楼梯间前室设计

在高层住居中，老幼人群平时主要乘坐电梯，但在火灾等紧急时刻，一般电梯无法使用时，楼梯则成为紧急疏散的主要途径，因而应进行相应的无障碍设计，以便于紧急疏散。高层住居中的楼梯设计要考虑到如下方面：

首先，合理的空间尺度。为便于老幼人群顺畅通行，公共楼梯的扶手间净宽应不小于 1.1m，休息平台应不小于 1.2m，并且不小于梯段的有效宽度。每段楼梯踏步的步数应介于 3~18 级，每上升 1.50m 宜设休息平台，不宜采用直跑楼梯。踏步宽度不应小于 0.30m，高度应介于 1.3~1.5m 之间。为保证通行安全，同一楼梯梯段的踏步高度和进深应一致。同时，踏步的前缘应有一定防滑处理，防滑条应暗装或进行抹角处理。楼梯间具体尺寸的设置要求如图 6-5-a 所示。

其次，连贯的楼梯扶手。楼梯内侧应设置双层扶手，有效宽度大于 1.5m 的梯段需要双侧设置扶手。扶手的起止端应延长 0.3m，端部应朝下或墙面弯曲，避免阻碍老年人通行。扶手应连贯设置，在梯间墙面的阴角处，可有不大于 0.4m 的中断。扶手设置要点如图 6-5-b 所示。

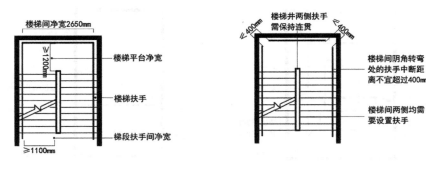

a）楼梯尺寸设置要点　　　　　　　　　　b）楼梯扶手设置要点

图 6-5　常见的楼梯尺寸及扶手设置要求 [121]

再次，适宜的光环境。楼梯间应有直接采光，以便于消防疏散，并有助于提高空间照度。考虑到阴天或夜间的光环境，楼梯间应设置多灯形式的人工光源，顶棚的高位照明要避免直射人眼，照度适宜，在墙面 0.35~0.4m 的高度宜设置地灯，亦可结合扶手设置，以便老年人和儿童看清踏步位置。此外，踏步和休息平台、走廊的材质应有一定色彩区分，以便于使用者及时辨别台阶的起始变化，避免踏空和磕绊事故。

6.1.2　水平交通空间设计

水平交通空间主要包含入口空间和公用走廊。作为连接高层住居建筑单体和外部空间、住居户内空间和楼栋空间的重要交通枢纽和过渡空间，水平交通空间既涉及楼栋整体的交通组织，也涉及坡道扶手等辅助设施，需要设计者给予关注。在合理的流线组织基础上，设计者应需要根据各年龄段人群的身体行为特点对水平交通空间进行精细化的设计。

1）入口空间设计

入口空间作为联系住居外部空间和楼栋内空间的重要交通空间，是居民日常出行的必经之处，起到组织和引导人流的作用，同时也是紧急时刻的逃生出口，因而入口空间需要进行精细的无障碍设计，以保障居民出入安全。同时，入口空间也是邻里交往的高频场所，是联系室内外的过渡空间，在调研中发现老年人和儿童较为喜欢在自家楼栋附近停留，入口空间需要组织合理的交往空间，塑造适老、适幼的微环境。

　　在高层住居空间组织方面，一般有三种方式来组织入口空间（表 6-3）。根据表中的对上述三种方式的评价，综合来说，在住居面积适当宽裕的情况下，方法二能够很好均衡入口朝向、内部面积、保暖效果等因素，可与南向宅前绿地结合，形成便于老年人停留的入口空间。此外，要特别说明的是，设置底层商业的高层住居，入口空间应尽量设在商业空间入口的相反方向。

三种不同类型的入口空间[120]　　　　　　　　　　　　　表 6-3

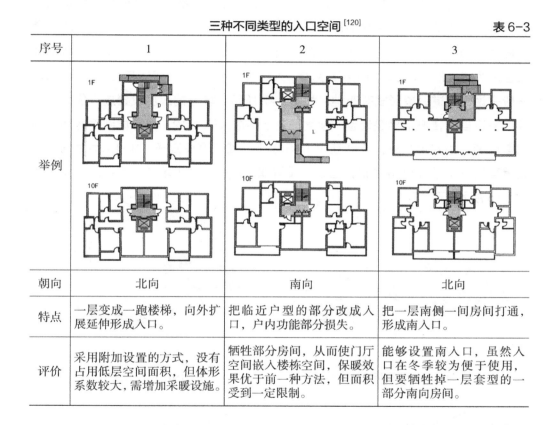

序号	1	2	3
举例			
朝向	北向	南向	北向
特点	一层变成一跑楼梯，向外扩展延伸形成入口。	把临近户型的部分改成入口，户内功能部分损失。	把一层南侧一间房间打通，形成南入口。
评价	采用附加设置的方式，没有占用低层空间面积，但体形系数较大，需增加采暖设施。	牺牲部分房间，从而使门厅空间嵌入楼栋空间，保暖效果优于前一种方法，但面积受到一定限制。	能够设置南入口，虽然入口在冬季较为便于使用，但要牺牲掉一层套型的一部分南向房间。

　　在自身构成关系方面，入口空间主要由室外部分、入口门和室内空间等构成。入口空间的室外部分主要包含雨棚、台阶、坡道和休息座椅等构件，应进行严格的无障碍设计。具体来说，入口空间室外部分的设计要点如下：

　　首先，尺度适宜的入口平台和雨棚。为保证轮椅回转，入口平台应在门扇开启范围以外留出轮椅回转空间，因而平台进深应在不小于 1.5m 的基础上，适当增加，以 1.8~2.3m 为宜。平台上应预留消息栏和座椅的空间，并与宅前的景观绿化适当结合。入口雨棚的设置十分重要，关系到雨雪的遮蔽和台阶、坡道的安全性，因而建议入口雨棚的挑出长度应覆盖整个平台和台阶部分，并且超过首级踏步 0.5m 以上。考虑到严寒地区秋、冬季节的霜雪因素，雨棚应尽量覆盖到坡道，特别是在坡道和平台的交接处和坡道转弯处（图 6-6）。

图 6-6 入口通过缓坡过渡

其次，无障碍台阶和坡道。入口处的台阶和坡道需要进行精确的无障碍设计，台阶的设置方法可以参照前文中室外台阶的设置方法。坡道的设计需要均衡形式、尺度和细节等因素。具体来说，坡道的布置而应顺应楼栋入口的步行流线，不应距离入口过远。同时，避免坡道使用者与底层住户的窗户形成对视；如果不能避免，可通过设置绿篱、矮墙等遮挡物阻隔视线。一般来说，坡道设置形式有四种，如图 6-7 所示。坡道的尺度设置应在住宅室内外高差适当的情况下平缓设置，坡度理论上不应大于 1/12，但考虑到严寒地区的霜雪因素，为安全起见，坡度宜在 1/15 以下。坡道宽度宜在 0.9~1.2m 之间，应设置高度不小于 50mm 的侧挡台，并设置双层扶手。关于坡道的详细尺寸要求如图 6-8 所示。

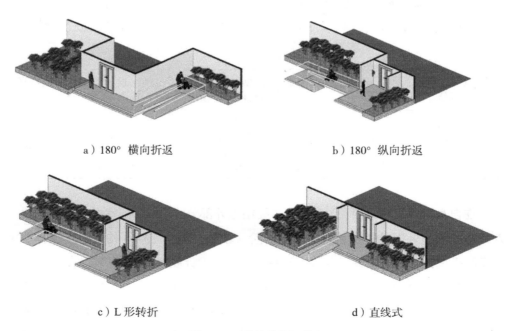

a）180°横向折返

b）180°纵向折返

c）L形转折

d）直线式

图 6-7 四种坡道设置形式

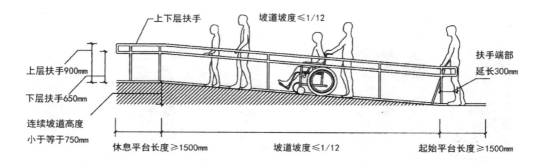

图 6-8　坡道设计要点总结 [121]

再次，易于识别的入口形象。在高层住居的单体建筑设计中，入口空间是老年人最能近距离接触与直观感受的位置，需要具有一定的设计创意，以塑造形象鲜明、易于识别的空间形象。同时还要注意近人尺度的材料触感，提高细部构建的施工精细程度。此外，考虑到老年人的识别性，入口形象要与建筑立面和周围景观植被有一定区别（图 6-9），入口形象可以通过材质、雨棚、装饰风格、虚实关系等变化与周围环境区分开。同时，还要考虑同一楼栋中不同单元入口的区分，可以通过色彩处理、楼门口设施摆放等方式，并设置醒目的单元序号标识牌。为保证老年人的安全，根据规范要求，入口的外部空间还应设置安全报警设置，安全监控设备终端和呼叫按钮宜设在大门附近，呼叫按钮距地面高度为1.10m。

a）以材质区分入口空间　　　　　　　　b）以雨棚形式区分入口空间

图 6-9　入口空间界面与周围环境的区分方法（1）

c）以装饰风格区分入口空间   d）以虚实关系区分入口空间

图 6-9　入口空间界面与周围环境的区分方法（2）

入口处的公用外门作为连接室内外最关键的部位，需要精细化设计。具体来说，门洞的最小宽度为 1.2m，有效宽度不应小于 1.1m，门扇开启一侧应留有 0.50m 以上的墙垛。外门形式宜选择推拉门或平开门，平开门应设置延时闭门器。为了防止往来人流发生碰撞，外门应有窥视窗，考虑到轮椅老人的视线高度较低，窥视窗应设置在 1.1~1.8m，并有一定覆盖面积，图 6-10 所示的公用外门通过整体设置玻璃窗洞使内外人流能够完全洞察对面情况，同时有利于入口空间的内部采光。

图 6-10　设置玻璃窗洞的单元门

2）公共走道设计

作为水平交通系统内垂直交通与户内空间、入口空间的主要联系空间，公共走廊需要进行精细的无障碍设计，以保证居民的顺畅通行。在设计中要做到以下几方面：

（1）适宜的尺度。公共走廊的宽度设定需要能够容许轮椅（或婴儿车）和至少 1 个普通居民的并排通行，同时应保障轮椅老人和使用拐杖老人的通行安全性。走廊的两侧扶手间的空间净宽不应小于 1.2m，因而走廊的空间净宽应不小于 1.35m，并在两端设置 1.5m 的轮椅回转空间。在有条件的情况下，走廊净宽宜大于 1.5m，以便于轮椅和婴儿车的自如回转。

（2）空间变化平缓。走廊的转折处应进行一定过渡处理，如将墙面阳角设置成为圆弧或切角，以保证来往人流的可视性，同时便于轮椅的转弯。此外，走廊应尽量平缓，避免出现高差。但因用地限制不可避免存在高差的情况下，应设置平缓的坡道，并加设明显的标识。

（3）通行路径顺畅。墙面不应出现阻碍通行的突出物，诸如灭火器和标识板等需要靠墙设置的设施，应进行嵌墙安装。如果由于结构等原因，无法避免墙面突出物，要保证突出物和对面墙面距离不小于 1.2m，同时突出物上的扶手应连贯设置（图 6-11）。此外，公共走廊的平开式入户门应设置在深度大于 0.90m 的凹廊中，以避免户门与走廊行人冲突。

（4）扶手精细设计。在无障碍公用走廊中，扶手是不可或缺的构件。作为老年人最直接接触的走廊部件，扶手的设计需要精细化考虑。扶手宜双层设置，便于一般老年人和轮椅老人使用，上层高度宜为 0.9m，下层高度宜为 0.65m。扶手应连贯设置，并与相邻交通空间的扶手顺畅连接，特别是在走廊有突出物的部分不应间断（图 6-12）。此外，扶手的材质应尽量选择触感较好并能够防滑的材质，扶手的剖面构造要便于抓握，并保证尺度适宜。

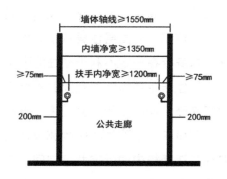

图 6-11　安装扶手的公共走廊尺度要求 [121]

图 6-12　扶手连贯设置

（5）充足的光照。由于高层住居中的公共走廊通常为内廊，因而采光问题需要重点考虑。在设计中，应尽量争取自然光，如在走廊尽端设置窗户，或通过与走廊连接的楼、电梯间采光。对于重点部位应加设人工光照以满足照度要求，宜设置地灯以便老年人和儿童及时了解地面变化，同时灯光的序列性应具有一定方向引导作用。如图 6-13 所示为一种将灯光融入扶手的 LED 组合型扶手，通过嵌在扶手内部亚克力管内的电源线路为扶手底部 LED 灯提供能源，并且配合采用绝缘材料的扶手外壳以保证使用安全。

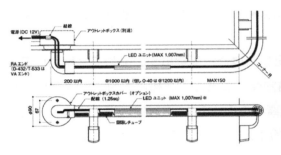

a）内部构造   b）扶手照明的应用效果

图 6-13　LED 组合型扶手产品举例 [214]

6.2　促进老幼互动的楼栋开放空间设计

调研中发现，高层住居中的居住者（特别是老年住户）普遍反映高层住居的楼栋内缺乏交往空间，特别是在寒冷地区的冬季期间，室外的公共绿地无法长时间停留，居民可用的室内交往空间只有社区活动中心等专门性的配套设施，高层住居的楼栋内却没有就近且随机的交往空间可以使用。而高层住居从空间构成上可以视作空间立体叠合式的集约化居住设施，本身存在一定不利于交往的现实条件。特别是受到气候因素制约，寒冷地区的高层住居单纯靠外部空间并不能满足高密度居住的住户需求，而楼栋内的公用空间又受到面积制约，并且依靠电梯为主的垂直交通系统也降低了不同楼层住户的碰面概率，因而楼栋内的邻里活动空间尤为重要。然而，目前在设计层面往往忽视营造楼栋内的近宅共享空间，在进行楼层布局中仅关注住居的私密性营造，而普遍忽视住居社会性构建，加之前述诸多客观因素制约，致使楼栋内的交往空间更加稀缺。

在个体意愿和身心健康维护的方面，各代居民均需要位置适宜的交往空间，以加强与人沟通，从而丰富日常生活、增加社会代际交流与互助。特别是对于老年人群来说，增加近宅交流有助于削弱退休或身体衰退等因素引起的失落感，也有助于应对紧急情况下的邻里支援需求。因而，高层住居的设计工作需要汲取现有的经验教训，特别是在单体楼栋设计阶段，设计者需要转变观念，在保证居住私密性和经济合理性的基础上适当增加不同层次和形式的交往空间，并重视交往空间的环境氛围营造和适老适幼设计，从而尽可能满足不同类型、不同代群之间的日常交流需求。

6.2.1 高层住居内的交往层析分析

根据芦原义信在《外部空间设计》对交往空间的相关研究，空间具有积极或消极的影响力。空间的积极性或消极性对居民的影响是自然发生的、无计划性的。适老适幼的交往空间设计需要调动空间的积极效用，提前对可能发生的代际互动行为和交流方式进行一定的预设，对空间进行适宜化设计，并为随机的邻里交往预留空间。

基于对居住者特别是老年人、儿童等群体的交往心理分析，高层住居的交往空间需根据交往行为发生的场所和方式进行分层设计。根据国内学者的相关研究（图6–14、表6–4），在集合住居内，多代居民的交往空间可分为同一住区、楼栋、楼层等三个层次，分别对应社区、邻里、近宅等交往圈层。交往空间层次应覆盖整个住居范围，涵盖各级公共绿地和活动场地。楼栋空间层次面向整个楼栋，涵盖单体住栋的内部公共空间，通常包含楼栋门厅和避难层等公共空间。楼层空间层次主要面向同层或邻近层的楼栋空间，包含同一楼层或若干层共享的楼层公共空间。对比不同空间层次可发现，同楼栋或同楼层的近邻交往频率更高。这是由于在一定居住时间的基础上，同楼栋住户居住距离较近，生活中的相遇频率更高。但是，由于目前高层住居交往空间的匮乏，近邻之间的交往行为较多发生在楼栋的交通空间中，而且日常交流的随机性较强，居民之间的主动交流的制约因素较多，其中的代际交流尤为不足。

在同一楼栋的居民群体中，老幼群体的在宅时间较长，日常距离较短，且以步行居多。出行时间也与平时早出晚归的中青年上班族有所不同。相比于幼儿出行有家长陪伴的情况，老年人常有单独出行的情况。调研发现，在前述的三种交往圈层中，老年人的交往频率均高于其他年龄段人群。特别是对于一些行为不便的高龄老年人，距离自家较近的邻里和近宅交往空间是其主要利用的社会交往场所。因此，高层住居的交往空间需要重视交往空间层次的建构，不能忽略高层住居楼栋内部交往空间的塑造，应针对不同空间位置塑造适宜的多代交往空间。

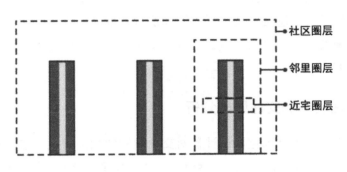

图 6-14　高层住居内的交往空间圈层分布

高层住居交往空间层次及特点　　　　表 6-4

空间层次	空间划分	居民范围	交往程度	人际关系
同住区	宅间室外场地、小区或组团的公共绿地、活动中心等	小区或组团全部住户人数较多	低强度、被动式接触	不相识或少数相识
同楼栋	楼栋入口、门厅、屋顶、避难层等楼内公共空间	本楼全部住户人数较多	中、低强度被动式接触	部分相识
同楼层	入户空间、同一楼层或有便捷联系的楼层公共空间	本层及邻近层住户	高强度、经常性接触	熟识、朋友

　　高层住居的交往空间设计应根据其承载的交往行为和空间类型进行细分。具体来说，高层住居楼栋内的交往空间包含同楼栋和同楼层两个层次。楼栋交往空间主要包含入户门厅、首层候梯厅、楼梯间、避难层和屋顶空间等。楼层交往空间主要包含同层候梯厅、同层和临近楼层的楼梯间、入户空间、共享露台等。不同层次的交往空间既有共性，也存在位置和形式的差异，因而按照空间类型可以将交往空间分为交通空间扩展类交往空间、专门类交往空间和近宅半私密交往空间（图 6-15）。下文将按照类型化的分类方式，结合交往空间层次属性和多代居民交往需求，探讨高层住居交往空间的精细化设计方法。

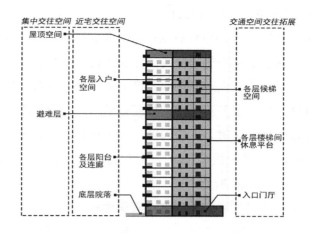

图 6-15　以类型进行划分的交往空间

6.2.2　交通空间的交往拓展设计

交通空间作为高层住居内最主要的公共空间，是居民碰面较为频繁、随机交往行为最常发生的场所。在设计中既要注重交通空间的使用效率，进行集约设计，同时也应通过灵活的空间组织方式，营造适宜的交往空间。进而，通过重复见面、随机交流和同质吸引等多种途径，促进不同代人逐渐建立代际信任。因而，应合理设置休憩设施，为居民出行临时休憩和逗留提供便利，而且应结合空间环境合理选择休憩场所的位置和座椅朝向，注意提高休憩场所的可视性和可达性，并预留婴儿车和轮椅停放空间。在邻里交通空间环境中，常见的小微节点空间包含楼栋入口及门厅、候梯间、楼梯休息平台和外廊等几类（表 6-5）。

多种近宅交通空间中的休憩场所　　　表 6-5

位置	楼栋入口	楼栋门厅	候梯空间	楼梯平台	外廊空间
图解					
示例					

185

1）入口门厅空间的交往拓展设计

高层楼栋的入口空间不仅是人流集散的主要交通枢纽，同时也是邻里交往的高频场所。考虑到漫长的冬季气候制约，住居外部空间的休息区在冬季不适宜老幼人群长时间停留，因而从促进交往的角度来看，楼栋入口门厅应适当放大，结合开窗部位设置休息区，避开正对门的位置以防止入口处的冷风直吹，创造具有舒适性的临时交往空间。同时，入口内部空间还承载引导人流、信息提示和收发物品等功能，应设置醒目的路线标识牌，同时配合人流主要方向在墙面设置信息栏，临近休息区设置信报箱或快递柜。

鉴于入口内部空间是功能较为丰富、面积相对较大的公共区域，在适当拓宽面积的基础上，应合理组织人流动线，灵活配置各类功能区域，使空间内各类行为活动能够井然有序地进行。如图6-16所示，为富达蓝山小区的单元入口空间，通过在北侧设置附加空间的方式拓宽门厅面积，但缺乏临时休息座椅。

a）单元入口内部空间　　　　　　　　　　b）门厅内部服务区

图6-16　富达蓝山小区的入口空间内部效果

2）候梯厅交往拓展设计

作为高层住居主要最为关键的垂直交通空间，候梯厅具有拓展居民日常交流的潜力。候梯厅是居民高频次碰面的场所。在首层候梯厅，同一单元的居民均有相互见面的机会；而在各楼层候梯厅，同层居住的近邻较常碰面。

在各楼层候梯厅，多数交流活动较为随机，因而可以在靠近电梯门对面和侧面墙壁设置休息座椅，既可作为居民随机的交往空间，也可作为老幼人群等电梯的临时休息场所。座椅的设置尽量选用没有突出造型，椅面较为集约的类型，以节省空间，并防止座椅对往来的人流形成阻碍，并应留出足够的担架转弯空间。在首层候梯厅，交流空间可以结合入口门厅设置，电梯厅也应尽量放大，以满足人流需求，同时适当设置座椅便于临时休息。

3）楼梯间交往拓展设计

在一般设计过程中，楼梯间往往只作为交通疏散空间，并未兼作交往空间。然而在调研中发现，在冬季或者天气较差的时候，一些老年人会把自家的凳子搬到楼梯间里，在楼梯间里与人交谈或休息。一些凳子会被老人长期留在楼梯间里面，对楼梯间的消防疏散形成一定的阻碍。针对现存的对于楼梯间的交往需求和疏散要求的矛盾，建议在楼梯间中加设合适当的交往空间。

在设计中，可以根据住居开发的消费定位和楼梯间形式来确定，尽量充分利用空间，以减小住户的公摊面积，具体实现形式可进行灵活考虑。例如，可以在楼梯间的休息平台凸出设置较为独立交往空间（图 6-17-a），此类空间可以隔层设置，有条件的可以逐层设置。图 6-17-b 即为此种类型的实际案例，由于项目地处南方，因而楼梯和交往空间均开放设置，而在寒冷地区应进行封闭，可将窗户适当加大或设置落地窗；同时，也可以将楼梯间的窗户设置为凸窗，结合窗台设置座位，较为节省面积（图 6-17-c）；此外，同层楼梯间和候梯厅的交往空间可以考虑合设，以便于降低公摊面积。

a）卡塞尔城市住宅的　　　b）深圳天健名苑小区　　　c）柏林某集合住居的
　　阳台[215]　　　　　　　的楼梯休息平台[216]　　　　楼梯转角平台[215]

图 6-17　楼梯间的交往空间设置方法举例

整体来说，设计中需要结合的场所位置选择、坐具精细设计等方式，为弱势代群提供适宜的休憩场所，并通过环境引导休憩过程中的随机代际交流。

此外，作为交通空间拓展交流的主要环境部品，坐具的普适设计应从通用性、便捷性和灵活性几个方面考虑。

首先，在座椅设计时候就应融入通用设计，不仅有利于老幼代群和残疾人，同时也适用于普通居民。根据相关研究，有靠背和扶手的公共座椅应不小于5%。高度介于 0.3~0.6m（以 0.43m 为最佳），宽度介于 0.76~0.91m 的座椅空间，以便于双侧坐人。座椅附近应预留适当的停放轮椅、助步器和婴儿车的空余空间。要特别注意的是，座椅通用设计要注重混合性和常态性，不以分割特殊人群为目的，而是为每一位居民提供舒适的共享场所。

其次，随机性方面，可以供居民临时坐的地方并非是提前设置好的座椅，还可以是台阶、台沿、花坛边缘等空间，通过增加额外空间，为多代居民提供更多可利用的空间。而且，可以结合具体的景观造型，提供高度多样化的台面，满足不同年龄和身高的居民临时休憩需求。

再次，座椅设施应具备灵活性。近年来在国外一些住区公共空间中，逐渐出现了一种可以被移动的座椅。通过可移动的形式赋予了居民控制权和自主感。可以根据天气情况和居民个人需求临时调整位置，既可以挪到窗边，也可以成群结队地聚集在一起，有助于相互保持理想的社会距离。

6.2.3　楼栋共享空间的开放立体设计

为促进整个楼栋内代际交往与互助，高层住居内应具备面向所有居民共享的集中式交往空间。设计者应结合现实条件，充分利用高层住居的屋顶、避难间等固有空间，开发空中连廊和空中庭院等各类立体空间，通过合理的空间组织和精细的适老化设计，增加此类交往空间的吸引力，使之成为促进代际互助的共享开放空间。

1）屋顶空间通用可达

在调研中发现，多数高层住居的屋顶层是不允许普通居民到达的。电梯不能通达屋顶，楼梯虽能够到达，但屋顶出口均被门锁封闭，只允许检修人员进入。然而，由于老幼人群在火灾事故时的逃生速率相对中青年人较慢，疏散楼梯和消防电梯均应通达顶层室外空间，以增加消防疏散渠道。因而，高层住居的屋顶层应设计成为可上人屋面，不同单元之间的屋顶空间应当相互连通，以便于逃生者从较安全的相邻单元到达地面层。同时，在地面空间较为有限的高层住居中，屋顶空间的光线、视野和通风效果均较好，可作为高层住居楼栋内居民的共享空间。因而，在设计中，应进行相应的适应性设计，从而保障多代居民的均衡共享。

具体来说，屋顶空间中应有一部分与楼电梯联通的室内空间，可以用作娱乐室、公共活动室或其他面向楼栋居民的附属服务用房，但不应设置噪声较大的活动内容，以免影响顶层居民日常作息。屋顶空间的室外部分可设置休息座椅，并注意座椅的防风和遮阳。考虑到老幼人群的安全性及安定感，屋顶空间的边界护栏应适当加高，可结合顶部造型整体设计，并进行一定的变化处理，例如设置一些矮墙和窗洞来均衡使用中的安全性和周边环境的视觉通达性。此外，由于寒冷地区的气候限制，不建议在屋顶设置大面积的覆土景观，但可局部设置小花池或花坛等，以提高空间心理舒适度，同时便于进行空间分区。建筑大师勒·柯布西耶设计的马赛公寓（图 6-18），在屋顶设置洗衣房、物业管理用房和娱乐活动室等公共设施，而且还设置有儿童游乐设施和老年人活动设施，把居民的日常户外活动部分转移到屋顶空间，并促进同楼栋居民的日常交往行为。

a）公共活动室和游泳池　　　　　　　　b）屋顶健身步道

图 6-18　马赛公寓的屋顶空间 [217]

此外，还可通过植入或改造设置屋顶共享农园来增加代际交流和认同。对园艺和种植的热爱不分国界，这种朴素的热爱通常被视为渴望回归农耕社会和接触大地的表现，通过简单的劳作获取精神上的愉悦感。即使是在土地相对紧张的城市集合住居中，这一热爱也未有衰减，一些居住在首层具有庭院的居民会在其中开辟一块小菜园，而居住在其他楼层的居民有的会在自己阳台或露台养花种菜，也有居民集体将屋顶平台开拓成为小型种植园。

2）立体空间合理植入

高层住居中的立体交往空间通常有空中连廊和空中庭院等形式。根据高层住居的不同开发规模、居住密度和功能定位等多重因素，立体式共享空间的形式和特点各有不同，表6-6所示为较为常见的设计模式。

近宅共享活动室的布局类型　　　　　　　　　　　　　　表6-6

类型	结合裙房空间	结合底层空间	结合中庭空间	结合连廊空间	结合屋顶空间
图解					
举例					

　　其中，在高层住居的组团楼栋之间建立空中连廊，既丰富了建筑外部空间形象，同时能够创造出不同于地面的空中交往空间，对居民具有一定的吸引力。如北京当代MOMA的高层楼栋通过形态各异的空中连廊相互连接（图6-19），不同形态的空中连廊被赋予不同的功能，如阅读空间、健身空间和艺术长廊等，在创造出功能丰富的配套服务空间的同时也对邻里交往行为起到了促进作用。不过，这种通过空中连廊创造交往空间的方式会增加住居建设的总体造价，而且加之相对集中的设置模式，其实用性和普适性并不强。

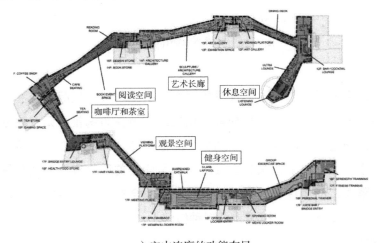

a）空中连廊的功能布局

图6-19　北京当代MOMA高层住居空间连廊[218]（1）

b）住宅楼栋外观　　　　　c）观景空间　　　　　　d）休息空间

图 6-19　北京当代 MOMA 高层住居空间连廊[218]（2）

　　与此同时，住居内部的立体空间也可通过每隔数层设置公共花园来实现。这种方式的服务人群相对稳定，覆盖范围具有均好性，空间的围合感和领域感较强，便于家人及时照顾老年人和儿童。不过，这种方式会牺牲部分标准层的面积，需要在设计阶段对其具体面积进行斟酌判断。

　　此外，在寒冷地区，高层住居中的空中花园需要用玻璃幕墙进行封闭，在室内通过部分覆土和设置花坛的方式增加绿色植被，进而在冬季可以作为暖房，在夏季窗户敞开，结合遮阳设施，作为居民休闲纳凉的邻里交往空间。但值得注意的是，周边户型的窗户要避免与休息交流的居民形成对视，尽量使附属空间面向中庭，并开设高窗，或通过合理的室内设计进行视线和声音的遮挡。如北京 SOHO 现代城的 A、D 座高层住居中，每隔 4 层设有一个面向南侧空中庭院，并在此空间周边设置公共廊道，有助于近邻之间跨楼层的共享交流（图 6-20）。

3）避难空间灵活转换

　　由于老幼人群的体能较差，在火灾疏散时的疏散能力相对较差，因而在高层住居中应设置避难间。高层住居中的避难空间是紧急事故时的居民临时避难场所，相对于其他类型住居数量较多、面积较小。调研发现，现有大部分高层住居未按照要求设计避难间，或原有的避难空间被开发商当做住宅销售。结合国内相关研究，高层住居首层至第一个避难间的层数应为 7~10 层左右。避难间既可以作为独立的一层，也可以在标准层中对居民户型进行调整而形成局部避难空间。

　　在满足避难场所的防火防烟相关要求基础上，避难空间可作为服务于整个楼栋的公共交往空间，配合相应的附属设置，对整个楼层居民开放，可有效实现资源的综合利用。例如，在一些高层住居中，避难场所被用作邻里共享客厅，用于

b）中庭空间效果

a）楼栋整体效果　　　　　　　　　c）中庭空间边界

图 6-20　北京 SOHO 现代城

承载合作组织和自组织型的邻居活动。通过定期举办集体活动，或由邻居相互约定的小群活动，形成丰富而富有凝聚力的邻里交往氛围。

总体来说，在高层住居设计中，应借助通过楼栋内的多元公共空间和共享设施，有效支持近宅居民的正式和非正式活动，以促进集体会议、随机交流、文娱活动、休闲聚餐和蔬果种植等多元化代际交流。进而，在增进代际交流和互助的基础上，助力于建立邻里情感纽带、构筑代际共属意识。

6.2.4　近宅半私密空间的多元弹性设计

高层住居作为居住生活的载体，不仅需要满足居民的居住生活独立性与舒适性，同时也要满足居民的社会交往需求，即应兼具适居性与社会性。然而，现有高层住居在设计中过分强调居住的私密性，削弱了近宅空间和部分户内空间的社会性，使高层住居成为若干封闭户型的叠合体，减少了邻里之间的交流机会，也弱化了住宅的识别性。高层住居设计中，应正视这种观念上的偏离现象，适度开放入户空间、阳台空间和庭院空间等近宅空间，以增加邻里间的见面机会，加强社会代际团结，同时也便于紧急时刻的互帮互助。

（1）入户空间。在调研中发现，较多住户倾向在户门附近摆放鞋柜和拖把等清洁用具，同时还会在户门附近挂一些饰物，由于标准层设计中留有的入户空间不足，户门附近摆放的自家物品会对交通空间形成阻碍（图 6-21）。然而，入户空间作为联系户内私人空间和楼层公共空间的过渡地带，既是同层居民经常碰面的场所，也是户内空间的延伸和对外展示的窗口。特别是对于老幼代居民来说，近宅入户空间是建立住居识别性和归属感的重要设计节点，因而在高层住居中不容忽略。结合国外一些适老化住居的设计经验，入户空间的户门可以设置成为内凹式，留有 1m 左右空间进深，并可通过设置橱柜、悬挂门帘饰物和个性壁纸等方式塑造特色的入口空间，同时户门可以设置成半开式，并在附近预留座椅位置以便于邻里之间临时交流使用（图 6-22）。

a）　　　　　　　　　　　　　b）

图 6-21　在户门附近摆放私人物品的情况举例

a）入口凹进，设置物品存放空间　　　b）入口一侧设置置物架和门帘

图 6-22　适老化住居的入口空间设计举例（1）[190]

c）入口墙面的个性化壁纸　　　　　　　　d）户门可以半开，便于通风和探视

图 6-22　适老化住居的入口空间设计举例（2）[190]

（2）阳台空间。阳台作为老幼人群较为喜爱的室内外过渡空间，不仅可作为亲近自然的休闲场所，也可以成为邻里交往空间。因而，在保障使用安全的前提下，阳台空间可作为整合休闲和交往等功能的半私密空间，在空间组织上适当开放。在保留一定私密空间的基础上，适度增加邻里之间的可视性。如图 6-23 所示，相对于前两种阳台布置方案，最后一种布局方式能够很好地兼顾私人活动和邻里互动的行为需求。同时，阳台空间应结合建筑造型、户型配置、地区气候和建筑材料等因素进行灵活设计，使之成为高层住居中具有吸引力的半开放空间。在这方面，国内外已有较多成功案例，如荷兰阿姆斯特丹 Wozoco 老年住宅（图 6-24），在建筑外部悬挑出若干 2~4m 进深的阳台，并用半透明的彩色玻璃作为隔断，塑造出极具魅力的休闲空间。再如王澍设计的钱江时代高层小区（图 6-25），结合建筑单体的构成逻辑，利用错落而连续的阳台空间塑造出具有传统院落特色的空中庭院，不仅拓展了室内空间，也为邻里交往提供场所。此外，值得一提的是在

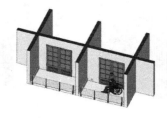
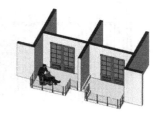

a）开敞阳台，　　　　　　b）半开敞阳台，　　　　　c）半开敞阳台，有私密
　缺乏私密性　　　　　　　 不便于交往　　　　　　　 空间且便于交往

图 6-23　不同阳台围合方式对邻里交往的影响分析

b）有色玻璃的阳台栏板高度适中

a）外部整体

c）风格各异的阳台布置

图 6-24　荷兰 Wozoco 老年公寓的阳台空间 [190]

b）标准层的院落部分平面示意图 [219]

a）楼栋单体实景

c）共享院落实景

图 6-25　钱江时代高层小区

调研中发现住居中存在很多占用消防连廊的现象，居民自私封闭消防连廊作为自家阳台，阻碍了消防疏散，存在较大的安全隐患，应在高层住居的设计和管理阶段中通过适当办法来避免出现这类情况。

（3）底层院落。对于高层住居来说，地面空间是较为稀缺的资源，传统住居的私人院落更是遥不可及。现有的高层住居开发中，为了弥补这一不足，并增加户型亮点，设计者常利用地面绿地的边角空间拓展出底层院落，如图6-26所示为富达蓝山和金色莱茵小区的一层底层院落空间。从使用体验的角度来看，院落空间应具备适宜的半私密性，既能够提供私人空间，也能够促进邻里交往。因而，院落空间形式不宜过于开放或封闭，例如金色莱茵小区，过于开放的庭院空间缺乏私密性和安全感，导致使用率较低；再如富达蓝山小区，过于封闭的庭院缺乏邻里交流，降低了空间活力。此外，设计得当的庭院空间不需要过大的面积，合理的围合方式和空间氛围更为重要（图6-27），较为具有吸引力的庭院空间应具有一定邻里交互潜力，并留有足够的私密空间。

a）金色莱茵的私人庭院　　　　　　　　b）富达蓝山的私人庭院

图6-26　高层住居的底层院落现状举例

a）多代随机聚集现象　　　　　　　　b）代际随机交流现象

图6-27　前院空间的邻里聚集举例 [220]

6.2.5　楼栋内的老幼自然监护氛围营建

在高层住居设计中，为了进一步保障老幼人群安全，应结合相关设计手法提高居民的自然监护效果。通过营建自然防御氛围、增加居民视线通达性、配置邻里安全应急设施等途径，建立空间、居民和设施相互配合的邻里老幼安全防御体系，提升对安全事件的弹性防御和应对能力，并对老幼代居民提供互助保障。

居住环境的安全保障能力直接关系到居民安全感的建立，亦影响到代际互信和互助。为提升邻里安全环境，应当调动多代居民的共同力量，通过空间自然防御、邻居弹性组织和智能技术平台等渠道组织居民之间的安全互助，且应特别重视婴幼儿童和老年人等弱势群体的安全保障设计。

首先，营建邻里自然防御氛围。基于安全知觉理论，居民可以自然监视的区域是最为安全的地方[162]，而提升邻里的安全性能，应当建立自然防御空间。在具体的空间环境设计中，要注意如下几点：①增加多代居民拥有感。作为防御空间的基础，要综合多种渠道，营建多代居民对公共空间环境的归属感。通过增加控制感和拥有感，居民会更加主动地观察空间，预防犯罪并在犯罪发生时及时干预，从而将"预防犯罪"由少数人的被动任务变成居民自发的主动行为。②标识不同空间的领域性。公共空间应安排在可达性高的位置，并向多代居民充分开放。在保障视线和步行通达性的基础上，建立象征性的障碍物以标识邻里空间领域，例如矮墙、树篱、围栏等，虽然不起到实质隔离作用，但可以起到一定心理威慑作用。③控制邻里规模和住宅层数。根据相关研究，相对小规模的邻里范围更有助于居民之间的熟悉感，增加居民主动进行犯罪防御的责任感。

其次，增加多代居民相互监视的机会，特别对于老幼代群。空间自然防御能力中最关键的内容是增加居民的自然监视机会，内庭院式围合布局较为有利于增加居民自然监视。设计中，也可通过增加象征性障碍物、向街道或邻里共享空间开窗、减小邻里附近道路宽度、增加夜晚的室外照明品质、增加居民回家时穿越公共空间的频率等途径增加监视概率（图 6-28、图 6-29）。此外，增加居住空间的近邻监视还需要注意均衡处理可视性和私密性的[118]，如图 6-30 所示同楼层的两户厨房空间可以形成居民对视，在不干扰居民个人生活的前提下，此种尝试既有助于安全监视也增进了邻里互动。

图 6-28　首层住户　　　　图 6-29　位于老年住宅的　　　　图 6-30　同楼层的两户
　　　窗户上的障碍物　　　　　　　首层观察窗　　　　　　　　厨房互视效果[140]

第 7 章　居室空间环境的老幼代际融合设计

高层住居的居室空间环境是老幼居民日常生活中停留时间最长的场所，也是住居内与居民关系最为紧密的核心空间。居室空间环境设计的主要内容有套型空间组织和套内空间设计两方面。套型空间组织层面需要重视全龄居民的居住生活特征和家庭居住需求，对套型的空间结构、通行路径、功能布局、界面联系等方面进行全面的统筹设计。套内空间环境设计层面需要从适应老幼行为模式的角度，引入加龄设计概念，对居寝空间、厨卫空间和其他空间进行精细设计，并兼容考量社会照料服务入户的相关设计应对途径。此外，笔者在本章部分图片示例的绘制过程中，参考了周燕珉教授所著《老年住宅》一书中的相关尺寸数据和设计思路。

7.1　适应全龄居住特征的套型空间组织

高层住居的套型设计是一个系统性工作。套内空间应包容不同年龄人群的身心特征和生活要求，重视各空间之间的组合关系，从整体上进行优化与平衡，进而提高居住品质。由于高层住居的居住者可能是儿童、老年人，也可能是中青年人。因此，高层住居的套型设计过程存在一定的复杂性，设计过程需要考虑套型自身的年龄通用性，保证套内空间的尺度、位置、形态的协调。本章以集约性、安全性、灵活性和健康性为切入点，整合相关的设计要素，深入探讨套型的空间组合模式、套内流线组织和主要空间构成等关键设计问题。

7.1.1　套型空间的紧凑集约设计

高层住居通常位于用地较为紧张的城市区域，以中小套型为主力，功能布置相对紧凑。而且，考虑到老幼群体在家庭中需要其他家庭成员的密切关注和照料，因此，合理地对高层住居套型进行集约性设计，既能提高套内空间的经济性，也有助于提高老幼群体的照护效率。具体包含如下设计要点：

（1）合理确定空间尺度。空间尺度的配置要结合各空间内老年人和儿童的实际使用需求考虑[221]。调研发现，老年人所居住的起居室无需过大，而卧室、厨房和卫生间需要适当加大。这主要源于老年人自身的生活方式，由于老年人在卧室时间较长，且夫妻分床睡的情况较多，对卧室面积需求较大，而起居室主要用作看电视、娱乐和待客，面积适度即可，可与餐厅结合。同时，由于老年人身体灵活度下降，同样动作需要更为宽敞的空间，特别是使用轮椅的老年人。因而，操作动作较多的厨卫空间应适当加大，兼顾轮椅回转需要。此外，在一些中小套型中应尽量考虑空间的功能复合利用，以增加空间利用率和灵活性。总体来说，套型的空间面积规模受家庭人口数、功能空间面积和整体套型拼接等多重因素共同影响，需要全面而细致地斟酌推敲，而不应一味地照搬套用。综合相关研究成果，总结老年人家庭适用的套内功能空间参考面积如表 7-1 所示，供相关设计人员参考。

套内空间的功能配置及其适宜面积[121]、[222]　　　表 7-1

房间名称		参考面积	房间名称		参考面积
门厅		2~4.5m²	厨房	一般厨房	4.5~6m²
起居室、餐厅合用		15~30m²		轮椅通用厨房	6.5~9m²
独立起居室		12~25m²	卫生间	四件套卫生间	7~9m²
独立餐厅		8~10m²		三件套卫生间	4~6m²
老人卧室	单床卧室	10~15m²		半卫生间	2.5~3.5m²
	双床卧室	14~18m²	生活阳台服务阳台	生活阳台	4~8m²
	带卫生间卧室	20~25m²		服务阳台	2~3m²
	步入式衣帽间	3~5m²	多功能间		5~12m²

（2）集中组织交通流线。流线组织直接关系到套内空间的使用效率，在设计中应根据老年人和儿童的空间使用特点，集中组织空间流线，保证主要空间流线顺畅。综合比较套内主要空间的使用特点，起居室和餐厅是公共性最强的空间。而且，在中小套型中多将餐厅和起居室合设，并居中设置，兼用于组织空间流线，而将卧室、卫生间、厨房等空间环绕紧凑布置，形成总体较短的套内流线。此外，对于多代居家庭，应将老年人使用的主要空间集中紧凑布置，儿童卧室空间临近

父母卧室布置。

（3）合理组合相关空间。适于多代家庭的套型空间组织，应结合不同代居民的日常动作流程，将一些行为和属性联系较为紧密的空间相邻布置，具体来说以下四组空间应就近布置，如图 7-1 所示：a）卧室和卫生间嵌套布置。考虑到老年人夜间使用卫生间较为频繁，有条件情况下应在老年人卧室设置专用卫生间。对于空间紧凑的小套型，可设置能从老人卧室和卧室外部进入的双入口卫生间。b）餐厅和厨房相邻设置。餐厅和厨房在备餐、用餐阶段联系非常紧密，为保证老年人的安全并节省体力，两者应相邻设置。c）起居室和餐厅合并设置。起居室和餐厅均属于公共性较强的日常活动空间，合并设置既能节约空间，也便于灵活使用。d）起居室和阳台相邻设。阳台成为起居室的拓展空间，有利于空间集约利用。

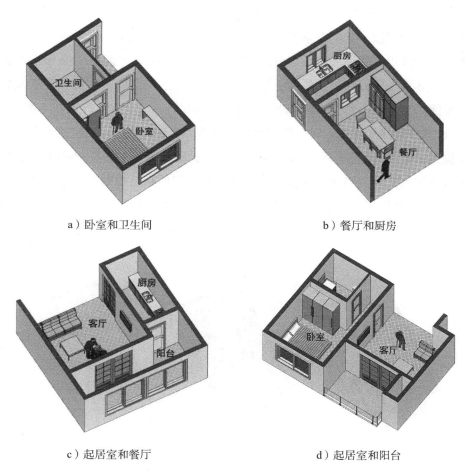

a）卧室和卫生间　　　　　　　　　　　　　b）餐厅和厨房

c）起居室和餐厅　　　　　　　　　　　　　d）起居室和阳台

图 7-1　相邻布置的空间举例

7.1.2 套型空间的潜伏调节设计

随着时间推移，家庭成员年龄增加，特别中青年人逐渐步入老年阶段，家庭居住模式、代际互助模式和身心生活需求都在变化中。特别是对于老年人来说，随着年龄增加和身体状况减退，所需护理的程度将持续增加，可能会经历从自理、半自理到不能自理等不同阶段。而且，同一年龄段的老年人由于身体状态的差异，其行为能力和居住需求亦有所差别。

在高层住居设计中，对重要空间节点预留弹性变化余地，是提升住宅适应性的关键途径。潜伏式设计有助于应对住户的适老化需求，兼顾儿童成长需求，提升套内空间的可调节性和年龄适应性，从而支持不同年龄居民持续居住。关于潜伏调节设计，一些典型的策略及手法列举如下：

（1）设置轻质隔墙。一般高层住宅的结构方案以框架和框剪形式为主，结构本身即赋予空间以一定的灵活性，在具体的套型设计过程中，套内重点部位的非承重墙面应采用轻质隔墙进行划分，以便于日后改造需要。如图 7-2 所示，通常会在以下 3 个部位设置轻质隔墙：设置于卧室和卫生间之间，以便于老年人需要护理或使用轮椅时，通过隔墙改造来调整卫生间的入口位置和空间面积（图 7-2-a）。设置于厨房和餐厅之间，需要时可对厨房门窗进行改造以便传递食物或调整隔墙位置，形成厨房和餐厅一体化空间，以减少通行障碍（图 7-2-b）。设置于卧室和起居室之间。当老年人健康自理时，起居室面积应相对较大；而当老年人需要护理时，老年人对卧室的面积需求增加，因而可通过改变隔墙位置来进行调整，增加洞口而形成回游式动线，以便于轮椅通行和视线联通（图 7-2-c）。

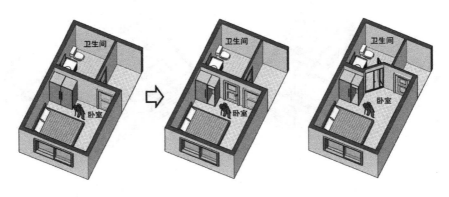

a）卫生间和卧室之间的隔墙改造模式

图 7-2 轻质隔墙设置位置和改造方式举例（1）

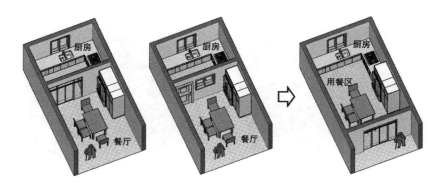

b）厨房和餐厅之间的隔墙改造模式

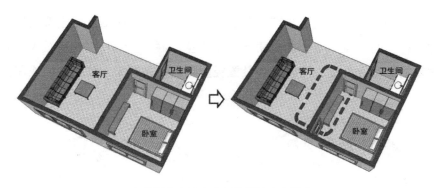

c）起居室和卧室之间的隔墙改造模式

图 7-2　轻质隔墙设置位置和改造方式举例（2）

（2）预留门窗洞口。对于住居中的承重隔墙，为便于日后改造，可在适当位置预留门窗洞口。例如，在卧室和起居室隔墙上面预留门洞位置，在日后老年人使用轮椅或需要照护时，可将门洞位置的填充墙移走，并改装为门；或在厨房和餐厅隔墙上预留窗洞位置，在需要时可改为传送菜品用的窗口；也可以在凹进的生活阳台与卧室的隔墙上面设置门洞位置，日后改为门，从而形成经由卧室、起居室和阳台的回游动线（图 7-3）。

（3）增加弹性空间。设计时可增加一些弹性空间，配合轻质隔墙，以便日后改造需要，诸如壁柜、更衣室、储藏室和多功能间等附属类空间均可作为弹性空间加以利用。如图 7-4 所示，以下三种做法较为常见：利用储藏空间增加轮椅通行空间。由于轮椅通行会占用相对更大的空间宽度，在老年人身体健康阶段，可配合轻型隔墙预留足够通行空间，作为储藏空间使用，在需要时改造为轮椅通行空间（图 7-4-a）。改造储藏室形成"回游动线"。在设计时，可配合门洞和轻

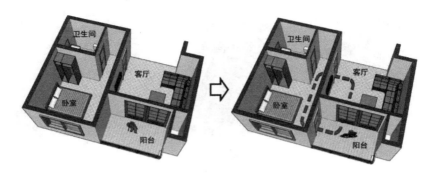

图 7-3　卧室和起居室之间的隔墙改造模式

型隔墙将一些储藏空间设置为可打开式，在需要时部分改造形成走廊，便于轮椅的回游穿行（图 7-4-b）。简化更衣室便于空间联系。对一些面积较大、有步入式更衣室的老年人卧室，可以配合设置轻型隔墙，在老年人使用轮椅或需要护理

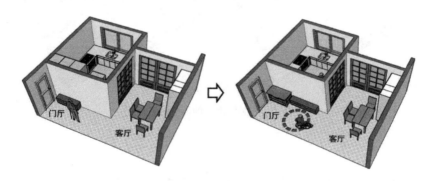

a）改造门厅以增加轮椅回转空间

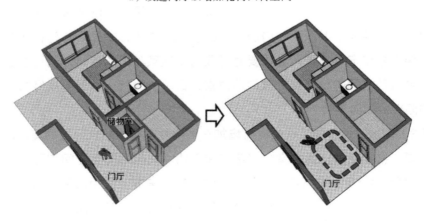

b）改造储藏室以形成回游动线

图 7-4　弹性空间设置位置和改造方法举例（1）

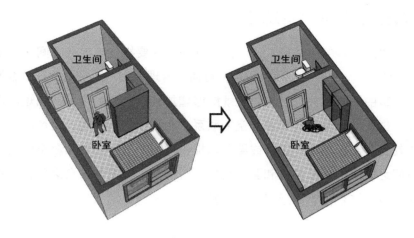

c）改造家具设施以拓宽通行面积

图 7-4　弹性空间设置位置和改造方法举例（2）

阶段，移除隔墙从而敞开更衣室空间，建立卧室和卫生间的直接联系，以便于轮椅老人和护理人员及时使用（图 7-4-c）。

（4）集中布置管线。卫生间和厨房内的管线较多，但管线位置不便于后期改动。设计中应该将管线集中布置，最好靠承重墙或套型外墙布置，以避免管线的位置妨碍居室改造。如图 7-5 所示，将部分管道布置在临近卫生间隔墙一侧，会妨碍卫生间入口位置的改造；而将管道集中且临近外墙布置，有利于对卫生间一侧隔墙进行改造。

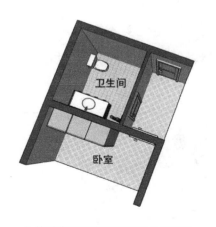

a）管道靠隔墙布置不利于日后改造　　　　b）管道靠外墙布置有利于日后改造

图 7-5　卫生间内的管线布置位置举例辨析

7.1.3 套型空间的回游动线组织

根据国内外学者的相关研究，"回游动线"主要指住宅内各空间之间形成回环往复的动线[223]。在套型设计过程中，可通过合理调配一组空间的开口数量和位置，形成丰富的回游动线。回游动线既能够增加紧急救助的效率，缩短套型内的通行空间，也能加强套内的视线和空间联系，有利于相关空间的通风和采光，最重要的是其可为套型内使用轮椅或婴儿车提供便利。套型内的回游空间应该设置在重点空间之间，例如起居室和卧室之间，起居室、卧室和阳台之间，卧室和卫生间之间，也可结合多功能厅和过厅等其他空间进行灵活设计，不同类型回游动线举例分析[48]，如表 7-2 所示。

不同类型回游动线举例分析[121]   表 7-2

举例	类型	举例	类型
	设置于起居室与厨房、阳台之间，可缩短家务动线。		设置于老年人卧室与客厅之间，便于日常居家活动。
	设置于老年人卧室、起居室和卫生间之间，有助于加强视线联系。		设置于老年人卧室与起居室、阳台之间，便于使用卫生间。
	环绕家务空间设置，促进代际安全监视。		设置于阳台和相邻卧室、多功能室之间。

结合回游动线，有必要对套内通行空间进行精细的无障碍设计，确保重点空间尺寸足够且能够顺畅衔接。具体来说，需要关注如下几方面：

空间尺寸方面，为了满足轮椅（或婴儿车）的通行和回转需要，部分空间尺寸需要重点增加。但是，放大尺寸并不是一味增加空间面积，而是有所侧重，例如放大老人的卧室空间尺寸，设置大进深双开间阳台等同时，或扩大一些空间交通节点。

空间布局方面，套内空间布局不宜出现过长走廊或空间转折，宜结合起居室或餐厅等开放空间作为布局中心，组织其他空间路线，以便老幼人群能够以最短路线到达各主要空间。此外，结合老年人日常生活行为序列，行为联系紧密的空间应相邻或复合布置，例如起居室、餐厅和厨房形成"L-D-K 流动空间体系"。

空间高差方面，对于复式或跃层式的套型，应尽量将老年人需要使用的空间平层布置。另外为防止老年人和儿童不慎绊倒，还需要避免室内的细微高差。在高差不可避免的情况下，可通过一些设计途径消除或减弱高差影响。例如，调整铺装材料厚度找平地面、设置平缓坡面柔和衔接、空间转角抹圆角等方法形成空间交接过渡带。

7.1.4　套型空间的安全保障设计

安全性是住居设计的首要内容，加之老幼群体是宅内安全事故的高发人群，高层住居套型的安全保障设计非常重要。为确保安全性，套内空间需要基于老年人和儿童的身心特征，合理组织空间关系，配置可靠稳定的部品设施，营造安定宜人的空间环境。从而，兼顾人身安全保障和心理安全感营建。具体可从以下几方面展开：

（1）确保套内通行路径顺畅。室内的高差容易给老幼人群造成安全隐患，套内空间应尽量无高差衔接且平层设置。高差不论大小均对老幼人群存在安全隐患，这是由于较小的高差不易被察觉，容易引发磕绊事故，而高于 20cm 的高差对学步期的儿童、腿脚不便或使用轮椅的老人均存在一定的通行障碍。在一般高层住居中，由于结构做法或装修因素，住居内部空间的交接处较易出现高差，例如户门处、厨卫空间入口处、阳台入口处等。设计中，消除高差或减小高差影响的方法有：调整铺装材料厚度进行找平；通过抹圆角等方法形成空间交接过渡带；采用明显的色彩或材质变化来提示地面高差。此外，对于一些已经错层式设计或建设的多代居，应将老年人卧室和老年人经常使用的生活空间集中布置，并与入口空间保持在同一楼层。

（2）加强视线和声音联系。增加住居安全性的一个重要思路就是缩减需求应答时间，以便于老年人能够及时得到家人或护理人员的帮助。在套型设计中，通过合理组织空间关系和界面形态，增加视线和声音联系，能够使家人或护理人员及时了解老年人的状态，及时发现问题或满足老年人需要。具体来说，对于起居室、餐厅等较为开放的空间，应尽量开敞设计；对于厨房、阳台等半开放空间，可通过设置门洞、窗洞等形式加强与其他房间视觉和听觉联系。对于卧室和卫生间等私密性较强的空间，可以通过开设高窗或在门上局部安装花玻璃或格栅，便于声音的连通和一定程度的视线连通。

（3）配置安全报警设施。在加强空间视线和声音联系的基础上，应结合安全报警设施，加强老年人在住居中的安全性，尤其是对于起居室、卧室、卫生间、厨房等老年人经常停留或动作较复杂的空间。具体措施如下，可在起居室入口处和卧室床头边应设置紧急呼叫装置，以便老年人在出现事故后及时求救；对于厨卫空间则需要根据设施特点而设置安全预警、报警装置。厨房空间的燃气灶应安装燃气泄漏报警装置，并直接连通管理中心，以便得到及时协助。卫生间的坐便器或干、湿区转换处附近应设置紧急呼叫装置，以便在老年人遇到滑倒磕碰事故或突发身体不适状况时，能够通过呼救设施及时寻求外界帮助。此外，住居内的安全报警系统应进行网络化的设计，制定整体系统化解决方案，使老年人在发生事故时与其他家庭成员、住居管理服务人员、社区医务人员和保安等方面及时取得联系，保障老年人在最短时间内得到外界救助。对于一般的高层住居，在有条件的情况下，可在独居的老年人居室内设置感应生活节奏状况的智能装置，以便子女或志愿者能够及时了解到老年人的生活作息变化，进而高效率地处理紧急情况（图7-6）。

a）设置在门口墙面上　　b）设置在沙发扶手上　　c）结合电视设置的可视化
的安全联络装置　　　　的紧急呼叫装置　　　　安全保障系统

图7-6　套内空间中的安全保障设施举例

（4）对重点空间进行安全防御设计。对于厨房空间来说，在老年人安全方面，厨房地面和墙面的装修应采用垂直无高差布局，充分考虑针对滑倒和跌倒时的安全性因素，材料表面应防滑且能够降低摔倒时候的冲击力。高位橱柜尽量设置可自行下降装置，避免老年人登高取物。在儿童安全方面，厨房空间要避免儿童自行操作，接触热源和器具，可以通过设置童锁，减少儿童进入的可能。此外，厨房应设置煤气泄漏监测、火灾报警和紧急呼叫等智能联动设备。在卫生间设计中，对于老幼人群，卫生间的防滑防撞是首要内容。卫生间空间应注意干湿分区，采用防滑防水的地面材质，地面附近避免尖锐外凸的构件设施。特别对于老年人来说，卫生间的扶手也十分常用，应在坐便器、淋浴喷头、浴缸旁边设置 L 形安全扶手，辅助老人在卫生间内的起坐和转身等动作，见图 7-7。而且，卫生间门尽量选用外开门或推拉门，建立避免向内开启，以防老年人不慎跌倒使救援者不易进入，并在卫生间低位墙面安装呼叫按钮或拉绳。另外，还需对居室其他重点空间部位进行安全防御设计。为保障儿童安全，非首层住宅的外窗应安装防护装置，窗台与地面净高低于 90cm 的情况应安装防护栏杆，如图 7-8 所示。同时，居室内如有楼梯，可设置阻拦婴幼儿攀爬、又不妨碍成人行走的阻挡设施，见图 7-9。而且室内的家具陈设也应预防婴儿攀爬而倾倒，五斗橱一类高于 60cm 的抽屉柜必须固定于墙面。

图 7-7　卫生间配置扶手（1）　图 7-8　卫生间配置扶手（2）　　图 7-9　阻碍儿童攀爬的装置[224]

7.1.5　套型空间的微气候调节途径

随着老年人年龄增长，身体各机能逐渐减退，特别是免疫系统退化较大；同时，儿童群体正处于生长发育阶段，免疫系统正在完善过程中，身体状态较易受到周围环境影响。因而，老幼人群对于室内环境较为敏感，对环境变化的适应能力较差，这些特征对住居套型的健康性能提出了更高要求。从保障老幼健康的角度来说，通过合理的设计方法，营造阳光充足、通风顺畅、温度适宜、宁静安逸、色彩得当的室内空间环境，将有助于老年人和儿童群体的身心健康。具体措施包括如下几方面：

（1）优化室内光环境。对于高层住居，特别是寒地高层住居来说，优化空间朝向、加强室内天然采光是贯穿于规划和建筑设计过程中的一贯目标。在住居规划阶段，应在科学计算日照间距的基础上对建筑进行合理布局，满足居室空间的采光需要。在套型设计阶段，在寒冷地区的多数居民（特别是老年人群体）通常认为南向为最佳朝向。因而，综合考虑寒地气候特征和老幼身心需求，应将套内主要生活空间尽量布置在南向，尤其是老年人使用频率较高的卧室空间。其余可选择的朝向排序按照优先级依次为东南向、西南向、东向、西向。在设计中应合理组合空间位置，争取优化套内空间的整体天然采光效果。东西向房间应注意夏季的遮阳防晒，可通过窗帘、遮阳百叶和活动遮阳板等活动遮阳设施调节室内光照（图7-10）。另外，人工照明方面，根据居室的不同人群和行为内容，对人工光源的照度具有不同要求，以一室一灯的全面照明为基准。而且，有老年人活动的居室应在对于行为功能的照度标准基础上适当提升。此外，对于经常卧床的高龄老人和婴幼儿群体，室内自然采光和人工光源都要注意防止照度过强。

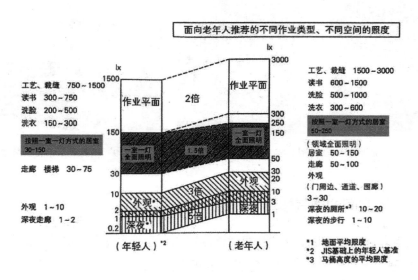

图7-10　适宜老年人的空间照度基准[225]

（2）增强室内自然通风。良好的自然通风组织直接关系到室内的空间环境质量，因而在设计中应给予足够重视。在套型设计中，应尽量采用南北通透式布局以增强室内自然通风。对于一些纯南向布置的中小套型，可通过合理安排户门的位置，与楼栋通风系统结合，促使户门的通风口与楼栋公共交通部分门窗形成通风回路，以促进套内通风。还应注意门窗的开口数量及位置要相互配合，使各空间开口形成有组织的通风路径，保证室内通风顺畅（图 7-11-a）；而且，也可通过设置空中花园的方式改善室内通风条件（图 7-11-b）。此外，对于自然通风不能完全满足通风要求或不便组织自然通风的空间，例如厨房、卫生间等空间，应设置机械通风设施，以促进室内风环境的良性循环。这些空间应当由门进风，以保持房间负压状态。因而，应在这些房间门下部设置有效开口面积大于 0.02m² 的固定百叶或 30cm 以上的通风口。

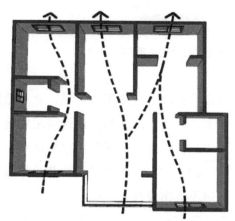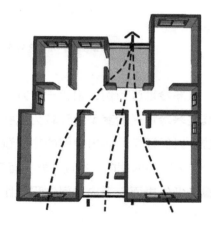

a）通过合理设计门窗位置促进室内通风　　　　b）通过设置空中花园促进室内通风

图 7-11　有利于室内通风的套型布局举例[121]

（3）加强采暖保温效果。适宜恒定的居室温湿度是保障居民机体舒适度、正常生活的基础内容。由于老年人和儿童群体对环境适应能力较差，机体的自律性体温调节能力较差。因而适宜的温湿度环境对有老幼群体更为重要。根据相关研究，人体感觉较为舒适的温湿度值如图 7-12 所示，居室内冬季室温宜在 18~22℃，夏季室温宜在 25~28℃。由于我国城市所处气候区域跨度较大，不同气候区域的居民对于不同季节室温调节要求具有差异性，应因地制宜地进行热舒适度前期测试，并开展适应性设计。

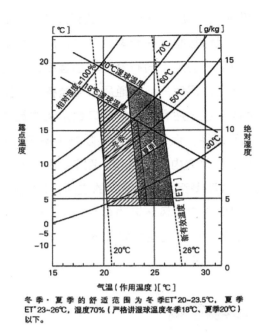

图 7-12　基于 ASHRAE55-92 标准的室内舒适温湿度范围[226]

　　以寒冷地区为例，相比于南方地区的套型设计较为注重隔热通风，北方地区尤其是寒冷地区的套型设计较为重视采暖保温。因而，应在套型设计中采取合理方法，以保证冬季套内空间的热舒适度。具体来说，提高采暖保温效果需要合理配合套内空间的朝向、布局、外界面窗地比等因素。其中，套内空间应集中布置，尽量降低外表面与套内空间体积的比例，同时不宜出现过多的空间凹凸。室内开窗有利于引入天然采光，但是过多的玻璃面积不利于室内保温，因而应均衡考虑具体开窗面积。相关规范中，对于住居主要空间的窗地比要求和室内计算采暖温度如表 7-3 所示。此外，在冬季采暖期，高层住居目前常用的两种集中采暖方式有散热器采暖和地热采暖。相比之下，地热采暖作为自下而上的供暖方式，有助于均衡室内温度，更为符合老年人和儿童的生理要求和活动特点。

主要空间的窗地比要求和室内计算采暖温度[227]　　　　　　表 7-3

空间名称	卧室、起居室	厨房	卫生间	浴室
计算温度	20℃	16℃	20℃	25℃
窗地比	1/6	1/7	1/10	

（4）控制室内声环境。相比于中青年人，老年人的睡眠更易受到干扰，需要较为安静的休息环境，因而在套型设计中有效控制主要居室的环境噪声非常重要，将直接关系到老年人的健康。根据规范要求，住居套内空间的声环境控制指标如表 7-4 所示。同时，卧室和起居室不应与电梯紧邻布置，以免电梯升降过程中产生噪声影响老年人休息。此外，应选用经过减噪设计的门窗、洁具和换气扇，防止门窗开闭、洁具冲水或换气扇工作过程中产生过多噪声。且还应合理选择设备的安装部位，特别要避免设备运行产生的噪声影响到卧室内老年人休息。

居室空间声环境控制指标 [227]　　　　表 7-4

控制项目		控制指标
居室内的噪声级	昼间卧室内的等效连续 A 声级	≤ 45dB
	夜间卧室内的等效连续 A 声级	≤ 37dB
	居室内的撞击声	≤ 75dB
	卧室、起居室内的分户墙、楼板的空气声计权隔声量	≥ 45dB
	居室内楼板的计权标准撞击声压级	≤ 75dB

7.2　满足家庭居住需要的多代居套型设计

多代家庭通常是老幼居民的基本生活载体。在城市高层住居中，能够满足家庭多代人居住的套型正越来越受欢迎。因而，极为有必要根据家庭多代居住模式，对多代居的联系模式和户型组合进行合理配置，并根据代群特征进行空间优化，注重均衡老幼照顾的便捷性和各代生活的私密性。为家庭多代居住提供多元选择，尊重和保障家庭各代成员，有利于代际感情联络和功能互助，从而增进家庭代际融合。

7.2.1　高层住居的多代居组合模式

随着老龄化进程，目前我国城市家庭居住模式中，多代居住需求逐步增加，不同家庭居住结构也与代际组合模式息息相关。根据相关研究，居家养老的老年人普遍更愿意在健康状态下与子女就近居住，便于经常联络感情和相互帮助。但当需要介护或介助的阶段，多数更倾向与子女共同居住，或入住养老机构。因而，作为承载各类多代家庭的主体住居类型，高层住居应具有一定的包容性和适应性，应能够承载不同类型家庭，适应其居住模式，满足家庭成员原居养老的身心需求和日常行为需求。因而，高层住居内的多代居套型应基于目标群体的家庭结构和居住模式，合理设定多代居的类型及组合模式。

在多代居的套型位置层面，在设计中应从住区规划层面重新思考多代居的套型分布问题。多代居需要协调代际群体的生活习惯差异，在维持不同代人生活独立性的基础上，促进代际互助。因而，设计者有必要突破"多代居是一套户型"的思维定式，应认识到多代人既可住在同一户型中，也可邻近居住。一般来说，随着居住距离的临近，老年代和子女代的日常生活交集也越多，代际互助也更为频繁。因而，根据多代家庭的多元居住需要，多代居的位置关系可包含相邻楼栋、同楼栋不同楼层、同楼层相近户型和同一户型等典型类型。

具体来说，上述4类模式各自的特点如下：①多代居位于同一组团不同楼栋。老年人和子女住在临近楼栋中，两代人生活的独立性较强，能够有一定生活照应（图7-13-a）。②多代居位于同一单元不同楼层。老年人与子女可以住居在上下楼层，便于相互联系，同时能够保持自己的生活空间（图7-13-b）。也可以在一层结合设置带有独立院落的老年人住宅，子女住在其他楼层。③多代居位于同一单元、同一楼层。老年人与子女住在同一楼层中，老年人与子女的距离犹如近邻，生活上非常贴近，但有各自的完整生活空间和独立的入户门，避免了两代人生活相互干扰，这种模式在调研中受到多数老年人的认同（图7-13-c）。④多代居位于同一套型内。两代或三代人生活在同一套型空间内，这种模式即是狭义范围内的两代居，居住者的生活行为联系较为紧密，有利于代际互助，而对于代际生活习惯差异则需要结合个体家庭的居住模式，在套型设计上对空间的"分"与"合"进行合理安排（图7-13-d）。

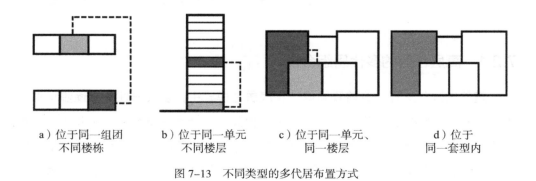

a）位于同一组团　　　　b）位于同一单元　　　　c）位于同一单元、　　　　d）位于
　　不同楼栋　　　　　　　不同楼层　　　　　　　　同一楼层　　　　　　　同一套型内

图7-13　不同类型的多代居布置方式

在多代居的套型类型层面，多代居民的套型一般较大，卧室数量通常达到3~4 间，且套型设计因涉及多代人的居住需求而较为复杂。具体来说，高层住居的多代居包含邻居型、连通型、半共居型和共居型等类型（图 7-14）。

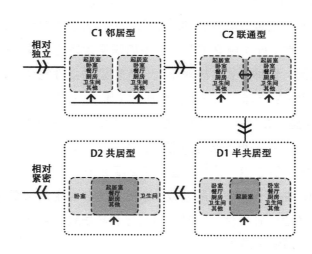

图 7-14　多代居的类型细分

其中，①邻居型可包含相邻楼栋、同楼栋不同楼层、同楼层相近套型三种居住位置关系。②连通型主要是在同一楼层相邻套型的基础上加入户内联通。③半共居型多代居主要共享起居或餐厨空间，其他空间分设。④共居型多代居主要共享起居室、厨房、餐厅和公共卫生间。半共居和共居型在位置上属于同一套型中的居住模式。在邻居型、连通型、半共居型和共居型等类型中，多代家庭的居住模式逐步融合，代际互助内容和频率也逐步增加。每种类型的设计要点如下：

（1）邻居型。邻居型套型一般有两种形式，在同一楼层中的相邻设置或在相邻楼层跃层设置。邻居型套型空间基本实现了户内各空间的分离，老年人和子女拥有各自的户门，以避免进出门时间不同而相互干扰，同时在户内走廊或起居室设门来相互联系，方便家人在不出户门的情况下相互照顾。一般来说，子女的户内空间应设置至少 2 间卧室，便于子女和隔代子女居住，而老年人户内的起居室和餐厅等生活空间应适当加大，或具有一定的空间弹性，以供全家人共同就餐或朋友聚会使用。

（2）连通型。连通型套型与邻居型具有相似性。这种方式基本实现了套内空间的独立性，但也保留了套型之间的联系性。连通型套型通常为同层或上下层布置，通过在套型之间加设门、走廊、楼梯等方式，来建立套型之间的空间联系，从而在保障各代生活独立性的基础上，加强了日常联络的便利性，有助于老幼居民及时得到代际照料，且有利于家庭代际交流。

（3）共居型。在共居型套型内，不同代人共用厨房、餐厅、起居室，老年人、子女和隔代子女有各自独立卧室，并尽量配置老年人独立卫生间，因而这种类型的基本配置为"3室1厅1厨2卫"。套型面积通常较为集约，有利于促进代际交流和互助。然而，这种方式欠缺对不同代人生活独立性的维护，较为适合单身或身体需要一定照护的老年人与子女共同居住（图7-15）。

（4）半共居型。在半共居型套型内，不同代人共用同一入口，起居室可根据面积合设或分设，老年人和子女各自有自己的厨房、餐厅、卫生间和卧室，基本配置为"3室1厅2厨2卫"或"4室2厅2厨2卫"形式。较共居型相比，套型面积有所增加，在同一户型中能够减少家庭成员各自生活习惯发生矛盾，有利于维护不同代人的生活独立性，同时共用门厅和起居室等生活空间有利于家庭成员日常交流和相互照顾（图7-16）。

图7-15　共居型多代居空间布局举例[121]

图7-16　半共居型多代居空间布局举例[121]

在多代居的套型设计层面，既要满足老年人身心需求，也要满足子女和隔代子女的居住需求，并且要尽量协调好不同代人之间的生活习惯差异，通过合理的设计来增进代际交流、促进代际团结。

其中，对于合居和半合居类多代居，卧室空间布局需要着重关注。对于青少年和低龄健康的老人，应更加注重空间的私密性，避免不同生活作息和习惯影响代际融合。对于幼儿或老人，应更注重空间的连系性，以便于进行安全监视。例如，可通过临近布局和设置推拉门来调节不同房间视线联系。而且，老年人卧室应尽量朝南布置，并应避免老年人与子女卧室相邻布置，尽量减少双方作息时间不同带来的声音和视觉干扰。同时老年人卧室应临近卫生间，尽量设置老年人专用卫生间，或使相邻卫生间在老年人卧室有直接入口，卫生间的室内空间要进行适老化设计。

7.2.2　多代居的长效演变设计

住居作为家庭生活的容器，当家庭生活主体发生变化时，户内空间使用需求也将随之变化。住居内的家庭可能是核心家庭、主干家庭、或是独居家庭，随时间演变，可能有年轻人结婚、生育孩子、孩子成长、孩子独立出门、夫妻步入老年等不同阶段。因而在住居内长期定居的家庭，对于住居的使用需求也在变化中，代群数量可能由一代变为多代，家庭成员的互助模式可能也会涉及抚育儿童、赡养老人等动态情况。

从时间轴来看，家族代际交替会导致代群生活需求的演变，从而对住居空间的需求变化也会随时变化。如图 7-17 所示为一户日本家庭随时间推移的演变模式，以及对住居空间使用模式的变化过程。其中，随着两个孩子成长，家中儿童房由一间变为两间，与主卧位置互换。又随着老年长辈过来同住，客厅变为老人房，两代居变为多代居。而随着老年长辈去世，一个子女长大搬出，夫妇二人进入老年后与另一个子女一家同住，多代居住模式也发生了新的变化。

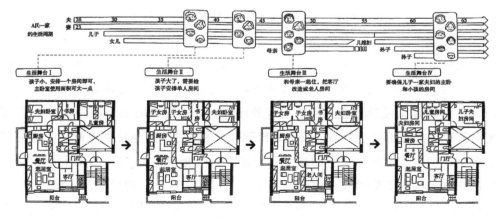

图 7-17　一套家庭住宅的空间使用模式变迁 [228]

由此可见，多代居的空间组合模式应具有灵活性，户内空间应潜伏可变，以适应家庭生命周期和居住模式的演进变化。通过长效潜伏设计，满足家庭代际关系演进和多代居住需求变化，为居室环境的动态代际互助提供空间环境长效支持。应对家族人口和居住模式的演变，提高空间适应性的关键在于通过工业化技术、潜伏设计、局部可动装置等多元途径，提升户内空间的重点应变能力，以实现住居套型的长效适用。

基于高层住居的技术变革，利用工业化技术、装配式部件，可实现居室功能从住宅结构的"解放"，为套型空间整体演变和长效居住提供可能。近年来，我国也在探索适合自身国情的工业化集合住宅体系，建立了CSI住宅体系（China Skeleton Infill），并进行住居项目示范应用，例如雅世合金公寓和上海绿地百年住宅示范项目，并且在套型设计阶段尝试兼顾不同代际组合模式（图7-18）。

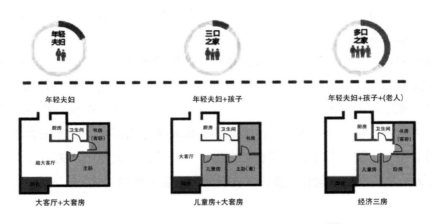

图 7-18　工业化住宅套型随家庭结构变化解析 [229]

在一些既有的集合住居项目中，国内外设计师对工业化住宅体系开展了一些创新探索。例如，大阪 NEXT21 实验住宅通过发布"自由内装规则书"鼓励住户自主参与套型设计，还采用了可变外墙设计（Cladding design），给住户预留自行改变外立面的选择权。而且，NEXT21 内的住户定居比例更高，并且可实现自主改变空间格局甚至空间属性。以其中一个套型为例，在 10 年时间由最初的居室空间改变为职住两用空间（图7-19、图7-20）。再例如，Urban-Rural Systems 团队在印度尼西亚设计的可扩展住宅，通过建设可升降的屋顶和足够牢固的首层和地基，允许当地住户就地加密，根据户数变化和生活需求再加建 1~3

层楼。在不断加建过程中，除了满足基本居住需求，多出来的空间可被用作其他功能（图 7-21）。

图 7-19　NEXT21 实验住宅项目立面改装示意 [230]　图 7-20　NEXT21 中的一个套型平面演变过程 [230]

a）可扩展住宅分析图　　　　　　　　　　b）可扩展模式菜单

图 7-21　可扩展式集合住居设计方案 [231]

7.2.3　多代居的菜单式定制模式

随着人们生活水平的进步，对居住品质、个性化空间的要求日益提升，相应地，对于住居套型空间期望也逐步增加。特别是随着人们思想观念的开放，以及家庭代际居住模式的演变，家庭代群数量和常住家庭成员数量结构呈多元化发展。因而高层住居的套型类型和设计模式不应继续以单一标准为主导，也不应拘泥于市场常见的几种套型样式，或固守由开发商主导的自上而下的模式，而需要与时俱进，以开放多元的视角寻求更有针对性的套型类型，探索多代参与式的设计模式创新。

发展高层住居的套型菜单式定制模式需要充分基于国情，考量我国家庭居住模式的普遍趋势，兼顾多代家庭的个性化居住需求，而形成主辅兼备的灵活菜单模式。

套型菜单的核心是代际组合模式的多样性。根据相关研究，目前城市住宅中有三种常见代际组合模式，包含一代、两代和多代模式，以及六种常见家庭结构，包含一代单人结构，一代夫妻结构，两代核心结构，两代主干结构，两代祖孙结构和多代同堂结构[157]。图 7-22 为六种常见家庭结构的主体模式、拓展模式、数量区间、演变趋势解析。

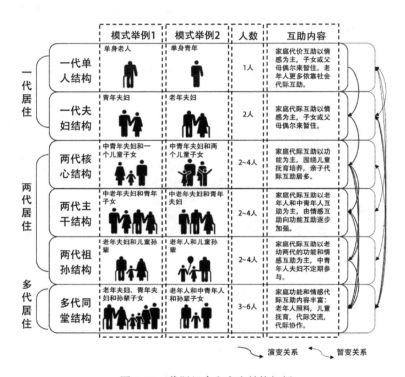

图 7-22　代际组合和家庭结构解析

高层住居的套型个性化发展历经了诸多建筑师的多年探索，已经逐步从方案设想深入到项目实践层面。目前的住居个性化实践项目主要包含三种类型：从整体到局部的标准型、从局部到整体的针对设计型、针对特定人群的特殊倾向型，或以上方法的综合类型。

作为综合多重个性化方法的住居模式，德国柏林的联建住宅是一种兼具协作型、合作型、集体型和邻里导向型的社会协作性住宅。其主要特色就是客户可定制的居住模式和个性化居住套型，居民可以参与其具体的设计和实践过程。例如其中的 Ritterstrasse 50 项目，先由居民和建筑师进行沟通，居民画出自己理想的住宅空间结构图，包括大小比例和空间联系。进而，建筑师结合框筒结构和一系列模数构件来满足多元化的居住空间要求（图 7-23）。

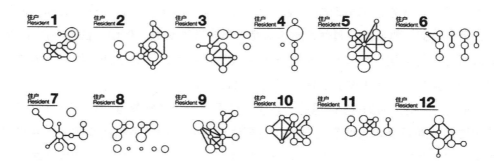

a）个性化的居住空间参考系统 [232]

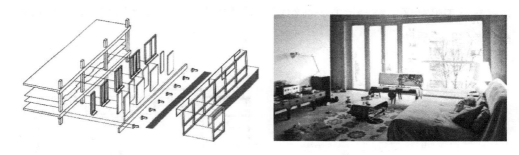

b）居住空间模数系统　　　　　　　　　　c）某住户起居室实景

图 7-23　柏林 Ritterstrasse 50 住宅项目 [232]

7.2.4　多代居的互助式更新设计

目前，我国的存量高层住居数量较多，需要进行适老宜幼改造的套型正在逐渐增多。在家庭长期定居的情况下，套内居住空间的持续使用会面临加龄成长和代际变迁等情况。面对相应的生活需求演变，住居本身应具备一定韧性，以最为经济、对周边邻里影响最小的方式调整空间界面、改变套型功能。

在套型优化过程中，需要兼顾家庭中各代成员的居住需求。通过设计师与家庭成员互动讨论，对改造方案进行多轮推敲改进，从而形成相对最优的方案。例如上海一处 32m² 的一室户，由于子女出生而形成 5 口人三代合居的居住模式。

在与设计师协力进行更新改造后，对宅内空间进行了合理分区和巧妙利用，适当满足各代人的居住独立性，也提升了家庭环境质量（图 7-24）。在改造中，应融入一定的弹性空间和部品设施，以适应未来居住模式的再次演变更迭。此外，为避免因改造工程影响邻居关系，与邻居充分沟通情况下，制定相应的施工时间表。

对于套内居室的加龄改造主要包含无障碍通行改造、辅助设施加装和空间界面改善等方面，需要结合具体居室客观情况制定改造策略。例如，日本一户 90 岁老人所居住的高层住居套型，通过子女和设计师的互助协力改造，提高了老年人居住的安全性，也便于家庭的代际"老老照顾"（图 7-25）。

此外，需要强调的是，理想的套型改造过程是一个多代参与、代际互助的过程，既需要充分尊重老年人的居住意愿，也要协调家庭其他成员的居住需要，并且具体实施过程也需要家庭成员的相互配合与理解。而对于一些独立居住的老年夫妇和单身老人，适老化改造则需要借助更多的社会力量共同参与设计。例如，日本兵库县香美町社区，结合地方公益组织，为区内符合相应条件的高龄老人提供居室适老化改造援助。

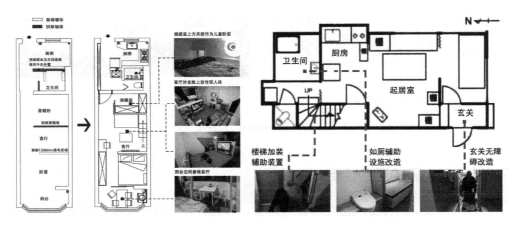

图 7-24　小套型多代居改造案例[233]　　　　图 7-25　一户 90 岁老人的住宅改造案例[234]

7.3　适应老幼行为模式的居室精细设计

在城市高层住居中，套型内的居室空间环境是老幼居民直接接触的重要场所，关系到居住安全、身心健康和生活品质。在设计中，需要改变原有的固定思维模式，引入时间轴，关注实际居住者的年龄演变问题，重视儿童成长、老年人衰老过程的需求变化，进而对各类居室空间进行适老、适幼的精细设计及优化。而且，为了面向老幼代际融合，住居设计者的视野不应仅局限于使用者的家庭层面，应从高层住居的全局视角，将社会照料服务纳入居室空间环境体系内，尝试统筹配置和创新设计。

7.3.1　适老宜幼的加龄设计要点

广义的"加龄"是指个人年龄的增加。例如，随着年龄增长，非老年人逐步加龄进入老年阶段，再转变为高龄者；再例如，儿童年龄逐步增长，最终成为青年人。而伴随加龄现象的是个体身心演变现象，或迈向老化，抑或迈向成熟。从时间维度来看，高层住居套型精细设计需要充分考虑老幼居民的加龄因素，对加龄随之带来的身心变化和需求演变进行精准的适应性设计。从加龄视角开展老幼适应性设计，一方面有益老年人在地安养、长期居住，另一方面为儿童的日常生活和代际照料提供便利和保障。

1）应对衰老式加龄的适老化设计

应对衰老式加龄，需要重视年龄衰老所带来的身体机能和行动能力影响。通常，多种身体机能减退现象会伴随衰老进程而多发、继发或程度加重。因而，有必要对衰老程度进行整体分级，并制定与之对应的适老化设计等级和代际互助重心。在这方面，国内外相关学者已有相关研究，例如日本学者将老年人分为五个阶段，适老化设计也分为五个等级，我国学者刘卫东也提出适老化通用设计的四个标准[150]（图 7-26），其中由第 1 级到第 4 级，居室空间设计标准由普通居住空间逐步过渡到适老化居住空间，甚至达到机构级护理空间。

从加龄视角进行居室适老化设计，一方面要充分了解老年人行为特征并采取相应技术措施，顺应和满足其生活方式、居住需求和护理需要，以提升老年人的独立生活能力；另一方面，也要通过居室空间的多代包容性，促进家庭和社会层面的代际互助交流，既有助于代际安全监护和起居照料，也能提升老年人的归属感和生活幸福感。为精准应对老年人衰老随之带来的身体机能退化、行动能力改变，居室空间优化设计及代际互助重心涵盖如下几个方面（表 7-5）。

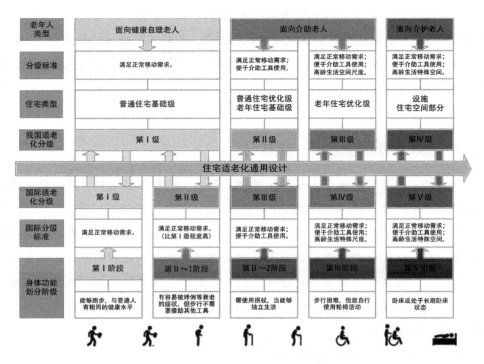

图 7-26　适老化通用设计的分级标准 [235]

加龄视角下的居室优化设计要点汇总 [228]　　　　　　表 7-5

机能变化		行动特性	居室设计要点	代际互助重心
脏器机能	脑的变化	记忆力减退，容易忘事	储藏空间提示设计	与家人经常沟通，家庭照片摆放
	肺的变化	肺活量的下降，持久力的下降容易疲倦	方便午休和小憩的场所	及时安全监护
	心血管的变化	血压容易升高容易引起起立性低血压症脑中风等危险	减少行动勉强的场所，注意冷热温差，不要受凉	室内温度监测，温控设备调试
	肾脏的变化	有尿频倾向，易失禁	居室与卫生间联系方便	卫生间安全检查，协助如厕
	呼吸器官变化	气管炎，易患哮喘	保持头冷足热的温热环境	温控设备调试

续表

机能变化		行动特性	居室设计要点	代际互助重心
骨骼机能	骨·关节的萎缩 曲张·僵硬化 老化 骨质疏松症 风湿病	身高缩短，高处够不到	尽量避免使用高处储存柜	特殊操作协助，设备位置改进，设备使用指导
		肩周活动范围减小	避免过高处和低处的设备操作	
		站立、坐下、弯腰困难	床和椅子的高度调节	
		抓、握困难	门和龙头等物品操作简便	
		骨质脆弱、易骨折	地面材料等应考虑防绊倒	及时安全监护
	肌肉力量的下降	身体支撑困难、握力下降	考虑必要的地方安装扶手	辅助设备改装，特殊行为协助
		抬腿不便，易跪倒、摔倒	取消地面高差，防滑防绊倒设计	及时安全监护
感官机能	视觉的变化	对眩光适应能力较弱	避免眩光的空间环境	协助调节室内光线
	听觉的下降	特殊高音区听不清	声环境调节	协助调节室内声环境
	嗅觉等的下降	气味、味觉难以分辨	设置煤气泄漏的通报装置	及时安全监护
	温热感觉等变化	对温度、疼痛感觉下降	留意厨房器具供热温度	及时安全监护
	平衡感觉的下降	保持姿势困难、容易摔倒	不稳定的地方安装扶手	辅助设备改装，特殊行为协助

　　具体来说，在空间布局层面，要特别重视卧室、卫生间和起居室的适老化设计。随着老年人年龄增长、身体减退，卧室空间逐渐超越起居室成为老年人最常使用的空间。相比于一般卧室空间，老年人卧室所包含的功能更为丰富，是休息、起居、娱乐休闲和物品储藏的主要空间。空间尺度上，老年人卧室面积应适当增加。并且，卧室内的床和床头柜等睡眠家居应集中布置。卧室应尽量与卫生间之间相连或紧邻布置，并宜采用推拉门。此外，起居室和餐厅也应进行适老化设计，注重轮椅无障碍通行，以保障部品设施舒适性和服务联络便捷性。

在室内家居部品方面，应以减少部品设施的潜在安全风险，降低环境干扰，提供适度的感官刺激。例如，床和周边设施需要根据老年人健康状况合理配置。对于介助老人的床附近应为轮椅或助步器预留空间，床头应布置紧急呼叫装置，并在床周围预留功能拓展余地（图7-27）。

a）介助老年人的卧室设施　　　b）介护老年人的卧室设施　　　c）老年人床头家具布置

图7-27　香港房协长者中心的适老化卧室场景展示

2）应对成长式加龄的适幼化设计

根据儿童各年龄阶段的发展特点，应优化配置套内儿童抚育空间及相关部品设施。考虑到儿童身心各方面机能发育迅速，但相对于成年人，其自我照料能力较差，安全意识也较为薄弱。其中，0~3岁的婴幼儿群体机体免疫能力尚未健全、行为控制协调能力尚在发展，更容易受到周围环境的不利影响。因而，套内居室空间作为儿童生命初期接触的主要空间环境，相应的精细设计则尤为关键。如表7-6所示，随着儿童成长，对居室空间的具体需求也会变化。

少儿代的不同身心发展阶段和相应居住环境需求[228]　　　　　　　表7-6

	运动发展	智力和知觉发展	居室环境需求
婴儿期	睡觉； 翻身； 独自坐着； 扶着东西站起来； 独自行走	发现细小的东，随时会误食； 会从家具中拿东西出来； 随手扔掉手里的物品； 喜欢到处攀爬； 对所有能拿到的东西好奇	孩子玩耍的场所和看护人活动场所结合； 促进感觉发达的环境刺激； 安全和卫生方面的周密考虑； 放置育儿用品（尿片，衣服，牛奶等）的固定空间，处于确保方便护理的位置； 确保可以让婴儿充分爬行的安全宽敞区域； 玩具分类收纳； 保持安全、清洁的地面； 检查吊柜、家电、家具的安全性； 家具没有倒下的危险，或沿墙壁固定。

	运动发展	智力和知觉发展	居室环境需求
幼儿期	稳步行走；来回走；跳；上下楼梯；全身运动活跃化；手指运动能力发达	学会说话；喜欢模仿；和小朋友玩耍；玩水和沙子；基本生活习惯的确立（吃饭、睡觉、更衣、排泄）；可以理解简单的指示；探索行动	居住空间的秩序化，以确立基本的生活习惯；创意培养孩子的好奇心，提高自立性的有趣环境；促进全身运动发育的安全环境；在固定的场所进行基本生活行为；设置孩子可以够到的衣服收纳空间；设置看护者可以看到的室内玩耍区；在游戏场所，设计孩子可以自己拿出玩具的收纳空间（玩具箱、书架、小件物品的抽屉），让孩子自然养成整理习惯；让孩子快乐参与家务（符合身高的垫板）；设置方便孩子独立使用的卫生间（垫板、儿童马桶圈）。
学龄期	活动空间扩大；有一定难度的运动	在玩伴中发挥重要作用；对创造性游戏感兴趣；增加学习时间；开始接触社会实践活动	庭院和阳台具有安全防护设施；在能感觉家庭气氛的地方设置儿童房；餐厅最好设置多功能大桌子，便于家庭集会；两个孩子共用儿童房应共用区域和专用区域；儿童房家具随年龄增长而变化；在墙或架子上展示孩子的作品（图画、手工和书法）。
青春期	运动能力接近成年人	可能有逆反情绪；重视朋友关系；开始对异性有兴趣；对容貌和服装关心度提高；较多课业任务需要完成	平衡孩子的居住独立性和家庭交流；增进孩子与长辈的沟通的多代环境；有异性的兄妹时卧室分离设置；欢迎朋友做客、促进孩子们交流的场所；激发孩子创造性的室内装饰、留给孩子根据自己爱好进行装饰的余地；空间设计便于孩子管理个人物品和接受家庭教育。

　　居寝空间方面，儿童卧室空间布局首要考虑灵活性设计。由于儿童阶段身心处于不断成长发育阶段，从婴幼儿到学龄期儿童，睡眠空间主要包含如下三个主要过程：在婴幼儿床布置在大人床一侧，就近设置照护设施；婴儿床布置在视线可达的相邻房间，就近设置玩耍空间；儿童床独立布置，就近设置阅读学习区。为了提升利用效率，儿童床尽量具备灵活性，尺寸可以逐步扩展。

　　起居活动方面，应根据儿童的年龄和兴趣，在日常起居空间内布置儿童玩耍区，可与起居室、卧室和多功能间等空间合并。儿童玩耍区通常布置软质地面铺装，如地毯、爬行垫等，并设置儿童可以控制的收纳区域，例如玩具收纳柜或绘本架。为了方便看护，儿童玩耍区应具备较高的可视性和可达性，并尽量不要临近厨房或卫生间入口。另外，所有儿童使用的家具部品的尺寸均应基于儿童身体尺度，并具备一定尺寸调节灵活性，还应通过安全验证，保障使用过程的安全性和耐久性。

7.3.2 各主要空间的精细设计途径

对于高层住居来说，套内空间的精细设计应基于套型整体设计方案，结合老年家庭结构和居住模式，分析不同代人对各功能空间的使用模式和联系方式，进而对各居寝空间、厨卫空间等主要功能区的空间形态、联系动线、家具布局进行设计优化。

居寝空间是老幼人群日常生活起居和休息睡眠的主要场所，包括起居室、餐厅、卧室等空间，居寝空间设计直接关系到套型空间品质，需要设计者重点关注。

1）起居室

起居室是大多数居民最主要的居家生活场所。设计过程应充分考量老幼人群的心理需求和活动能力，通过营造开敞明亮、温馨亲切的空间氛围，让老年人和儿童保持良好的情绪状态和精神活力，促进家庭代际交流。

空间尺寸方面，起居室的尺寸由家具布置、轮椅通行和电视视距等因素共同决定。一般来说，起居室开间的净尺寸不应小于 3m，适宜尺寸在 3.3~4.2m 之间，进深不宜小于 3.6m，开间和进深的比例宜为 1 : 1~1 : 1.2，并且进深和开间均不宜过大（图 4-43）。起居室的适宜面积范围在 11~21m² 之间，不宜过大或过小。过大的起居空间妨碍家庭成员的相互沟通，难以营造温馨的氛围；过小的起居空间会使老年居民或照顾婴幼儿的住户通行不便，易产生磕碰现象，也不便于轮椅回转。

功能分区方面，起居室主要包含坐席区、日光健身区、通行区和植物放置区等四部分功能区域。具体来说，坐席区主要供居民看电视、读报、待客和泡脚等，需摆放多人坐席和电视机。而且，应尽量在有阳光的区域设置老年人座椅或儿童玩耍区。此外，通行区需要有足够宽度，并在端头适当放大以便于轮椅回转。南向阳台为老幼居民提供日常晒太阳和简单锻炼的空间，设计中应保证其视野开阔，通风采光良好。

交通流线方面，起居室通常作为核心空间，因而宜位于住宅中部，组织联系套内主要空间，使老幼居民能够便捷地到达居室空间。起居室不宜成为穿行式空间，以防止起居室内的主要活动受到干扰和阻碍，可采用袋形空间，将主要交通动线组织在一侧。

家具布置方面，起居室中的主要家具包括坐具、茶几、电视机和电视柜。坐具是起居室中最主要的组成部分，在设计中坐席区宜对向门厅布置，以便老年人及时了解到人员出入情况，增加心理安全感；坐具数量在满足老年人需求的基础上根据家庭人口和客人往来数量而定，可设置折叠座椅或茶几以便于灵活布置。同时茶几高度 500mm 较为适宜，距离沙发要大于 300mm，距离电视柜要大于 800mm，满足轮椅单向通行。此外，根据周燕珉教授的相关研究，如图 7-27 所示为起居室的三种典型布局形式。在设计中，应对轮椅老年人和一般老年人的起居空间进行分类布置，并兼顾到不同布局模式的相互转换（图 7-28）。

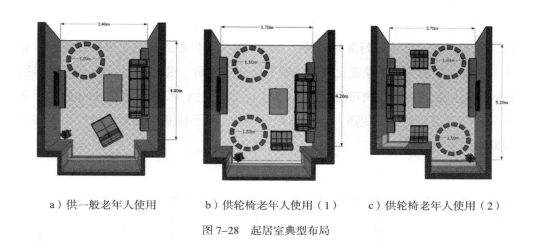

a）供一般老年人使用　　　b）供轮椅老年人使用（1）　　　c）供轮椅老年人使用（2）

图 7-28　起居室典型布局

2）卧室

卧室是住户休息和放松的重要空间，也是停留时间最长的套内空间。对于老年人来说，随着年龄增长、身体衰退，卧室逐渐超越起居室成为老年人最主要的使用空间。在保持活动私密性的基础上，老年人卧室的设计要注重提高安全性和舒适度。而且，对于儿童来说，特别是婴幼儿群体，每日所需睡眠时间较多，卧室空间对其身心成长都具有重要意义。因而，从适老适幼的角度出发，卧室空间的精细设计要求如下：

空间尺度方面，设计中应保证卧室的舒适度，卧室面积应适度增加。从规范角度，老年人卧室面宽净尺寸不应小于 2.50m，然而在实际设计中考虑到老年人的空间舒适度和未来护理需求，卧室的面宽净尺寸应不小于 3.4m，以满足在床和对面家具中间有 800mm 的轮椅通道。同时，单人老年人卧室的进深不应低于 3.6m，双人不低于 4.2m，以便留出集中空间。此外，卧室中还应预留轮椅回转和护理人员陪护的空间，卧室进门处不应出现狭窄的转角以防担架进出受到阻碍。此外，为了满足婴儿床的摆放，主卧室双人床一侧应预留 70cm×130cm 的婴儿床摆放空间。而且，儿童卧室应临近父母卧室，即一间次卧室应邻近主卧室。

位置布局方面，务须改变"卧室仅作为休息睡眠空间"的认识误区，在设计中注重老年人卧室的多元性设计，对睡眠以外的功能进行集中布局，满足各类功能所需的空间场地。具体可在卧室内集中布置床头柜等睡眠家具，留出集中空间用作多功能转换区域，如学习、兴趣活动、储物、锻炼等。

空间环境方面，卧室的环境质量直接关系到老年人和儿童的身心健康，因而在设计中要重视卧室的微气候调节。由于寒冷地区冬季气候较冷，卧室环境更重视采光和保暖，应尽量朝南向布置，合理布置门窗位置以保证足够的日照和自然通风。设计中应为冬夏季变化床的位置预留相应空间（图 7-29）。同时，为增加室内通风，应将门窗对角布置（图 7-30）。此外，为保证住户的睡眠质量，卧室空间，应避免朝向主要街道，避免邻近电梯井，如不能避免则需要做好相关墙面和窗体的隔声设计。

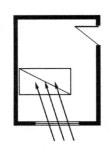  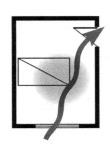

a）冬季床居中布置以　　b）夏季床靠里墙布置　　　a）门窗相邻布置　　　　b）门窗对角布置
　　争取阳光　　　　　　以保持阴凉　　　　　不利于卧室通风　　　　有利于卧室通风

图 7-29　床的冬夏季位置变化与日照关系[121]　　图 7-30　门窗布置方式影响下的卧室通风情况[121]

家具布置方面，一般来说，卧室的主要家具包括床、床头柜、书桌、衣柜等。在设计中床的位置需要优先考虑，应在设计中为床的摆放预留变化余地。对于老年人来说，床的位置需要一定的灵活性，这样有助于在老年夫妻需要分床休息、老年人数量或身体条件发生因素变化时，家人能够对床的形式和位置进行调整。而且，随着儿童成长，其所需要的床位尺寸和布局方式都会变化，适当的冗余空间和可调整性是必须的。此外，卧室的门亦需要精细考虑，相比于平开门，推拉门尤为便于轮椅老人使用。因而在老年人卧室中建议采用推拉门，而在采用平开门时，应选取杆式门把手，以便轮椅老人抓握。

3）用餐空间

作为一日三餐的必要场所，用餐空间在居家生活中使用频率很高。老幼家庭相对丰富的居家生活，使用餐空间已超越备餐和就餐等基础功能，而兼具家务操作台面、娱乐活动空间、临时工作空间等多元功能。在用餐空间设计中，有如下几方面需要着重考虑。

空间尺度方面，单独设置的用餐空间开间不宜小于2.2m，如需要布置轮椅或婴幼儿餐椅，则不应小于2.5m。对于健康老年人，餐桌一侧边缘至墙面应保证0.9m以上的活动空间，避免老年人过多起身，在过道一侧也应预留错身通过空间。对于轮椅老年人来说，餐桌的布局要注意预留1.5m直径的转弯空间，餐桌邻过道一侧也要预留1.2m供轮椅和人的错身通过空间。

家具布置方面，用餐空间中的主要家具有餐桌、餐椅、备餐台和橱柜等。在用餐空间面积相对局促的情况下，建议选用大小可以调节的餐桌，能够满足在平时调小靠墙布置，而在用餐人数增加的情况下，可调大桌面并居中布置。老年人和儿童应留有专门的用餐位置，建议在餐桌面朝入口侧的前后留有一定空间，同时在餐桌下部留出一定的腿部高度，便于轮椅或婴幼儿餐椅接近桌面。此外，应设置备餐台，既可用作简单备餐使用，同时可存放老幼常用物品，如药物、调味品、纸巾、围嘴等。

复合利用方面，在实际的套型设计中，用餐空间的位置具有很强的灵活性。在较多情况下，用餐空间与起居室连通形成整体大空间，既节省面积，增加功能灵活性，也缩短了老幼人群的行走距离。此外，对于单独设置的用餐空间，应预留一些灵活空间，以便于在用餐人数增加的情况下，临时增加用餐面积，以满足变化的使用需求。

空间联系方面，用餐空间的位置应临近厨房，以减少老年人手持餐具或热菜的行走距离。用餐空间与厨房的连接动线不宜穿越其他空间，如门厅或起居室等，以避免老年人手持餐具行走过程中被绊倒或受到阻碍。此外，设计中还应建立用餐空间和厨房的视觉联系，便于在两个空间的家人能够及时交流，也方便随时观察厨房情况并察觉安全隐患。

总体来说，用餐空间的布局既要满足自身的功能要求，也要考虑与厨房和起居室的联系方式，图7-31-a所示为用餐空间与起居室的位置关系举例，在这种布局方式中，用餐空间与起居室相互连通，形成开敞流动的室内空间。图7-31-b

所示为用餐空间与厨房的位置关系，用餐空间与厨房毗邻布置，具有直接的路径和视觉联系。

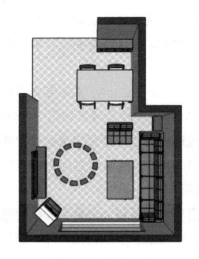 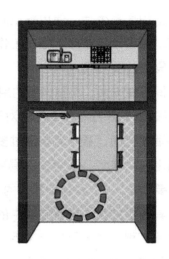

a）与起居室的位置关系举例　　　　　　　b）与厨房的位置关系举例

图 7-31　厨房的平面布局举例分析

4）厨房

厨房作为一日三餐的烹饪场所，既涉及较为复杂的操作动线，也涉及能源的使用。厨房空间是老年人经常使用的空间，同时也涉及较多用电设备和能源的事故多发场所。因而，为保证老年人安全独立使用，对各类套内厨房空间进行适老化设计是不可或缺的。对于此类具有较高使用率和安全隐患的场所，设计中要关注以下几点：

空间尺度方面，由于厨房中的操作动作较多，在设计中考虑到使用的便捷性和安全性，应将厨房尺寸适当加大，面积不应小于 4.5m²，且留有不小于 900mm 的走道。若有轮椅老人使用，面积则不应低于 6m²，留有 1.5m×1.5m 的轮椅回转空间。然而，厨房尺度也不应过大，避免操作动线过长，影响操作连续性，而降低使用效率。厨房具体设计尺寸与台面布置方式、空间形态有密切关系，一般设置要求如图 7-32 所示。

操作动线方面，操作动线直接影响到厨房的使用效率和安全性，供老年人使用的厨房需要重点设计操作动线。台面布置形式直接影响到厨房操作动线形式，常见的操作台面布置方式有单列式、双列式、U形和岛形等。老年人厨房适宜选

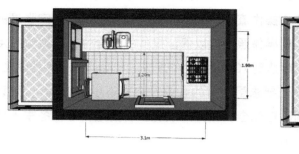 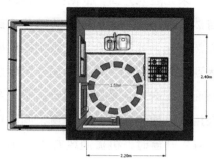

a）一般老年人适用的厨房尺寸要求　　　　　　b）轮椅老人适用的厨房尺寸要求

图 7-32　老年人适用的厨房尺寸要求

用 U 形和 L 形布局方式，主要是由于这两种布局形式流线较为简洁，适合轮椅老人旋转操作，同时有利于形成连续完整的台面，能够提高操作效率，并减少安全隐患。

（1）单列式，适用于面宽狭小、有通向阳台的门、只能单面布置操作台的狭长型厨房。此种方式方便连接服务阳台，操作台布置相对简单，施工误差便于调节，且管线较短。但存在单侧动线耗费体力，空间利用率低、台面不足、轮椅老人移动困难等缺点。

（2）双列式，适用于厨房入口与服务阳台相对，且无法采用 L 形或形型布局的厨房。此种方式的两侧操作台共用一条走廊，空间利用率很高，操作台面较多，储藏空间较多。但是，洗涤池和炉灶相对布置，老人操作时会有过多的转身动作，轮椅回转操作也相对困难。

（3）L 形，适用于厨房开间在 1.8~2.0m 之间的厨房。其优点在于操作台面较多，老人在转角处工作时移动较少，也便于轮椅老人操作。但也存在一定缺点，即操作台转角处的柜体不易利用，且储藏量较小。

（4）U 形，适用于平面接近方形，或开间较大的厨房。厨房三面均可布置操作台，操作面长，操作台连续，储藏空间充足，便于轮椅老人操作。但是，由于三面布置橱柜，服务阳台的设置会受到一定限制。

（5）岛形，常见于较大面积的厨房空间。适合多人参与的厨房操作，"岛"式操作面既可作为操作台使用，又可当作早餐台使用；方便老人和轮椅者操作和通行。但是，此种方式需要占用较多的住宅空间，在一般中小型住宅中难以实现。

采光通风方面，根据我国《住宅设计规范》的相关规定：厨房应有直接采光、自然通风。由于厨房中涉及较多的操作流程，因而应当为操作台引入一定强度的自然采光，并且配合人工照明提高操作照度，以保证操作的安全性，使整体照度达到150lx，灶台和水池的局部照度达到700lx。此外，烹饪过程会产生较多的油烟，因而要配合相应的通风设计，规范要求厨房窗的有效开启面不小于0.6m²，建议采用通风效果较好的平开窗，同时应配合机械排风设施。特别是在寒地冬季不便于直接开窗时，机械通风方式十分必要。

家具布置方面，操作台作为厨房中技术要求最高的家具设施，容纳了厨房主要的烹饪活动。为方便老年人操作、降低使用风险，操作台设计中应合理配置炉灶、洗涤池和案台的位置。设计者应仔细斟酌台面尺寸，注意台面高度和深度的尺寸合理性。考虑到轮椅使用者的操作限制，操作台面不宜高于0.75m，洗涤池和炉灶的台下净高不宜小于0.65m，深度不宜小于0.35m。同时，为保证老年人的使用安全，燃气炉灶应安装熄火后自动关闭燃气的装置，并设置自动报警装置。此外，厨房家具选用要注重细节设置和灵活设计，注重空间的复合利用。例如，可以在操作台面下设置可抽拉式的小桌板作为早餐台；设置小轮车作为储物空间的补充，在老年人卧床时可兼作餐车使用；亦可设置下拉式的活动吊柜便于轮椅老人取用物品。此外，对于有儿童的家庭，厨房宜安装可以有锁的门，避免完全开敞，以防止儿童单独进入厨房，降低安全隐患。

5）卫生间

卫生间是套内必备的重要功能空间，也是居民日常高频使用的场所。由于高利用率、设备密集和空间限制等因素制约，卫生间是住户较易发生跌倒、磕碰事故的场所。作为老幼群体安全事故的高发区，卫生间的适老、适幼设计非常关键，需要重视以下几点。

空间尺度方面，老幼居民适用的卫生间应不宜过大或过小。过大的空间会使设备之间过于分散，导致在卫生间的行走路线加长，缺少扶靠且存在安全隐患。而空间过小则给老幼正常通行带来不便，易造成磕碰事故，也不便于推行轮椅或婴儿车。设计过程中应根据设施型号、设备数量、轮椅通行等因素合理设定空间尺寸。根据相关研究，老幼家庭适用的四件套卫生间的开间进深净尺寸不低于2.4m，轮椅老人使用的三件套卫生间的开间进深净尺寸不低于2.1m。

干湿分区方面，由于设备用水情况不一，在设计中应进行干湿分区，避免积水蔓延到其他区域而形成安全隐患，即需要对卫生间进行干湿分区。在卫生间内，洗浴区通常称为"湿区",便器、洗手盆等相关区域为"干区"。在设计中要注意做好洗浴设施的排水设计,应尽量将"湿区"设置于卫生间内部,避免被穿行。同时,"干区"和"湿区"之间要设置过渡带,通常作为老幼人群的更衣缓冲区域。

安全防护方面,卫生间的安全防护设施是设计重点,设计过程中应采用适当策略以达到卫生间便于使用、减少日常磕绊事故、利于紧急救助的设计目的。具体来说,卫生间内主要设施均应设置安全扶手,扶手应为 L 形,并根据动作特点确定具体位置(图 7-33)。对于一些低龄老年人,可在卫生间墙面设置扶手预埋件,在未来有需要时加装扶手。为了便于紧急救助,卫生间的门应为外开门或推拉门,并设置从外侧可以开启的装置,以便在紧急事件发生时及时对老年人施救,同时要在适当位置设置紧急呼叫装置。此外,卫生间的地面应选用防滑材质,同时保证排水顺畅。

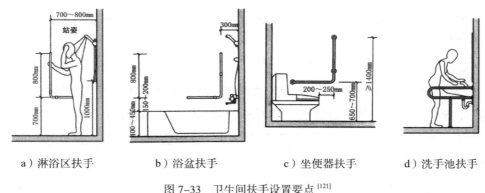

a)淋浴区扶手　　　　b)浴盆扶手　　　　c)坐便器扶手　　　d)洗手池扶手

图 7-33　卫生间扶手设置要点 [121]

通风保温方面,由于潮湿、异味等不利因素影响,卫生间的微环境控制较为重要,关系到使用者的健康和使用舒适度,因而卫生间设计要注意采光和通风,尽量争取对外开窗,增加自然通风,并设置人工排风设置。同时,也要注意室内保温,特别是洗浴区和更衣区的温度要重点保证,以免老年人和儿童在洗浴过程中着凉,可通过加设浴室加热器和暖气等设备增加室温。

设施设备方面,卫生间内的主要设施包括淋浴间、浴缸、盥洗台和坐便器等四类。淋浴间的尺寸应尽量宽松一些,以便于家人或照护人员的协助,一般来说,长 1.2~1.5m、宽 0.9~1.2m 较为适宜,同时应在淋浴间内安排坐凳以便于老年人坐姿洗浴,或使用婴幼儿浴盆。浴缸长度为 1.1~1.2m,同时浴缸外边缘距地面高度不宜小于 450mm。值得一提的是浴缸的外边缘应设置坐台，以便于老幼居民在协助下坐姿入浴，或在必要时便于护理人员协助。盥洗台主要由洗手盆、盥洗台扶手、镜子和坐凳组成，考虑到轮椅老人的使用，洗手间可以设置高低布置的两个洗手盆，洗手盆的下部应留有足够的腿部空间，以便轮椅老人接近洗手盆。坐便器的安装高度应在 450mm 左右，同时前方应留有 600mm 以上的空间保证活动所需。

由于老幼人群使用卫生间较为频繁，卫生间应尽量靠近老年人、儿童卧室布置，或在老年人卧室内设置专用卫生间。对于老年人适用的卫生间，根据设施数量可分为两件套、三件套和四件套卫生间，其中两件套卫生间较为适合设置在卧室内供老年人专用，三件套卫生间由于面积适中而较多采用。在设计前期应结合目标人群的需求选择卫生间类型，明确是否需要考虑轮椅或婴儿车使用尺寸。

一般类型的卫生间可通过潜伏式设计，结合后期改造来支持轮椅或婴儿车通行。因而，设置轻质隔墙需要综合考虑与其他房间联系和室内管线位置。具体设置尺寸如图 7-34 所示。

6）门厅

门厅空间所占面积虽然不大，但作为套内空间的重要交通节点，使用频率较高。门厅不仅作为出入户的交通枢纽，同时承载进出门换衣换鞋、开关灯、物品暂存等功能。通常来说，门厅可分为开门准备区、物品暂存区、更衣换鞋区和通行区域。

空间尺度方面，为了保证轮椅、婴儿车、社区护理人员的出入，门厅空间的通行区域的宽度不应低于 1.2m。户门有效宽度不应小于 1m，并且尽量避免高差。如有门槛，则高度不应大于 20mm，并配置坡面进行调整。此外，根据门厅的布置形式，门厅一侧应留出至少 350mm 的鞋柜空间，并在其他近门的靠墙位置合理安排 350mm 的轮椅等物品的暂存空间。为方便轮椅、婴儿车等助行设施的使用需求，应在户门的把手一侧留 400mm 以上的宽度，以便轮椅使用者自行开门，并在门厅附近留有 1.5m 直径的轮椅回旋空间。

家具布置方面，门厅的家具通常包含鞋柜、鞋凳、衣柜、衣帽架、穿衣镜、置物台面等。其中鞋柜、鞋凳应靠近布置，可成"一"形或"L"形布置，鞋柜台面可兼作置物台面使用。为方便老年人顺利完成换鞋动作、儿童练习自主换鞋，在鞋凳旁边宜设置竖向扶手，与鞋凳距离在 150~200mm 之间。当门厅面积有限

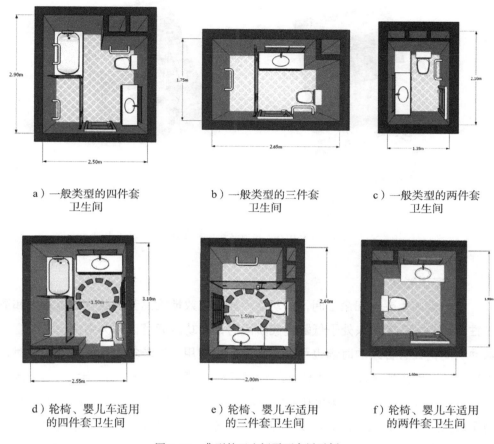

a) 一般类型的四件套
卫生间

b) 一般类型的三件套
卫生间

c) 一般类型的两件套
卫生间

d) 轮椅、婴儿车适用
的四件套卫生间

e) 轮椅、婴儿车适用
的三件套卫生间

f) 轮椅、婴儿车适用
的两件套卫生间

图 7-34 典型的卫生间平面布局示例

时建议设置开敞式衣柜，衣钩高度在 1.3~1.6m 之间较为合理。衣柜、鞋柜等家具可以组合设置，节约空间的同时缩短各动作间距。

入口细部方面，入口空间的细部设计直接关乎门厅的使用效果，需要进行精细设计。户门的把手应避免球形把手，尽量选择杆式把手，安装高度距地面 0.80~0.85m。此外，供轮椅使用者出入的门，距地面 0.15~0.35m 处宜安装防撞板，以防止轮椅进出过程中脚踏板损伤户门。

开敞设置的门厅较为适合老幼家庭使用，以便随时了解家庭成员的出入情况。因而，可在起居室一侧预留门厅空间，在室内装修过程中通过适当的隔断进行空间划分。受套型平面制约，门厅的形式较为灵活，如图 7-35 所示为适合一般老年人、轮椅或婴儿车使用的门厅布局方式举例。

图 7-35　适合一般老年人、轮椅或婴儿车使用的门厅平面布局

7）多功能间

作为套内重要的冗余空间，多功能间能够有效地提高套型整体的灵活性和适应性。例如，在老年人处于低龄健康阶段时，多功能间可以作为书房、棋牌室等活动房间，在有客人的时候也可作为临时客房使用。在老年人处于高龄阶段时，多功能间可作为护理人员的休息室，也可敞开空间界面形成轮椅使用的回游空间。

空间尺寸方面，为了满足功能的灵活使用，多功能间的开间尽量大于2.1m，为了确保床位所需尺寸，应至少保证有一面墙的长度可以放下一张单人床。如图7-36-a所示为可供一般老年人或学龄儿童使用的多功能间，空间进深达到3.5m，能够容纳一张单人床和书桌的摆放，具有一定灵活性。图7-36-b所示为供轮椅老人使用的多功能间，开间净宽适当增加以满足轮椅老人的使用需求。

隔断形式方面，多功能间与其他房间的分隔宜选用灵活可变的轻质隔墙，通过调节隔断来控制多功能间与其他房间的联系。例如，与起居室相连的多功能间，既可以完全间隔开作为子女卧室或书房使用，又可以采用较为开放的隔断形式，用作书房或娱乐空间，也可完全敞开与起居室形成一个大空间，同时形成整体的轮椅或婴儿车回游动线。

空间利用方面，为增加空间利用率，设计中应调整门窗位置以争取完整的墙面，便于家具的灵活布置。尽量多设置一些弱电接口和插座，以满足家电设施位置变化后的电源需求。多功能间可构成多种使用模式，如图7-37所示为八种适用于8~9m² 的多功能间布局模式。

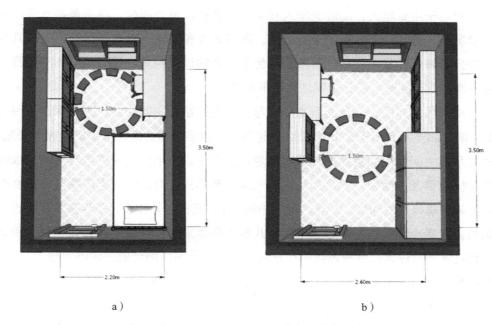

a）

b）

图 7-36　老年人适用的多功能间举例

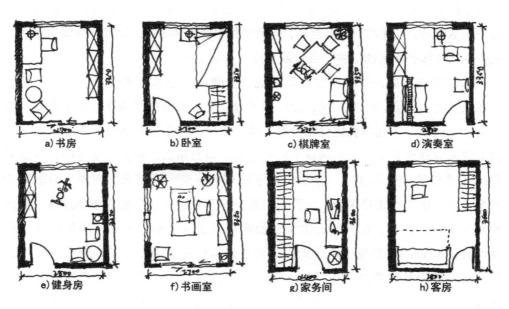

a) 书房　　b) 卧室　　c) 棋牌室　　d) 演奏室

e) 健身房　　f) 书画室　　g) 家务间　　h) 客房

图 7-37　多功能间的八种功能布局模式

8）阳台

相对于中青年人，高龄老年人和婴幼儿的日常出行较少，特别是在气候限制的情况下。例如，在寒冷地区的冬季，高龄老人和婴幼儿除必要出行活动，几乎大部分时间都在室内度过。而阳台作为室内外的过渡空间，是老幼群体与外界沟通联系的重要渠道。设计中需注意如下几点。

空间尺度方面，阳台的面宽受到与其连通的室内空间制约。为了保证使用便捷，阳台面宽不宜小于 2.1m。阳台的进深涉及因素较多，既关系到室内遮阳采光，也关系到空间使用的灵活度。考虑到老幼适用需求，阳台进深应适当加大，以便于轮椅或婴儿车使用。但是，从室内气候调节的角度看，阳台空间需要平衡夏季遮阳与冬季得热的矛盾。因而，阳台空间进深需要根据具体设计条件来均衡考虑。例如，在寒冷地区，考虑到老年人和儿童对冬季采光和保暖需求更为强烈，因而阳台进深不宜过大，体形系数应尽量减小，特别是南向阳台的进深不宜超过 2m。根据相关研究，套型内供老幼使用的南向阳台推荐进深为 1.5~2.0m 之间，东西向阳台进深应大于 1.5m。

功能分区方面，阳台按功能类型可分为生活阳台和服务阳台，生活阳台通常设置于南向，承载相对更多的使用功能。生活阳台的功能分区主要包含活动区、洗涤晾晒区、植物展放区和储物区等。功能分区过程中应注意的是：将洗衣机设置于生活阳台，并在附近设置台面，有利于集中洗衣和晾衣；设置分类储藏空间，根据生活和服务阳台的储物特点设置相应的储物空间。

保温措施方面，对于寒冷地区来说，为确保在冬季正常使用，阳台空间的保温设计尤为重要。一般来说，设计者可以从阳台的形态和进深、开窗方式、自身构造、隔断门等几方面优化阳台微气候。阳台的体形系数类似于建筑单体，与内部温差波动成正比，因而需减小阳台空间的体形系数，避免过度造型，尽量采用内凹式布局（图 7-38）。另外，由于玻璃面积变大而带来的室内太阳辐射热增量并不及结构性热损失量，因而阳台的开窗不宜过多，尽量在单侧开窗，并且控制窗墙比。此外，阳台墙面的围护材料需设置保温层，玻璃围护部分需选用保温性能较好的双层或多层玻璃，并设置保温窗帘。例如，在欧洲广泛使用的可调式外遮阳卷帘的遮阳率可达 95%，内置保温层，可同时满足冬季保温和夏季隔热的需求（图 7-39）。增加阳台的保温性能也可将阳台空间整体视作套型的一层加厚外墙，可在阳台内铺设石材等蓄热性能较好的材料，从而增加空间的蓄热容量，作为套内外空间热传递的过渡空间，以降低套内昼夜温度波动。

另外，阳台和其余居室空间之间宜设置隔断门，避免室温受到阳台温度波动的影响。

图 7-38　高层住居的阳台空间举例

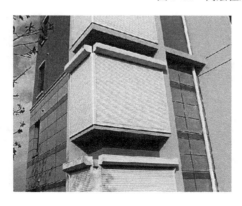

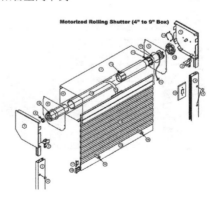

a）立面效果　　　　　　　　　　　　　　　　b）局部轴测图

图 7-39　可调式外遮阳卷帘 [236]

空间拓展方面，在阳台空间有限且进深不足1.5m的情况下，可通过边界拓展或局部放大的方式来增加进深，以满足轮椅或婴儿车的回转需求。一方面，可以通过打开隔断门来增加阳台面积，从而满足轮椅需求；另一方面，也可结合整体造型，将阳台局部外凸，形成局部1.5m宽的回转空间。此外，还可以将阳台和其他空间联系形成空间回路，从而间接满足回转需求。图7-40所示为不同进深的阳台平面布置举例，进深低于1.5m的阳台均需要进行边界拓展设计以满足回转需求；进深大于1.5m的阳台建议单侧开窗，并进行一定的内凹设计，以减少冬季热损失。另外，在阳台细部设计上，为防止老年人产生眩晕，增加心理安全感，阳台栏杆应比一般住居适当加高一些。为防止儿童发生坠楼事件，建议加装整体防护围栏。

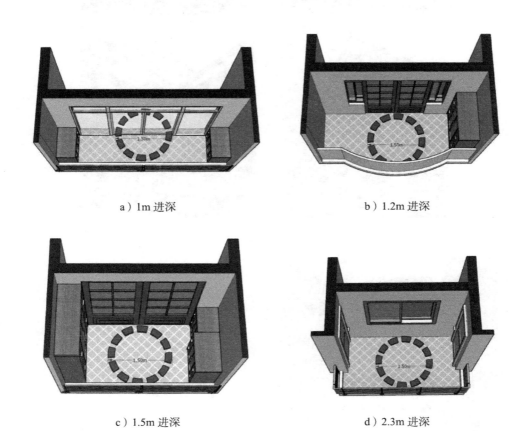

a）1m进深   b）1.2m进深

c）1.5m进深   d）2.3m进深

图7-40　不同进深的阳台空间布置举例

7.3.3　社会照料服务入户拓展模式

目前我国家庭养老育儿在功能层面上普遍依赖家庭,社会代际服务介入不足。社会代际互助不仅限于住居公共空间,而应向家庭居室延伸拓展,为家庭养老育儿提供支持,缓解子女或父母的育儿压力,同时也在一定程度上解放家庭成员,使他们有更多精力投入到精神和情感层次的家庭代际交互中。伴随家庭代际关系的外向化、社会化发展,老年人家庭和儿童家庭的老幼照护观念也逐步转变,逐步从依赖家庭代际互助为主,转向社会代际互助或家庭与社会互助合作模式。因而,将社会照料服务引入高层住居套内空间的现实需要日益增多。

社会照料服务入户可分为正式上门服务和非正式邻居互助两种类型。其中,正式入户服务主要依托老幼服务、社区管理、商业服务等配套设施,进行无偿或有偿的上门服务。非正式邻居互助则是有相似需求的邻居之间建立代际支援小组,根据相互需求来进行自主组织。

为促进社会照料服务的入户拓展,可通过多元联系增加代际支援服务的便利度,将网络技术设施和空间灵活组构结合,有助于加强社会服务与居室空间的联系性。而且,也可通过提供空间的可供性,支持社会服务的实际入户行为,实现社会代际互助向家庭居室空间的拓展延伸,从而为老幼代群的居家照料提供充分支持。具体设计方法包含如下两点:

其一,建构完善的智能化老幼服务网络,作为社区服务正式入户的主要联系途径。老幼服务网络能够集成多种居家养育儿的服务模式,并根据家庭特点进行个性化推荐,并快速高效对接服务机构。居室老幼入户服务可包含居家照料服务、临时看护服务、康复保健服务、餐食预订配送、生活用品递送、老幼代接送、专业物品租借、专业照护指导和上门理容等内容。具体服务内容也可根据住区居民需求而灵活调整。服务网络的居室服务终端设备可以是智能电话、室内操作面板、智能机器人等,服务提供端主要连接老幼服务机构、共治管理团体和商业服务设施等配套设施。居室内的老幼人群和其家庭成员可以根据自身需要进行服务预约和专业人员呼叫。

其二,为社会照料服务提供适宜场地,可通过阈空间营建灵活的入户照料空间。传统的集合住居设计中,常多把居室设定为住居空间层次的最终端,从而也将高层住居的功能结构彻底划分为私有空间和公共空间两重领域。但是从促进社会代际融合的视角,这种绝对化的设计思维需要进行转变。重新审视宅内空间的开放性问题，日本建筑师山本里显提出了"阈空间"的概念，是一种半私密、半开放的空间形式。相对于原本封闭的家庭场所，阈空间就像是一个附加空间，并可以对外或对内，成为与社会联系的过渡空间。山本先生进一步并将其定义为的"与外部交流的场所"，根据各家的用途不同，可以作为社会老幼照料服务的介入空间、照料行为的拓展空间，或照料人员临时住所。此外，阈空间也可以作为家庭多功能间，用作开设店铺、家庭办公，兴趣培养等。在具体设计中，可在每个套型中附加设置阈空间。例如，在东京东云运河公寓项目中，每套居室入户空间均有配置一处可以对内外开放的阈空间（图 7-41）。

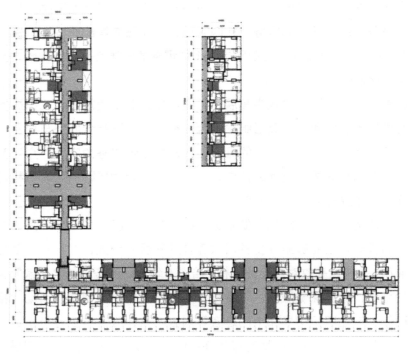

图 7-41　东京东云运河公寓平面图 [237]

结语

　　城市高层住居的老幼代际融合设计研究，是从代际关系视角，对高层住居适老化、适幼化设计的整合及拓展延伸，可为代际关系相关的住居环境设计研究提供一定的理论支撑与方法借鉴。而且，相关研究成果有助于优化拓展城市住居环境的设计理念，应对及预防人口年龄结构变迁带来的居住矛盾，适应老幼居民对住居环境生活品质的全龄化、长效化、精细化需求。

　　基于学理探索与实证研究，在高层住居的老幼代际融合设计框架中，外部空间环境、配套服务空间、楼栋公共空间、居室空间环境是重要的老幼代际融合设计维度。在外部空间环境设计中，应从老幼居民感知特征、交通安全和身心健康等多层面，进行城市高层住居的外部空间组织、交通系统设计和景观环境设计。在配套服务空间设计中，支援照料空间是保障老幼人群日常居家生活、促进代际交流认同的关键场所，亟须进行体系化设计。医疗保健、商业服务、公益支援、便利共享相关空间设施有益于提升多代居民生活品质、增加代际互动，亦需要进行层次化、精细化设计。在楼栋公共空间设计中，从促进代际交流、增进老幼互动的角度，集约、有效地开拓适宜的近宅交往空间尤为重要，交通系统的无障碍设计和安全疏散问题亦较为关键。在居室空间环境设计中，套型空间组织环节需要重视全龄居民的居住生活特征和家庭居住需求，统筹设计套型的空间结构、通行路径、功能布局和联系界面。此外，套内空间设计环节应基于老幼行为模式，引入加龄设计概念，兼容社会照料服务入户需求，对各类空间环境进行精细化设计。

　　老幼代际融合设计是一个相对动态开放的设计体系。由于相关研究条件所限，当前研究成果的深度和广度尚待不断深入与拓展。后续研究可沿两个方向进行：一方面，深入指标研究，提出相应的设计标准。研究探索城市高层住居的老幼代际融合设计指标，进而开展指标量化研究，从而建构相关设计标准，为设计实践提供可操作性更强的工具成果。另一方面，结合设计实践，实现理论建构的完善细化。结合实践反馈来修正完善老幼代际融合设计体系，并补充细化设计策略集。亦可引入城市区位资源、地域生活习惯、社会代群流动等更多的外部影响因素，对不同地区、不同类型的城市住居老幼代际融合设计开展专题系列研究。

此外，对于代际关系相关的城市住居空间环境研究，以下发展趋势值得关注：

其一，基于住居学理论的空间环境研究视域聚焦。由于涉及建筑学与社会学的交叉领域，住居学研究较为注重物质环境与社会环境的协同发展，力图维护居住者的利益，为多元化的居住生活行为提供适宜支撑，并向住居的时间推移和文化传承等议题延伸。在空间环境层面，城市住居研究多从使用者角度关注住居的空间环境品质、居住体验和场所意义，并重视居室空间环境与家庭居住需求的匹配度。近年来，城市住居相关研究逐步超越以家庭为主的格局，更为关注公共空间环境，研究视域由居室拓展至宅前、邻里、社区等层面。而且，更为注重从使用者及其相互关系的视角来探讨居住空间环境的利益倾向和优化配置，关注范围涉及不同年龄、性别、社会阶层的居住者，亦向管理者、服务者和第三方组织等非居民人群延伸。特别是在代群逐步分化、人口年龄比例变迁的趋势下，城市住居研究视域开始聚焦于居民的"代"与代际关系，相关研究及设计实践亦着力于适应多代人群需求、促进代际融合与团结。

其二，基于生活圈理论的空间环境研究层次划分。生活圈概念及其空间体系目前在国际上已有广泛的实践应用。随着生活圈理论在住居研究中日益受到关注，这一理论也与其他相关理论不断融汇，衍生出了多种生活圈划分模式。例如社区生活圈，以社区居民生活及相关服务为核心，强调自下而上地构筑社区公共空间，注重多代居民的生活便利和共同参与。再例如邻里生活圈，是基于邻里层次理论而衍生出的生活圈划分模式，以邻里交往为主导，以街坊及近宅空间范围为主体。近年来，生活圈理论逐步成为国内住区研究及建设的关注热点，上海市已提出了社区生活圈相关设计导则，涵盖居住、就业、出行、服务和休闲等5方面设计理念及相应策略。在国家层面，新版《城市居住区规划设计标准》GB 50180—2018正式提出了生活圈居住区的概念、层次、规模和服务配置模式。生活圈理论及相关规范为城市住居设计研究提出了新的层次划分依据，为居民生活行为及代际关系相关研究提供了新的研究着力点。

其三，代际关系与住居空间环境的分层关联研究。基于代际融合理论，在代际关系的层次维度上，居民代际关系可进一步划分为社区代际关系、邻里代际关系和家庭代际关系等3个主要层次，对应社群、邻居、家庭等多重代际关系。其中，家庭代际关系作为本原性的代际关系，是社区和邻里代际关系的内在基础，社区和邻里代际关系则是家庭代际关系的拓展延伸和外在支持。其中，社区代际关系呈现出更多的合作组织属性，是一种相对正式的社会代际关系，而邻里代际关系呈现出较多的自组织属性，是一种相对非正式的社会代际关系。以此为基础，深入发掘代际关系与住居生活圈之间层次关联，提炼促进二者相互作用的关键纽带，极具意义，有助于厘清多代居民生活和住居空间环境的深层次关联，也便于更具针对性地开展住居空间环境设计探索，进而促进不同层次的代际交互、建立多代共同归属感，增进老幼代际融合。

综上所述，在未来，以积极引导代际关系、促进老幼代际融合为导向的城市住居研究将持续拓展，为人居环境综合品质提升做出更多的学术贡献。

参考文献

[1] 中国人口普查数据 [EB/OL]. 中国国家统计局. 2021-12-1[2022-5-1]. http://www.stats.gov.cn/tjsj/pcsj/ .

[2] 10 priorities towards a decard of heallthy ageing from WHO[EB/OL]. World Health Organization. 2018[2022-5-1]. https://www.who.int/.

[3] 中国发展基金会. 中国发展报告 2020：中国人口老龄化的发展趋势和政策 [EB/OL]. 2017[2022-5-1]. https://www.cdrf.org.cn/.

[4] 国务院第七次全国人口普查领导小组办公室. 2020 年第七次全国人口普查主要数据 [M]. 北京：中国统计出版社. 2021.

[5] 国家统计局. 中国统计年鉴 2021[M]. 北京：中国统计出版社，2021.

[6] 郑京平. 如何应对全球共同面临的人口难题：高龄少子化 [J]. 全球化，2022（2）：24-31，133.DOI:10.16845/j.cnki.ccieeqqh.2022.02.003.

[7] Michael Y L，Green M K，Farquhar S A . Neighborhood design and active aging[J]. Health & Place，2006，12（4）：734-740.

[8] Walker A . The Emergence and Application of Active Aging in Europe[J]. VS Verlag für Sozialwissenschaften，2010.

[9] 李纪恒. 实施积极应对人口老龄化国家战略 [N/OL]. 光明日报.2020-12-18[2022-5-1]. http://www.mca.gov.cn/article/xw/mzyw/202012/20201200031204.shtml.

[10] Fernández B，Robine M，Walker A，et al. Active Aging：A Global Goal[J]. Current Gerontology & Geriatrics Research，2013：298012.

[11] 宗丽娜. 深入理解"儿童友好"的内涵 [EB/OL]. 2021-8-24[2022-5-1]. http://society.people.com.cn/n1/2021/0824/c1008-32204746.html.

[12] Chawla L. Evaluating children's participation: seeking areas of consensus（PLA 42）[J]. Oct 2001-IIED，2001.

[13] 国务院妇女儿童工作委员会. 中国儿童发展纲要（2021-2030 年）[EB/OL].2021-09-27 [2022-5-1]. http://www.nwccw.gov.cn/2021-09/27/content_295436.htm.

[14] 中国社区发展协会. T/ZSX 3-2020 儿童友好社区建设规范 [S/OL] .2020-01-13 [2022-5-1]. http://shequxiehui. net. cn/article-261-1. html.

[15] 周望，阳姗姗，陈问天. 迈向儿童友好社区：解析框架，典型案例与施策路径 [J]. 人权，2021（3）：18.

[16] LI L . On the Responsibilities of Children Aged 3-6 and their Community-Friendly Activities[J]. Journal of Urumqi Adult Education Institute，2009.

[17] YAN L，Morgan L，Li J . Calling for Children Friendly Community Life：[M].2017.

[18] 周燕珉，秦岭. 我国老年建筑的发展历程、现存问题和趋势展望 [J]. 新建筑，2017（1）：5.

[19] 梅洪元，张向宁，朱莹. 东北寒地建筑创作的适应与适度理念 [J]. 南方建筑，2012（3）：3.

[20] Srivastava R N . Right to health for children[J]. Indian Pediatrics，2015，52（1）：15-18.

[21] Zeisel J. Sociology and architectural design[M]. Russell Sage Foundation，1975.

[22] 窦武. 说建筑社会学 [J]. 建筑学报，1987（3）：69-72.

[23] 欧雄全，王蔚. 差异与兼容：建筑社会学与建筑人类学研究之比较 [J]. 新建筑，2020（2）：6.

[24] Kalantari S，Shepley M. Psychological and social impacts of high-rise buildings：A review of the post-occupancy evaluation literature[J]. Housing Studies，2021，36（8）：1147-1176.

[25] Jones P. The sociology of architecture：Constructing identities[M]. Liverpool University Press，2011.

[26] 周燕珉，龚梦雅. 多代居住宅适老化设计探讨 [J]. 中国住宅设施，2014（4）：10.

[27] 卢斌，李振宇. 上海围合式住宅建筑研究：以中心城区既有围合式住宅为例 [J]. 建筑实践，2019（2）：2.

[28] Foley D L. The sociology of housing[J]. Annual Review of Sociology，1980，6（1）：457-478.

[29] Aging and society：A sociology of age stratification[M]. Russell Sage Foundation，1972.

[30] 张世平. 年龄分层理论与青年研究 [J]. 青年研究，1988（3）：6-7.

[31] 林崇德. 心理学大辞典（上卷）[J]. 上海：上海教育出版社，2003.

[32] Erikson E H. Identity and the life cycle[M]. WW Norton & Company，1994.

[33] Jervis M A，Copland M J W，Harvey J A. The life-cycle[M]. Insects as natural enemies. Springer，Dordrecht，2007：73-165.

[34] Neugarten B L. Time，age，and the life cycle[J]. The American Journal of Psychiatry，1979.

[35] （美）保罗. 贝尔，托马斯. 格林. 环境心理学（第 5 版）[M]. 北京：人民大学出版社，2009.

[36] 罗淳. 关于人口年龄组的重新划分及其蕴意 [J]. 人口研究，2017，41（5）：16-25.

[37] 赵章留，寇彧. 儿童四种典型亲社会行为发展的特点 [J]. 心理发展与教育，2006，22（1）：

119–23.

[38] Markides K S. Ethnicity and aging: A comment[J]. The Gerontologist, 1982, 22（6）: 467–470.

[39] （日）财团法人. 老年住宅设计手册 [M]. 北京: 中国建筑工业出版, 2011.

[40] 中国老龄科学研究中心. 中国老年人供养体系调查数据汇编 [M]. 北京: 华龄出版社, 1994.

[41] 李银河. 五城市家庭结构与家庭关系调查报告 [R]. 中国社会科学院五城市家庭调查课题组. 2008.

[42] LUKAZ K. In the Trap of Intergenerational Solidarity: Family Care in Poland's Ageing Society [J]. Polish Sociological Review, 2011（173）: 55–78.

[43] SILVERSTEIN M, BENGTSON V L. Intergenerational solidarity and the structure of adult child–parent relationships in American families [J]. American Journal of Sociology, 1997, 103（2）: 429–60.

[44] BENGTSON V L, HAROOTYAN R A. Intergenerational linkages: Hidden connections in American society [M]. Springer Pub. Co., 1994.

[45] 马春华. 中国城市家庭亲子关系结构及社会阶层的影响 [J]. 社会发展研究, 2016（3）: 44–70.

[46] MANNHEIM K. Essays on the sociology of knowledge [M]. Routledge, 1952.

[47] 周晓虹. 文化反哺: 变革社会中的代际革命 [M]. 北京: 商务印书馆, 2015.

[48] 廖小平. 代际伦理: 一个新的伦理维度 [J]. 伦理学研究, 2003（3）: 97–103.

[49] SPITZER L, DENZER L R. I. T. A. Wallace–Johnson and the West African Youth League. Part II: The Sierra Leone Period, 1938—1945 [J]. International Journal of African Historical Studies, 1973, 6（4）: 565.

[50] WALLIS W D. From Generation to Generation. Age Groups and Social Structure. by S. N. Eisenstadt [J]. American Journal of Sociology, 2013, 20（1）: 65.

[51] TARRELS M E, INGERSOLLDAYTON B, NEAL M B, et al. INTERGENERATIONAL SOLIDARITY AND THE WORKPLACE–EMPLOYEES CAREGIVING FOR THEIR PARENTS [J]. Journal of Marriage and the Family, 1995, 57（3）: 751–62.

[52] MOLLER V. Intergenerational relations and time use in urban black South African households [J]. Soc Indic Res, 1996, 37（3）: 303–32.

[53] BENGTSON V, GIARRUSSO R, MABRY J B, et al. Solidarity, conflict, and ambivalence: Complementary or competing perspectives on intergenerational relationships [J]. J Marriage Fam, 2002, 64（3）: 568–76.

[54] NTONUCCI T C, JACKSON J S. Intergenerational relations: Theory, research, and policy. [J]. Journal of Social Issues, 2007（4）679–93.

[55] STEINBACH A. Intergenerational solidarity and ambivalence: Types of relationships in

German families [J]. J Comp Fam Stud，2008，39（1）.

[56] K Prinzen. Attitudes Toward Intergenerational Redistribution in the Welfare State [J]. Koln Z Soziol Sozialpsych，2015（67）：349-370.

[57] HLEBEC V，FILIPOVIC M. Characteristics and Determinants of Intergenerational Financial Transfers within Families Using Mixed Care for Elderly People[J]. Drus Istraz，2018，27（1）：27-46.

[58] 费孝通. 家庭结构变动中的老年赡养问题：再论中国家庭结构的变动 [J]. 北京大学学报（哲学社会科学版），1983（3）7-16.

[59] 张永杰. 程远忠. 第四代人 [M]. 上海：上海东方出版社，1988.

[60] 葛道顺. 代沟还是代差：相倚性代差论 [J]. 青年研究，1994（7）：43-6.

[61] 贺常梅，乔晓春，程勇. 中国人的代际关系：今天的青年人和昨天的青年人：实证研究报告 [J]. 人口研究，1999（6）：56-62.

[62] 王跃生. 中国家庭代际关系的理论分析 [J]. 人口研究，2008（4）：13-21.

[63] 王跃生. 城乡养老中的家庭代际关系研究：以 2010 年七省区调查数据为基础 [J]. 开放时代，2012（2）：102-121.

[64] 杨菊华，李路路. 代际互动与家庭凝聚力：东亚国家和地区比较研究 [J]. 社会学研究，2009，24（3）：26-53，243.

[65] 甘满堂，娄晓晓，刘早秀. 互助养老理念的实践模式与推进机制 [J]. 重庆工商大学学报（社会科学版），2014，31（4）：78-85.

[66] 宋亚君. 代际团结对老年人生活满意度的影响 [D]. 南京：南京师范大学，2014.

[67] 金文俊. "孝"的生命力在于代际互助 [J]. 西北人口，2004（4）：47-9.

[68] 杨辰. 住房与家庭：居住策略中的代际关系——上海移民家庭三代同居个案调查 [J]. 青年研究，2011（6）：33-42，92-93.

[69] 胡惠琴，闫红曦. "421"家庭结构下社区老幼复合型福利设施营造 [J]. 西部人居环境学刊，2017，32（3）：35-41.

[70] 姚栋，袁正，李凌枫. 促进代际融合的社区公共服务设施——德国"多代屋"的经验 [J]. 城市建筑，2018（34）：31-34.

[71] 温芳. 保障性多代住居体系营建研究 [D]. 杭州：浙江大学，2015.

[72] Silverstein M，Bengtson V L. Intergenerational solidarity and the structure of adult child-parent relationships in American families[J]. American journal of Sociology，1997，103（2）：429-60.

[73] Krzyżowski Ł. In the trap of intergenerational solidarity：Family care in Poland's ageing society[J]. Polish Sociological Review，2011：55-78.

[74] Szydlik M. Intergenerational solidarity and conflict[J]. Journal of Comparative Family Studies，2008，39（1）：97-114.

[75] 小林江里香，野中久美子，倉岡正高，等.「地域の子育て支援行動尺度」の多世代への

適用可能性と支援行動の世代別特徴 [J]. 日本公衆衛生雑誌，2018，65（7）：321-333.

[76] 中村智幸松．世代融合の進展する地区の立地・空間的特性に関する研究 [J]. 都市計画論文集，2017（3）．

[77] Oxley M，Smith J. Housing policy and rented housing in Europe[M]. Routledge，2012.

[78] 张奇林，刘二鹏，周艺梦．守望如何相助：中国家庭互助行为的影响因素分析 [J]. 武汉大学学报，2018，71（4）：145-156.

[79] 李向平．中国信仰的实践逻辑 [J]. 学术月刊，2010（6）：5-12.

[80] HOGAN D，EGGEBEEN D. The Structure of Intergenerational Exchanges in American Families [J]. American Journal of Sociology，1993，98（6）：1428-1458.

[81] SCOTT A J. Beyond the creative city：cognitive - cultural capitalism and the new urbanism [J]. Regional Studies，2014，48（4）：565-578.

[82] HELBRECHT I. New urbanism：Life，work，and space in the new downtown [M]. Routledge，2016.

[83] 吉阪隆正．住居的意义 [M]. 东京：劲草书房，1986.

[84] 小林秀樹．現代住居における場の支配形態：住居における生活領域に関する研究 その 1[J]. 日本建築学会計画系論文集，1995，60（468）：65-74.

[85] 友田博通．中層住宅の計画手法に関する領域的考察：住居集合における開放性に関する領域的研究 [J]. 日本建築学会計画系論文報告集，1986.

[86] 由井義通．中高層集合住宅居住者の住居移動 [J]. 人文地理，1989，41（2）：101-121.

[87] （日）岸本幸臣，吉田高子，后藤久．图解住居学 [M]. 胡惠琴，译．北京：中国建筑工业出版社，2013.

[88] 王宝刚．住居学：寻找理想中的住宅 [J]. 城市住宅，2008（8）：120-121.

[89] 小谷部育子，岩村和夫．共に住むかたち [M]. 建築資料研究社，1997.

[90] 神谷宏治，池沢喬，恩田幸夫．新しい住まいとコミュニティ [M]. ダイヤモンド 社，1978.

[91] 住田昌二，藤本昌也．参加と共生の住まいづくり [M]. 学芸出版社，2002.

[92] 彰国社．集合住宅实用设计指南北京中国建筑工业出版社 [M]. 北京：中国建筑工业出版，2001.

[93] ZEEMAN H，WRIGHT C J，HELLYER T. Developing design guidelines for inclusive housing：a multi-stakeholder approach using a Delphi method [J]. J Hous Built Environ，2016，31（4）：761-72.

[94] GRANBOM M，SLAUG B，LOFQVIST C，et al. Community Relocation in Very Old Age：Changes in Housing Accessibility [J]. Am J Occup Ther，2016，70（2）：7002270020p1-9.

[95] MAHDAVINEJAD M，MASHAYEKHI M，GHAEDI A. Designing Communal Spaces in Residential Complexes [J]. Procedia - Social and Behavioral Sciences，2012，（51）

333–339.

[96] BONENBERG W. Public Space in the Residential Areas：The Method of Social–spatial Analysis [J]. Procedia Manufacturing，2015（3）1720–1727.

[97] DAVIDSON C H，JOHNSON C，LIZARRALDE G，et al. Truths and myths about community participation in post–disaster housing projects [J]. Habitat International，2007, 31（1）：100–115.

[98] WALKER L A. Community–Level Engagement in Public Housing Redevelopment [J]. Urban Aff Rev, 2015, 51（6）：871–904.

[99] MACTAVISH T，MARCEAU M O，OPTIS M，et al. A participatory process for the design of housing for a First Nations Community [J]. J Hous Built Environ, 2012, 27（2）：207–224.

[100] ATTIA M K M. AN APPROACH TO RESPONSIVE HOUSING DEVELOPMENT [J]. Open House Int, 2017, 42（2）：20–27.

[101] AUGUST M. Revitalisation gone wrong：Mixed–income public housing redevelopment in Toronto's Don Mount Court [J]. Urban Stud，2016, 53（16）：3405–3422.

[102]（西）克里斯汀·史蒂西. 多代住宅 [M]. 大连：大连理工大学出版社，2009.

[103] KEHL K，THEN V. Community and Civil Society Returns of Multi–generation Cohousing in Germany [J]. Journal of Civil Society，2013, 9（1）：41–57.

[104] VANDERBECK R，WORTH N. Intergenerational Space [M]. London：Routledge，2015.

[105] WILLIAMS J. Designing Neighbourhoods for Social Interaction：The Case of Cohousing [J]. Journal of Urban Design，2005, 10（2）：195–227.

[106] 李振宇. 欧洲住宅建筑发展的八点趋势及其启示 [J]. 建筑学报，2005（4）：78–81.

[107] 赵冠谦，马韵玉. 日本集合住宅近况 [J]. 时代建筑，1985（1）：74–7, 80.

[108] 罗劲. 现代日本集合住宅 [J]. 世界建筑，1994（2）：60–65.

[109] 张菁，刘颖曦. 战后日本集合住宅的发展 [J]. 新建筑，2001（2）：47–49.

[110] 周燕珉，杨洁. 中、日、韩集合住宅比较 [J]. 世界建筑，2006（3）：17–20.

[111] 周磊. 西方现代集合住宅的产生与发展 [D]. 上海：同济大学，2007.

[112] 胡惠琴. 集合住宅的理论探索 [J]. 建筑学报，2004（10）：12–17.

[113] 曹海婴，黎志涛. 从乌托邦到伊甸园：我国城市集合住宅形态的演变 [J]. 规划师，2007（11）：81–84.

[114] 熊燕. 中国城市集合住宅类型学研究（1949~2008）[D]. 华中科技大学，2010.

[115] 周静敏，薛思雯，张璐. 从建筑师的创新成就看集合住宅的发展与演变 [J]. 建筑学报，2009（08）：44–8.

[116] 杨军. 当代中国城市集合居住模式的重构 [J]. 建筑学报，2002（12）：29–31.

[117] 袁野. 城市住区的边界问题研究 [D]. 北京：清华大学，2010.

[118] 于莹，王筠然. 浅谈社区化集合住宅 [J]. 设计，2017（1）：146-147.

[119] 王长鹏. 基于"地域社会圈"的集合式住宅分析：以韩国板桥集合住宅与首尔江南住宅为例 [J]. 住宅科技，2017，37（10）：79-83.

[120] 周燕珉. 住宅精细化设计Ⅱ [M]. 北京：中国建筑工业出版社，2015.

[121] 周燕珉. 老年住宅 [M]. 北京：中国建筑工业出版社，2011.

[122] 王鲁民，许俊萍. 宅内行为模式与集合住宅格局：1949 年以来中国集合式住宅变迁概说 [J]. 新建筑，2003（6）：35-36.

[123] 贾倍思，王微琼. 居住空间适应性设计 [M]. 南京：东南大学出版社，1998.

[124] 王德海. 居家养老及其住宅适应性设计研究 [D]，上海：同济大学，2007.

[125] 马静，施维克，李志民. 城市住区邻里交往衰落的社会历史根源 [J]. 城市问题，2007（3）：46-51.

[126] 杜宏武，郭谦. 社区重构视野下的邻里交往：对珠江三角洲若干住区的调查分析 [J]. 中国园林，2006（5）：43-46.

[127] 严育林，李文驹. 交往的发展：单元式集合住宅入户过渡空间的探讨 [J]. 华中建筑，2004（2）：70-72.

[128] 郭萌. 基于邻里交往的集合住宅通廊空间设计研究 [D]. 广州：华南理工大学，2016.

[129] 周典，徐怡珊. 老龄化社会城市社区居住空间的规划与指标控制 [J]. 建筑学报，2014（5）：56-59.

[130] 周颖，沈秀梅，孙耀南. 复合·混合·共享：基于福祉设施的社区营造 [J]. 新建筑，2018（2）：40-45.

[131] 胡惠琴，胡志鹏. 基于生活支援体系的既有住区适老化改造研究 [J]. 建筑学报，2013（S1）：34-39.

[132] 沈瑶，刘晓艳，云华杰. 走向儿童友好的住区空间：中国城市化语境下儿童友好社区空间设计理论解析 [J]. 城市建筑，2018（34）：40-43.

[133] 刘子粲. 儿童友好型社区空间设计研究 [D]. 成都：西南交通大学，2014.

[134] 孙颖，赵越，胡惠琴. 北京高层集合住宅"两代居"设计策略研究 [J]. 建筑学报，2010（S2）：90-93.

[135] 温芳，王竹，裘知. 多代居研究评述及"颐老型"模式探讨 [J]. 新建筑，2015，（4）：80-83.

[136] 项亦舒，朱瑾. "代际互助"下的多代居模式及空间特征研究 [J]. 艺术科技，2018，31（1）：195.

[137] 关诗翔. 多代居：代际共融居住体系营建研究 [D]. 长春：东北师范大学，2017.

[138] 中华人民共和国住房和城乡建设部. 城市居住区规划设计标准 GB 50180—2018[S]. 北京：中国建筑工业出版社.

[139] 胡惠琴. 集合住宅的理论探索 [J]. 建筑学报，2004（10）：12-17.

[140] How cohousing can make us happier[N/OL].TED. 2017-04-01[2022-05-01]. https://

www.ted.com/.

[141] Leorke D，Wyatt D. Beacons of the Smart City[M]//Public Libraries in the Smart City. Palgrave Pivot，Singapore，2019：13–55.

[142] Samant S，Hsi-En N. A tale of two Singapore sky gardens[J]. CTBUH Journal，2017（3）：26–31.

[143] Bedok community center[N/OL].archdaily. 2016[2018–09–01]. https://www.archdaily.com/search/all?q=bedok.

[144] Skyvill@Dawson residence[N/OL].archdaily. 2018–09–01[2018–09–01]. https://www.archdaily.com/215386/skyville–dawson–woha.

[145] The Henderson intergenerational center[EB/OL].（2015）[2022–05–01]. http://www.amdarchitects.com/portfolio/community/henderson–multi–generational–center/.

[146] Mazzanti M. You Want to Become a WHAT：The Birth of One Library District's Depository Collection[J]. DttP，2002（30）：29.

[147] The Henderson intergenerational center[EB/OL].2015[2018–09–01]. http://www.amdarchitects.com/portfolio/community/henderson–multi–generation al–center/.

[148] Eisenstadt S. From generation to generation：age groups and social structure[M]. Routledge & Kegan，1956.

[149] 以时间为主题的共享住宅 [N/OL]. 2018[2018–09–01]. http://www.archcollege.com/archcollege/2018/3/39353.html.

[150] New–ground cohousing[N/OL].2017[2018–09–01]. http://righttobuildtoolkit.org.uk/case–studies/new–ground/#.

[151] STARRELS M E，INGERSOLLDAYTON B，NEAL M B，et al. INTERGENERATIONAL SOLIDARITY AND THE WORKPLACE-EMPLOYEES CAREGIVING FOR THEIR PARENTS [J]. Journal of Marriage and the Family，1995，57（3）：751–762.

[152] MOLLER V. Intergenerational relations and time use in urban black South African households [J]. Soc Indic Res，1996，37（3）：303–332.

[153] BENGTSON V，GIARRUSSO R，MABRY J B，et al. Solidarity, conflict, and ambivalence：Complementary or competing perspectives on intergenerational relationships [J]. J Marriage Fam，2002，64（3）：568–576.

[154] 徐磊青，杨公侠 . 环境心理学 [M]. 上海：同济大学出版社，2002.

[155] 李斌 . 环境行为学的环境行为理论及其拓展 [J]. 建筑学报，2008（2）：30–33.

[156] MOORE G T. Environment and behavior research in North America：History, developments, and unresolved issues [J]. Handbook of environmental psychology, 1987（39）：1359–1410.

[157] 邹永华，宋家峰 . 环境行为研究在建筑策划中的作用 [J]. 南方建筑，2002（4）：1–3.

[158] ALEXANDER C. A City is not a Tree [J]. Architectural Forum，1966（12）：58–62.

[159] MOORE G T, TUTTLE D P, HOWELL S C. Environmental design research directions: Process and prospects [M]. Praeger Publishers, 1985.

[160] 高橋鷹志. 人間－環境系研究における理論の諸相 [M]. 東京：彰国社，1997.

[161] 凯文·林奇. 城市意象 [M]. 2 版. 华夏出版社，2011.

[162] 吴良镛. 人居环境科学导论 [M]. 中国建筑工业出版社，2001.

[163] 李道增. 环境行为学概论 [M]. 北京：清华大学出版社，1999.

[164] 萧浩辉. 决策科学辞典 [M]. 人民出版社，1995.

[165] （美）亚伯拉罕·马斯洛. 动机与人格 [M].3 版 北京：中国人民大学出版社，2014.

[166] 卢斌，李振宇. 上海围合式住宅建筑研究：以中心城区既有围合式住宅为例 [J]. 建筑实践，2019（2）：2.

[167] HDB 建筑修建导则组团篇 [N/OL]. 2015[2022-05-01]. http://www.hdb.gov.sg.

[168] 张广群，石华. 复合型养老社区规划设计研究：以泰康之家·燕园养老社区为例 [J]. 建筑学报，2015（6）：32-36.

[169] 卢原信义. 外部空间设计 [M]. 北京：中国建筑工业出版社 .1985.

[170] 中华人民共和国住房和城乡建设部. 住宅设计规范 GB 50096—2011[S]. 北京：中国建筑工业出版社，2011.

[171] 刘培森. 台湾桃园长庚养生文化村实践与展示 [J]. 城市住宅，2014（9）：5-11.

[172] 景泉. 多元与包容：由城市高层高密度现象展开的思考 [J]. 住区，2012（3）：61-65.

[173] 仲继寿，于重重，李新军. 老年人居住健康影响因素与适老宜居社区建设指标体系 [J]. 住区，2013（3）：18-25.

[174] 陈飞. 高层建筑风环境研究 [J]. 建筑学报，2008（2）：72-77.

[175] 马剑，陈水福，王海根. 不同布局高层建筑群的风环境状况评价 [J]. 环境科学与技术，2007（6）：57-61.

[176] 仲继寿，李新军. 从健康住宅工程试点到住宅健康性能评价 [J]. 建筑学报，2014（2）：1-5.

[177] Peterson E W, Hasse L. Did the Beaufort scale or the wind climate change?[J].Journal of physical oceanography, 1987, 17（7）：1071-1074.

[178] 中华人民共和国住房和城乡建设部. 城市居住区规划设计标准 GB 50180—2018[S]. 北京：中国建筑工业出版社 .2018.

[179] 周燕珉，刘佳燕. 居住区户外环境的适老化设计 [J]. 建筑学报，2013（3）：5.

[180] 杨晓东. 普适住宅 [M]. 北京：机械工业出版社，2007.

[181] 扬·盖尔. 交往与空间 [M]. 北京：中国建筑工业出版社，2002.

[182] 上海市规划和国土资源管理局. 上海市十五分钟社区生活圈规划研究和实践 [M]. 上海：上海人民出版社，2017.

[183] Jane Stoneham Thoday. Landscape Design for Elderly and Disabled People[M]. Garden Art Press, 1996.

[184] GB 50763-2012. 无障碍设计规范 [S]. 北京：中国建筑工业出版社 .2012.

[185] 广东省住房和城乡建设厅 . 广东省绿色住区标准 DBJ/T 15-105—2015[S]. 2015.

[186] 陈仰金 . 大型高层住区规划建设中的问题及对策研究 [D]. 济南：山东建筑大学，2010.

[187] Hans loidl. Stefan Bernard, Opening Spaces：Design as Lancscape architecture[M]. Birkgaeuser Prass，2003.

[188] 王江平 . 老年人居住外环境规划与设计 [M]. 北京：中国电力出版社，2009.

[189] Martin Valins. Housing for elderly people：a guide for architects, interior designers and their clients[M]. the University Press Oxfoed，1988.

[190] 艾克哈德·费德森 . 全球老年住宅建筑设计手册 [M]. 中信出版社，2011.

[191] Bettyann Boetticher. Housing interiors for the Disabled and Elderly[J]. New York：Van Nostrand Reinhold，1982.

[192] 孙道胜，柴彦威 . 日本的生活圈研究回顾与启示 [J]. 城市建筑，2018（36）：13-16.

[193] 杉浦芳夫 . 幾何学の帝国：わが国における中心地理論受容前夜 [J]. 地理学評論，1996，69（11）：857-878.

[194] 陈婷婷 . 熊本市城市生活服务设施的规划研究 [D]. 济南：山东大学，2011.

[195] 程蓉 . 15 分钟社区生活圈的空间治理对策 [J]. 规划师，2018，34（05）：115-121.

[196] 上海市规划和国土资源管理局 . 上海市十五分钟社区生活圈规划研究和实践 [M]. 上海：上海人民出版社，2017.

[197] CHIM H, TAN I, ANG C, et al. The prevalence of menopausal symptoms in a community in Singapore [J]. Maturitas，2002，41（4）：275-2782.

[198] 陈杰莹 . 新加坡邻里中心模式研究 [J]. 建筑与环境，2012（3）：36-38.

[199] 付本臣，黎晗 . 城市高层住居空间适老化设计研究：以哈尔滨为例 [J]. 建筑学报，2018（2）：100-105.

[200] 王笑梦，红利，马涛 . 日本老年人福利设施 [M]. 北京：中国建筑工业出版社，2013.

[201] 周颖，沈秀梅，孙耀南 . 复合·混合·共享：基于福祉设施的社区营造 [J]. 新建筑，2018（2）：40-45.

[202] 佐倉老幼生活館 [N/OL].2016[2022-05-01]. http://usuiroyo.shiteikanri-sakura.jp/rouyou/index.html.

[203] 向立群 . 嵌入式养老设施策划研究 [M]. 哈尔滨：哈尔滨工业大学，2018.

[204] 日本建筑师学会 . 现代集合住宅的再设计 [M]. 胡惠琴，译 . 北京：建筑工业出版社，2017.

[205] 赵怡冰 . 社区老年人日间照料中心设计研究 [D]. 北京：北京工业大学，2014.

[206] 卫大可，康健 . 英国日间照料养老设施的建设模式及启示 [J]. 建筑学报，2014（5）：77-81.

[207] 孙敏 . 商品住宅小区配套幼儿园适应性设计研究 [D]. 广州：华南理工大学，2010.

[208] Skyview Multi-Generational Center And Park[N/OL]. 2015[2022-05-01]. https://rjmdesigngroup.com/skyview-multi-generational-center-and-park/.

[209] 若比邻社区商业 [N/OL]. 2019[2019-03-01] https://www.52rbl.com/.

[210] 成都观口社区"儿童之家"内的志愿服务 [N/OL]. 2016[2022-05-01]. http://www.cdvolunteer.org/n/a227765.html.

[211] 让互联网和老年人友好起来 [N/OL]. 2018-03-16[2022-05-01]. http://www.gov.cn/xinwen/2018-03/16/content_5274823.htm#3.

[212] 八里庄远洋天地社区办跳蚤市场捐书义卖 [N/OL]. 2016[2022-05-01]. http://bj.wenming.cn/chy/wcnr/201611/t20161116_3888444.shtml.

[213] 中华人民共和国住房和城乡建设部. 建筑设计防火规范 GB 50016—2014 [S]. 北京：中国建筑工业出版社. 2014.

[214] Handrail Product Display[N/OL]. 2016[2022-05-01]. http://www.naka-kogyo.co.jp/products/handrail/cushionlane.html.

[215] 赫茨伯格. 建筑学教程：设计原理 [M]. 天津：天津大学出版社. 2003.

[216] 邓雯. 促进高层住宅邻里交往的内部公共空间研究 [D]. 武汉：华中科技大学，2013.

[217] 马赛公寓 [N/OL]. 2008-07-07[2022-05-01].http://photo.zhulong.com/proj/detail22444.html.

[218] 当代 MOMA [N/OL]. 2012[2022-05-01]. https://www.archdaily.cn/search/cn/all? q=MOMA&page=3.

[219] 刘晓龙. 王澍建筑设计思想探析：以钱江时代为例 [J]. 美术教育研究，2018（3）：82.

[220] 扬·盖尔，交往与空间 [M]. 何人可，译. 中国建筑工业出版社，2002.

[221] 周燕珉. 中小户型住宅套内空间配置研究 [J]. 装饰，2008（3）：5.

[222] 高桥仪平. 无障碍建筑设计手册：为老年人和残疾人设计建筑 [M]. 陶新中，译. 北京：中国建筑工业出版社，2003：22.

[223] 周燕珉，林菊英. "空间回路"在中小户型住宅中的应用 [J]. 建筑学报，2007（11）：3.

[224] 李君. 探讨住宅室内设计中婴幼儿人性化设计 [J]. 现代装饰，2016（9）：47-48.

[225]（日）大内孝子. 居住与环境：住宅建设的环境因素 [M]. 北京：中国建筑工业出版社，2015.

[226] STANDARD A N. Thermal Environmental Conditions for Human Occupancy ANSI/ASHRAE 55-92 [M]. Atlanta；ASHRAE. 2001.

[227] 中华人民共和国住房和城乡建设部. 老年居住建筑设计规范 GB 50340—2016. [S]. 北京：中国建筑工业出版社. 2017.

[228] 岸本幸臣，吉田高子，后藤久. 图解住居学 [M]. 北京：中国建筑工业出版社，2013.

[229] 李昕，徐颖璐，顾文婧，等. 新城帝景北区百年住宅示范项目实践 [J]. 建筑技艺，2015（4）52-59.

[230] 周燕珉工作室公众号. 老年住宅系列研究报道 [R/OL]. 2018：https://mp.weixin.qq.com/mp/profile_ext?action=home&__biz=MjM5NzExMzQ 0OQ==&scene=124#wechat_redirect.

[231] Expandable House_Urban-Rural Systems[R/OL]. 2018-07-01：https://www.
indeawards.com/the-living-space-2020/expandable-house/.

[232] 龚喆，李振宇，菲利普·米塞尔维茨. 柏林联建住宅 [M]. 北京：中国建筑工业出版社，
2016.

[233] IAMDESIGN. 聪明的人性化设计 [R/OL]. 2019-02-10： https://mp.weixin.qq.com/s/
zayTHyfsYhcEE6Tu7h4MXg.

[234] 人居环境设计研究所. 在玄关照顾 90 岁老母的家 [R/OL]. https://mp.weixin.qq.com/s/
aqQ2xCil01cBo-iMkxU96g. 2017-05-10.

[235] 刘东卫，贾丽，王姗姗. 居家养老模式下住宅适老化通用设计研究 [J]. 建筑学报，2015
（6）：1-8.

[236] Martin Valins. Housing for Elderly People：a Guide for Architects[J]. Interior Designers
and Their Clients，the University Press Oxfoed，1988.

[237] 侯勇军，赵春水. 富有革新精神的社会建筑家山本理显：从"模式变革"到"理性传承" [J].
城市环境设计，2015（Z1）：282-285.

图书在版编目（CIP）数据

城市高层住居老幼代际融合设计 / 黎晗著 . —北京：
中国建筑工业出版社，2022.10
ISBN 978-7-112-27785-8

Ⅰ.①城…　Ⅱ.①黎…　Ⅲ.①高层建筑—住宅—建筑
设计　Ⅳ.① TU241.8

中国版本图书馆 CIP 数据核字（2022）第 153469 号

2021 年度青岛市社会科学规划研究项目（QDSKL2101180）
国家自然科学基金面上项目（51578174）

责任编辑：毋婷娴
责任校对：张　颖

城市高层住居老幼代际融合设计
黎　晗　著

*
中国建筑工业出版社出版、发行（北京海淀三里河路9号）
各地新华书店、建筑书店经销
北京方舟正佳图文设计有限公司制版
北京建筑工业印刷厂印刷
*
开本：787 毫米 × 1092 毫米　1/16　印张：16¾　字数：296 千字
2022 年 12 月第一版　2022 年 12 月第一次印刷
定价：**68.00** 元
ISBN 978-7-112-27785-8
　　（39906）